信号与系统学习指导与习题解答

张　蕾　任仕伟　王晓华◎编著

STUDY GUIDANCE AND EXERCISE SOLUTION OF SIGNAL AND SYSTEM

北京理工大学出版社
BEIJING INSTITUTE OF TECHNOLOGY PRESS

图书在版编目(CIP)数据

信号与系统学习指导与习题解答／张蕾,任仕伟,王晓华编著. --北京:北京理工大学出版社,2022.4

ISBN 978-7-5763-1280-5

Ⅰ.①信…　Ⅱ.①张…②任…③王…　Ⅲ.①信号系统　Ⅳ.①TN911.6

中国版本图书馆CIP数据核字(2022)第069710号

出版发行／北京理工大学出版社有限责任公司
社　　址／北京市海淀区中关村南大街5号
邮　　编／100081
电　　话／(010)68914775(总编室)
　　　　　(010)82562903(教材售后服务热线)
　　　　　(010)68944723(其他图书服务热线)
网　　址／http://www.bitpress.com.cn
经　　销／全国各地新华书店
印　　刷／三河市华骏印务包装有限公司
开　　本／787毫米×1092毫米　1/16
印　　张／12
字　　数／279千字
版　　次／2022年4月第1版　2022年4月第1次印刷
定　　价／46.00元

责任编辑／陈莉华
文案编辑／陈莉华
责任校对／刘亚男
责任印制／李志强

前　言

“信号与系统”课程是电子信息类专业的一门主干课程，也是全国各大院校相关专业研究生入学考试的必考课程之一。本书作为北京理工大学版《信号与系统》（第四版）的教学辅导教材，对每章知识点进行了归纳和梳理，并对课后习题进行了详细解答。全书共分八章，第一章信号与系统的基本概念，第二章连续时间系统的时域分析，第三章离散时间系统的时域分析，第四章连续时间信号的谱分析，第五章离散时间信号的谱分析，第六章连续时间和离散时间系统的频域分析，第七章拉普拉斯变换 连续时间系统的复频域分析，第八章 z 变换 离散时间系统的 z 域分析。为了帮助读者梳理、明确各章节学习目标和重点难点，本书每章包含基本要求、知识要点、习题解答三部分。同时，结合北京理工大学本科教学大纲，书中对习题进行了一定的选择，删减了教学大纲没有的内容，以及部分类型相同的习题。为突出解题过程，本书整体以给出计算步骤和图解为主，并未对解题思路做过多解释说明。

本书可作为普通高等学校电子信息科学与工程类专业、自动化专业、电气工程、计算机科学等专业的本科生信号与系统课程的辅导材料，报考研究生的复习资料，也可供有关工程技术人员参考。

本书第一、二、五章由张蕾编写，第三、七、八章由任仕伟编写，第四、六章由王晓华编写。任仕伟负责全书的统稿、定稿工作。另外，王树建、丁亚荣、陶真、朱晓钰也参与了本书的部分编写工作。全书由仲顺安教授、王卫江副教授审阅。在审阅过程中，两位教授认真负责，在仔细阅读书稿的基础上提出了许多宝贵的建议，指出了一些错误、不妥之处，使我们受益匪浅。

由于编者水平有限，书中难免有不妥和错误之处，敬请读者批评指正。

作者

目　　录

第一章　信号与系统的基本概念

一、基本要求

① 掌握信号的基本概念及分类；
② 掌握信号的时域描述方法及基本运算；
③ 掌握基本连续时间信号及基本离散时间信号；
④ 掌握系统的基本概念、描述与互联；
⑤ 掌握系统的特性。

二、知识要点

1. 信号的定义与分类

(1) 定义

信号是带有信息(如语音、音乐、图像、数据等)并随时间(或空间)变化的物理量或物理现象。

(2) 分类

根据不同的分类原则,信号可分为:连续时间信号与离散时间信号;确定信号与随机信号;周期信号与非周期信号;功率信号与能量信号;一维信号与多维信号。

本书讨论一维确定时间信号。

2. 信号的时域描述与运算

(1) 描述

信号可用数学函数表达式描述,$x(t)$表示连续时间信号,$x[n]$表示离散时间信号。

信号还可用波形描述。

(2) 信号的运算

① 相加:$y(t)=x_1(t)+x_2(t)$,$y[n]=x_1[n]+x_2[n]$。

原则:两信号在同一时刻的函数值相加。

② 相乘:$y(t)=x_1(t)\cdot x_2(t)$,$y[n]=x_1[n]\cdot x_2[n]$。

原则:两信号在同一时刻的函数值相乘。

③ 数乘:$y(t)=cx(t)$,$y[n]=cx[n]$。

设 c 为复常数,实常数为其特例。

④ 积分:$y(t)=\int_{-\infty}^{t}x(t)\mathrm{d}t$。

作用:信号经积分运算后,其突变部分可变得平滑,具有平滑功能。

⑤ 微分:$y(t)=\frac{\mathrm{d}}{\mathrm{d}t}x(t)$。

作用:信号经微分运算后,会突显其变化部分,具有锐化功能。

⑥ 差分:$y[n]=\nabla x[n]=x[n]-x[n-1]$——一阶后向差分;

$y[n]=\Delta x[n]=x[n+1]-x[n]$——一阶前向差分

⑦ 求和:$y[n]=\sum\limits_{k=-\infty}^{n}x[k]$。

原则:对离散时间序列求变上限的累加。

⑧ 取模:$y(t)=|x(t)|=[x(t)x^*(t)]^{\frac{1}{2}}$,$y[n]=|x[n]|=\{x[n]x^*[n]\}^{\frac{1}{2}}$。

原则:求信号大小度量的一种方式。

以上运算不涉及自变量的变化,属于函数运算。

⑨ 时移:$y(t)=x(t-t_0)$,$y[n]=x[n-n_0]$。

原则:$t_0>0$(或 $n_0>0$) 时右移;$t_0<0$(或 $n_0<0$)时左移。

⑩ 尺度变换:$y(t)=x(at)$。

原则:$|a|>1$,$x(t)$在时间轴上向原点压缩为原来的$\frac{1}{|a|}$;

$|a|<1$,$x(t)$在时间轴上向外扩展为原来的$\frac{1}{|a|}$倍。

⑪ 内插与抽取(针对离散时间信号)。

内插:$x\left[\frac{n}{k}\right]=x_{(k)}[n]$表示在原序列相邻时刻点之间插入 $k-1$ 个零。

抽取:$x[kn]$表示只保留原序列在 k 的整数倍时刻点的序列值。

⑫ 反转:$y(t)=x(-t)$,$y[n]=x[-n]$。

原则:以 $t=0$(或 $n=0$)为对称轴作 180°翻转。

以上四种运算是由自变量变化引起的信号运算。

3. 基本连续/离散时间信号

(1) 复指数信号

$x(t)=ce^{at}$

根据 c、a 取值的不同,信号可分为:

实指数信号:c、a 均取实数;

单位复指数信号:$c=1$,$a=j\omega$;

复指数信号:$c=|c|e^{j\theta}$,$a=\sigma+j\omega$。

其中最重要的形式是单位复指数信号 $x(t)=e^{j\omega t}$,有如下性质:

① 按欧拉公式展开:$x(t)=e^{j\omega t}=\cos\omega t+j\sin\omega t$(实部、虚部为同频率的三角函数)。

② $e^{j\omega t}$关于 ω 不呈现周期性,随 ω 增大,信号变化越快。

③ $e^{j\omega t}$关于 t 呈现周期性,其基波周期为 T(单位:s),与振荡频率 ω(单位:rad/s)之间满足关系:$T=\frac{2\pi}{\omega}$。

④ 构成谐波关系集:$\{e^{jk\omega_0 t},k=-\infty,\dots,\infty\}$。

(2) 复指数序列

$x[n]=c\alpha^n$

根据 c、α 取值形式不同，信号可分为：

实指数序列：c、α 取实数；

单位复指数序列：$c=1,\alpha=e^{j\Omega}$；

复指数序列：$c=|c|e^{j\theta},\alpha=|\alpha|e^{j\Omega}$。

其中最重要的形式是单位复指数序列 $x[n]=e^{j\Omega n}$，有如下性质：

① 按欧拉公式展开：$x[n]=e^{j\Omega n}=\cos\Omega n+j\sin\Omega n$（实部、虚部为同频率的三角函数）。

② $e^{j\Omega n}$ 关于 Ω 呈周期性，Ω 为数字频率（单位：rad），周期为 2π，一般取 $0\sim2\pi$ 为 Ω 的主值区间。当 Ω 接近 π 的奇数倍频率时，信号振荡快；当 Ω 接近 π 的偶数倍频率时，信号振荡慢。因此定义 π 的奇数倍频率区域为高频，π 的偶数倍频率区域为低频。

③ $e^{j\Omega n}$ 关于 n 呈有条件的周期性，满足如下条件：

$$\frac{\Omega}{2\pi}=\frac{m}{N}（有理数）$$

$e^{j\Omega n}$ 是周期序列，基波周期为 N（当 m 与 N 互质时），基波频率为 $\Omega_0=\dfrac{2\pi}{N}$。

④ 构成谐波关系集：$\{e^{jk\Omega_0 n},k=\langle N\rangle\}$。

(3) 单位阶跃信号 $u(t)$ 与单位阶跃序列 $u[n]$

$$u(t)=\begin{cases}0, & t<0\\ 1, & t\geqslant0\end{cases}\qquad u[n]=\begin{cases}0, & n<0\\ 1, & n\geqslant0\end{cases}$$

两个信号通常用于表示一般信号的时间范围。

(4) 单位冲激信号 $\delta(t)$ 与单位抽样序列 $\delta[n]$

$$\begin{cases}\int_{-\infty}^{\infty}\delta(t)\,dt=1\\ \delta(t)=0,t\neq0\end{cases}\qquad \delta[n]=\begin{cases}0, & n\neq0\\ 1, & n=0\end{cases}$$

$\delta(t)$ 与 $\delta[n]$ 的性质如下：

① $\delta(t)$ 为偶函数：$\delta(t)=\delta(-t)$；

② $\delta(t)$ 的尺度变换：$\delta(at)=\dfrac{1}{|a|}\delta(t)$；

③ $\delta[f(t)]=\dfrac{1}{|f'(t_i)|}\delta(t-t_i)$；

④ $\delta(t)$ 与 $u(t)$，$\delta[n]$ 与 $u[n]$ 的关系：

$$\delta(t)=\frac{d}{dt}u(t)\qquad u(t)=\int_{-\infty}^{t}\delta(\tau)\,d\tau$$

$$\delta[n]=u[n]-u[n-1]\qquad u[n]=\sum_{k=-\infty}^{n}\delta[m]=\sum_{k=0}^{\infty}\delta[n-k]$$

⑤ $\delta(t)$、$\delta[n]$ 与一般信号 $x(t)$ 的运算。

相乘：$x(t)\cdot\delta(t)=x(0)\cdot\delta(t)$　　$x[n]\cdot\delta[n]=x[0]\cdot\delta[n]$

$x(t)\cdot\delta(t-t_0)=x(t_0)\cdot\delta(t-t_0)$　　$x[n]\cdot\delta[n-n_0]=x[n_0]\cdot\delta[n-n_0]$

抽样：$\int_{-\infty}^{\infty}x(t)\delta(t)\,dt=x(0)$

$$\int_{-\infty}^{\infty} x(t)\delta(t-t_0)\,\mathrm{d}t = x(t_0)$$

卷积(见第二章):

$x(t)*\delta(t)=x(t)$ $x[n]*\delta[n]=x[n]$

$x(t)*\delta(t-t_0)=x(t-t_0)$ $x[n]*\delta[n-n_0]=x[n-n_0]$

4. 系统的概念与描述

(1) 系统的概念

系统是指由一些基本单元(如元件、装置等)相互连接在一起,实现某种特定功能的整体;也可定义为对信号进行加工、处理的装置。

(2) 系统的描述

连续时间系统用微分方程描述,离散时间系统用差分方程描述。符号表示:$x(t)\to y(t)$,$x[n]\to y[n]$。

$x(t)$、$x[n]$分别代表连续和离散下的输入;$y(t)$、$y[n]$分别代表连续和离散下的输出。模型描述的是系统的输入-输出关系。

(3) 系统的连接

① 串联(或级联),如图 1.1 所示。

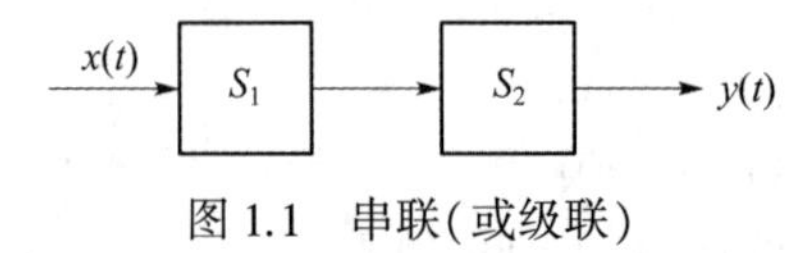

图 1.1 串联(或级联)

② 并联,如图 1.2 所示。

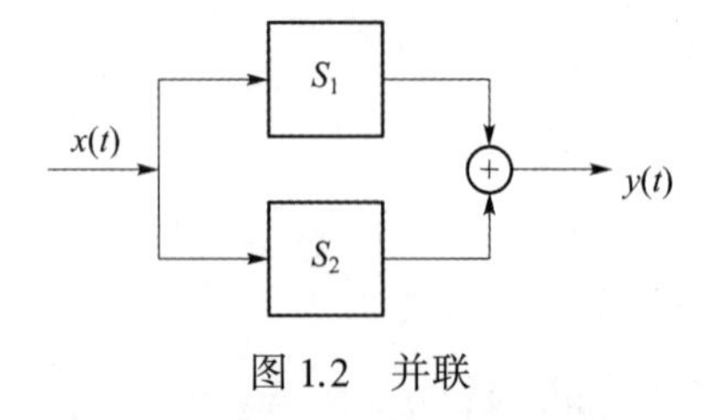

图 1.2 并联

③ 反馈,如图 1.3 所示。

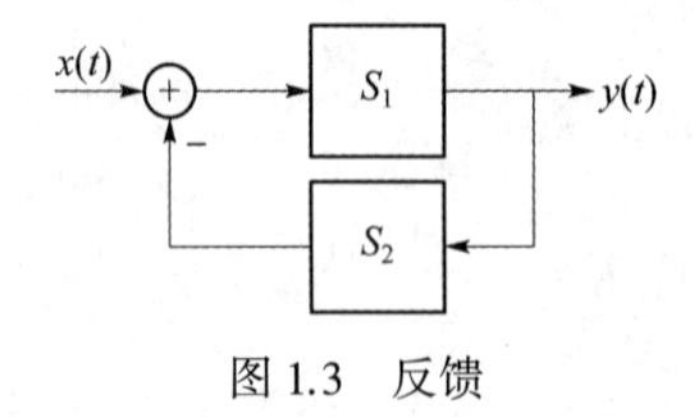

图 1.3 反馈

5. 系统的基本特性

(1) 线性性

① 齐次可加性:

$x_1(t)\to y_1(t)$,$x_2(t)\to y_2(t)$,则 $ax_1(t)+bx_2(t)\to ay_1(t)+by_2(t)$

$x_1[n]\to y_1[n]$,$x_2[n]\to y_2[n]$,则 $ax_1[n]+bx_2[n]\to ay_1[n]+by_2[n]$

② 分解特性：

系统响应可分解为零输入响应与零状态响应，即 $y(t)=y_0(t)+y_x(t)$（$y[n]=y_0[n]+y_x[n]$），且零输入响应 $y_0(t)$（$y_0[n]$）与零状态响应 $y_x(t)$（$y_x[n]$）分别满足齐次性和可加性。

(2) 时不变性

$x(t)\to y(t)$，则 $x(t-t_0)\to y(t-t_0)$

$x[n]\to y[n]$，则 $x[n-n_0]\to y[n-n_0]$

系统同时具有线性和时不变性，则该系统称为线性时不变（Linear Time Invariable，LTI）系统，简写为 LTI 系统。

(3) 因果性

系统在任意时刻的输出仅取决于现在及过去的输入，与未来时刻的输入无关。

(4) 稳定性

有界的输入产生有界的输出。

(5) 可逆性

系统的输入可由其输出唯一确定。

(6) 记忆性

系统在任何时刻的输出仅取决于该时刻的输入而与过去时刻的输入无关。

三、习题解答

1.1　对下列每一个信号求其能量和平均功率。

(a) $x_1(t)=\mathrm{e}^{-2t}u(t)$；　(b) $x_2(t)=\mathrm{e}^{\mathrm{j}\left(2t+\frac{\pi}{4}\right)}$；　(c) $x_3(t)=\cos t$；

(d) $x_1[n]=\left(\frac{1}{2}\right)^n u[n]$；　(e) $x_2[n]=\mathrm{e}^{\mathrm{j}\left(\frac{\pi}{2}n+\frac{\pi}{8}\right)}$；　(f) $x_3[n]=\cos\left(\frac{\pi}{4}n\right)$。

解：(a) $x_1(t)$ 为能量信号，因此 $P=0$

$$E=\int_{-\infty}^{\infty}x_1^2(t)\,\mathrm{d}t=\int_{-\infty}^{\infty}[\mathrm{e}^{-2t}u(t)]^2\mathrm{d}t=\int_0^{\infty}\mathrm{e}^{-4t}\mathrm{d}t=-\frac{1}{4}\mathrm{e}^{-4t}\Big|_0^{\infty}=\frac{1}{4}$$

(b) $x_2(t)$ 为功率信号，因此 $E=\infty$，$|x_2(t)|=1$

$$P=\lim_{T\to\infty}\frac{1}{2T}\int_{-T}^{T}|x_2(t)|^2\mathrm{d}t=\lim_{T\to\infty}\frac{1}{2T}\int_{-T}^{T}1\mathrm{d}t=1$$

(c) $x_3(t)$ 为功率信号，所以 $E=\infty$

$$P_\infty=\lim_{T\to\infty}\frac{1}{2T}\int_{-T}^{T}\cos^2t\,\mathrm{d}t=\lim_{T\to\infty}\frac{1}{2T}\int_{-T}^{T}\frac{\cos 2t+1}{2}\mathrm{d}t=\frac{1}{2}$$

(d) $x_1[n]$ 为能量信号，所以 $P=0$

$$E_\infty=\sum_{n=-\infty}^{\infty}|x_1[n]|^2=\sum_{n=-\infty}^{\infty}\left|\left(\frac{1}{2}\right)^n u[n]\right|^2=\sum_{n=0}^{\infty}\left(\frac{1}{4}\right)^n=\frac{1}{1-\frac{1}{4}}=\frac{4}{3}$$

(e) $x_2[n]$ 为周期信号，所以 $E=\infty$

$$P_\infty = \lim_{N\to\infty}\frac{1}{2N+1}\sum_{n=-N}^{N}|x_2[n]|^2 = \lim_{N\to\infty}\frac{1}{2N+1}\sum_{n=-N}^{N}1 = 1$$

(f) $x_3[n]$ 为功率信号，因此 $E=\infty$

$$P = \lim_{N\to\infty}\frac{1}{2N+1}\sum_{n=-N}^{N}\cos^2\left(\frac{\pi}{4}n\right) = \lim_{N\to\infty}\frac{1}{2N+1}\sum_{n=-N}^{N}\frac{1+\cos\frac{\pi}{2}n}{2} = \frac{1}{2}$$

1.2　已知信号 $x(t)$ 如图 1.4 所示，绘出下列信号的波形。

(a) $x(t-2)$；　(b) $x(1-t)$；　(c) $x(2t+2)$；　(d) $x(1-t/2)$。

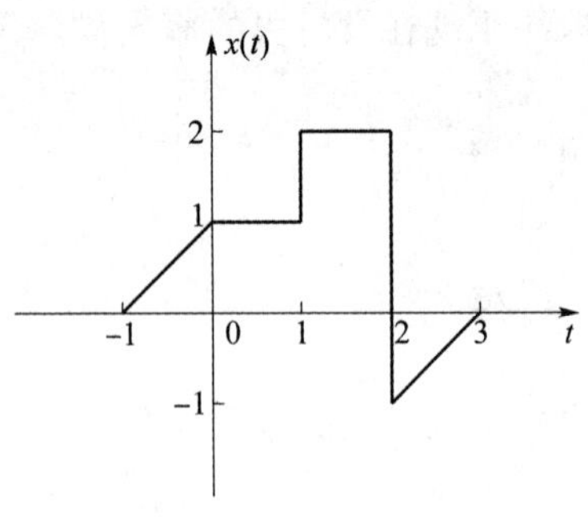

图 1.4　$x(t)$ 的波形

解：(a) $x(t-2)$ 的波形如图 1.5 所示。

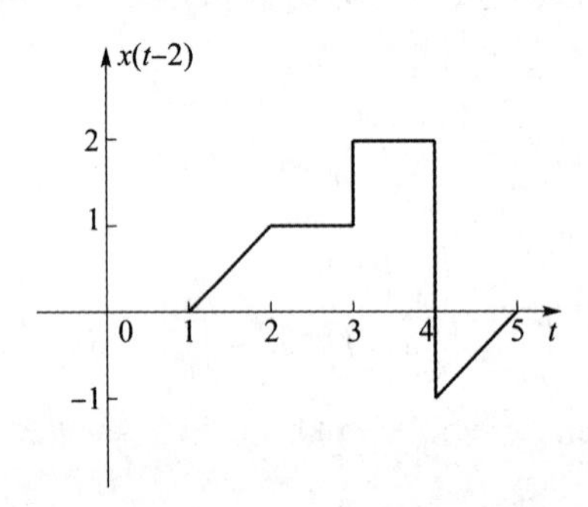

图 1.5　$x(t-2)$ 的波形

(b) $x(1-t)$ 的波形如图 1.6 所示。

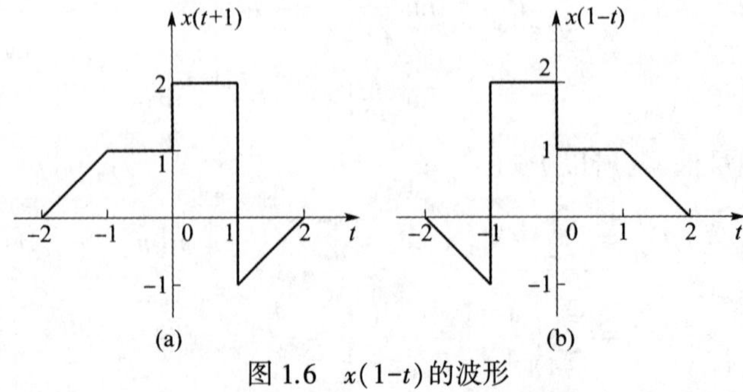

图 1.6　$x(1-t)$ 的波形

(a) $x(t+1)$ 的波形；(b) $x(1-t)$ 的波形

(c) $x(2t+2)$的波形如图 1.7 所示。

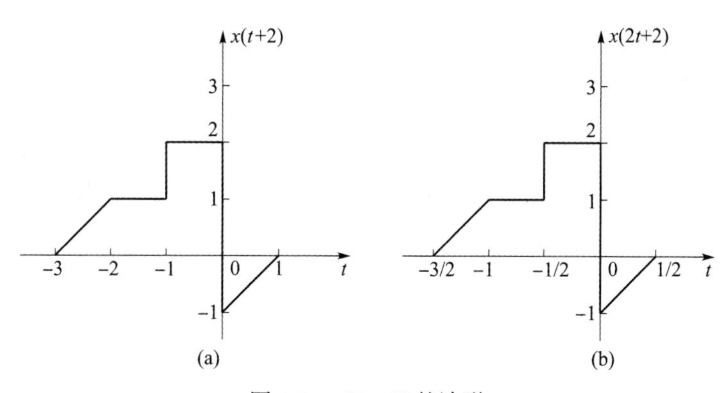

图 1.7　$x(2t+2)$的波形

(a) $x(t+2)$的波形;(b) $x(2t+2)$的波形

(d) $x(1-t/2)$的波形如图 1.8 所示。

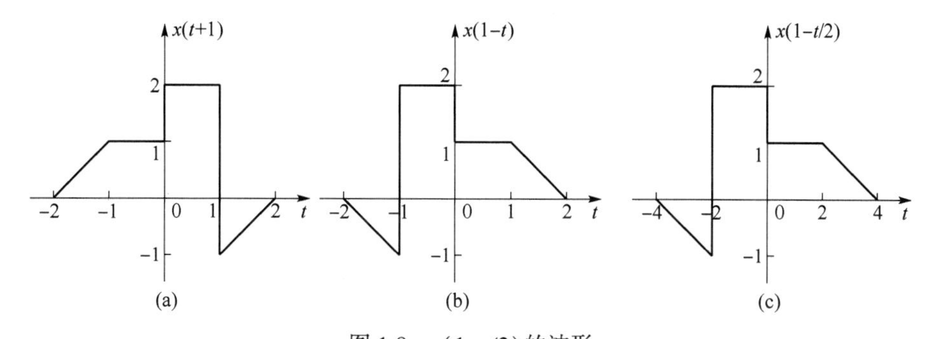

图 1.8　$x(1-t/2)$的波形

(a) $x(t+1)$的波形;(b) $x(1-t)$的波形;(c) $x(1-t/2)$的波形

1.3　按下列四种方法重做例 1.1。

(a) 反转—平移—尺度;　　(b) 尺度—平移—反转;

(c) 平移—反转—尺度;　　(d) 平移-尺度-反转。

(例 1.1　已知某连续时间信号 $x(t)$的波形如图 1.9 所示,试画出信号 $x\left(2-\frac{t}{3}\right)$的波形图。)

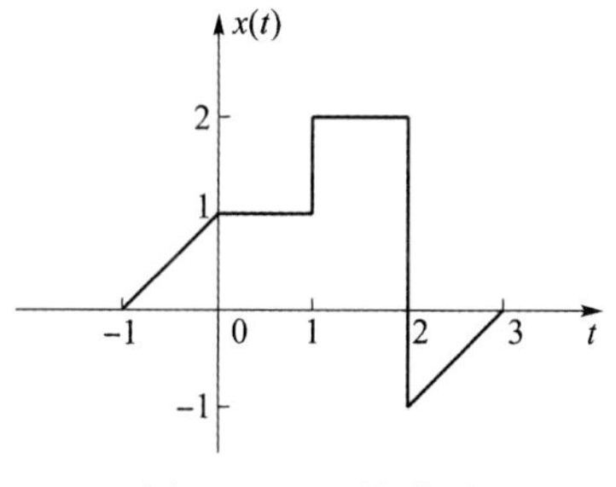

图 1.9　$x(t)$的波形

解:(a) $x\left(2-\frac{t}{3}\right)=x\left[-\left(\frac{t}{3}-2\right)\right]$,其对应波形如图 1.10 所示。

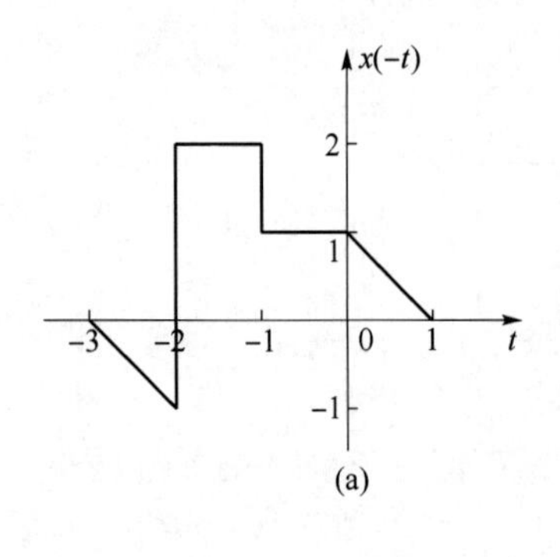

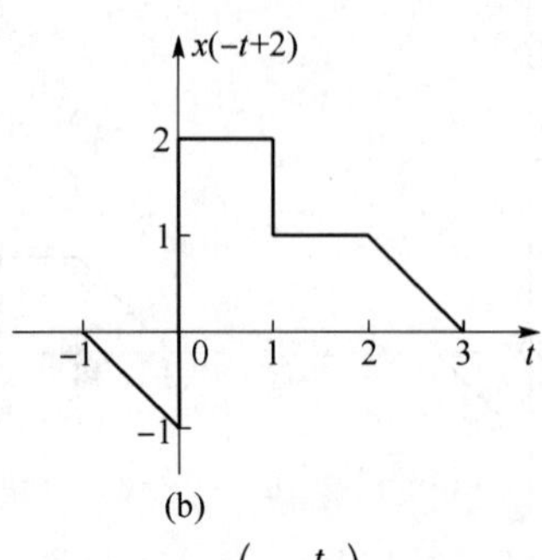

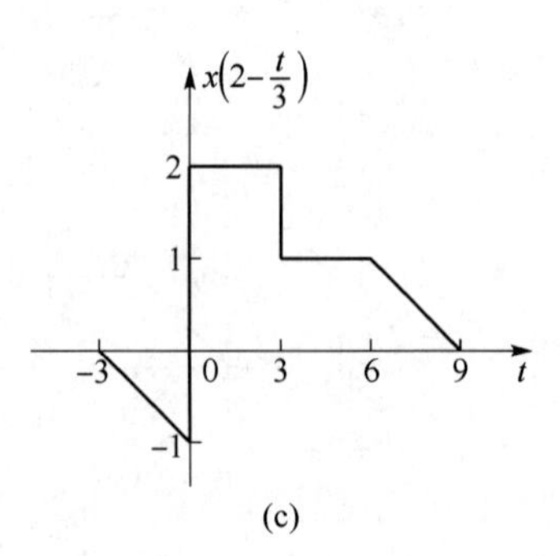

图 1.10　$x\left(2-\frac{t}{3}\right)$ 的波形

(a) 反转;(b) 平移;(c) 尺度

(b) $x\left(2-\frac{t}{3}\right)=x\left[\frac{1}{3}(-t+6)\right]$,其对应波形如图 1.11 所示。

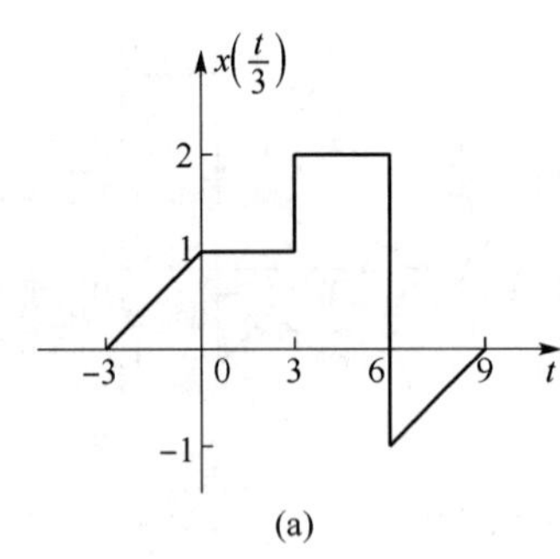

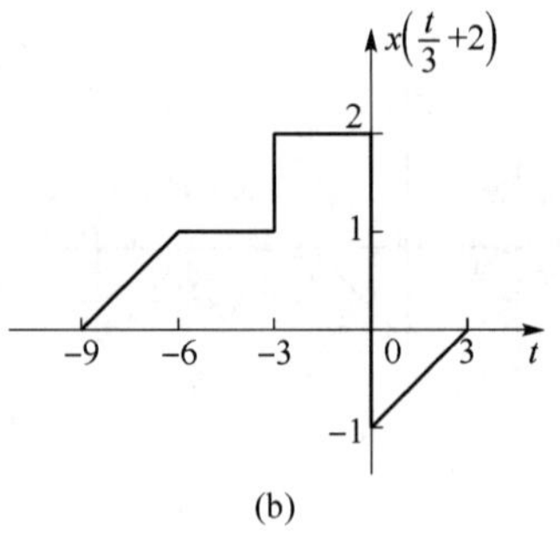

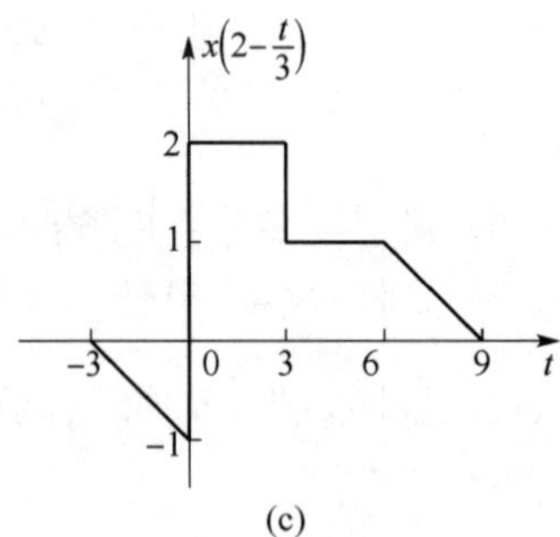

图 1.11　$x\left(2-\frac{t}{3}\right)$ 波形

(a) 尺度;(b) 平移;(c) 反转

(c) 其对应波形如图 1.12 所示。

(d) 其对应波形如图 1.13 所示。

1.4　已知一离散时间信号 $x[n]$ 如图 1.14 所示,绘出下列信号的图形。

(a) $x[n-2]$;　　　　(b) $x[2-n]$;

(c) $x[2n]$;　　　　(d) $x[2n+1]$。

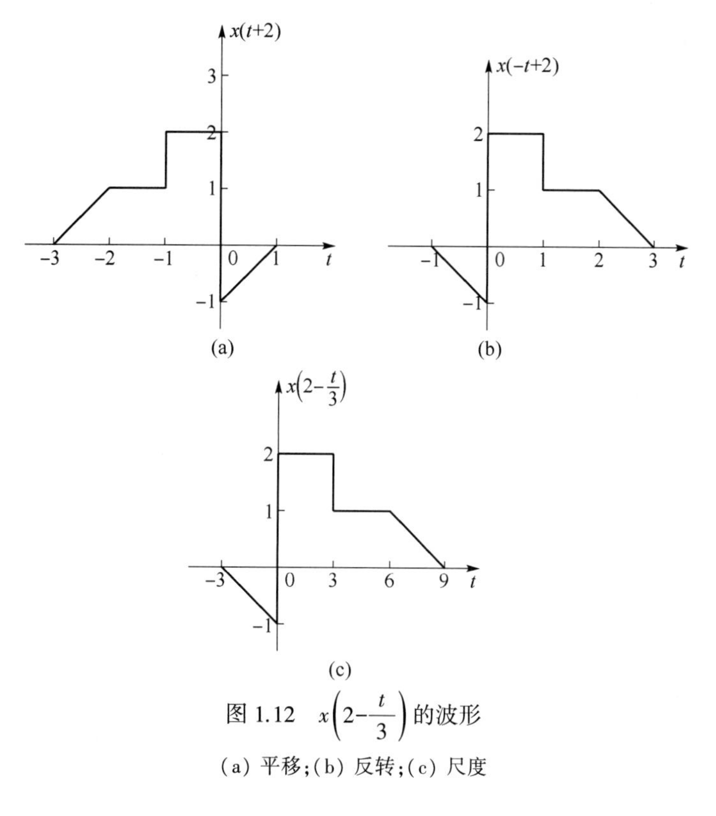

图 1.12　$x\left(2-\frac{t}{3}\right)$的波形

(a) 平移;(b) 反转;(c) 尺度

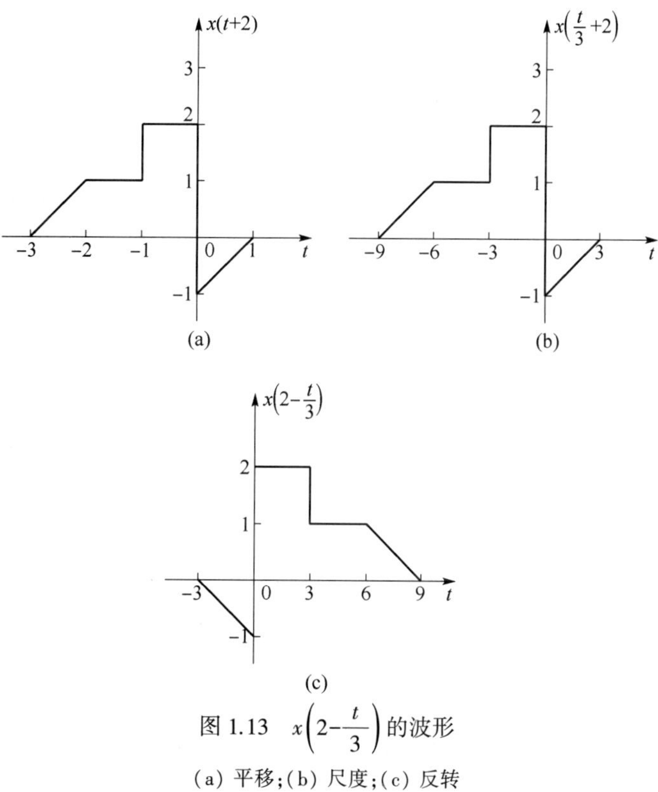

图 1.13　$x\left(2-\frac{t}{3}\right)$的波形

(a) 平移;(b) 尺度;(c) 反转

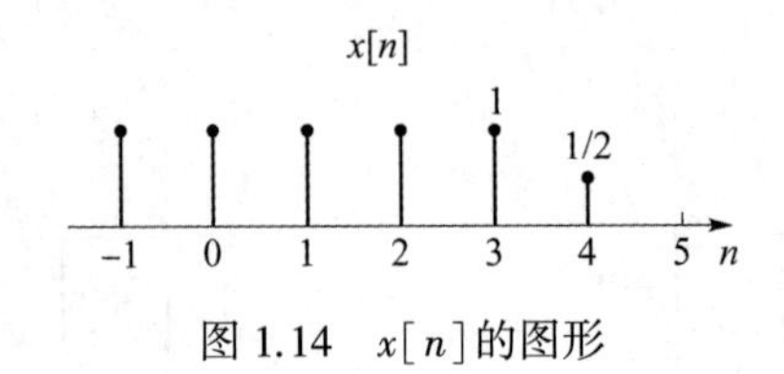

图 1.14　$x[n]$的图形

解:(a) 其对应图形如图 1. 15 所示。

(b) 其对应图形如图 1. 16 所示。

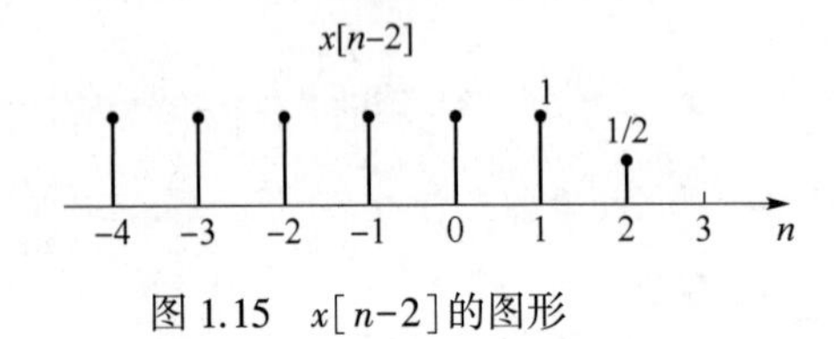

图 1.15　$x[n-2]$的图形

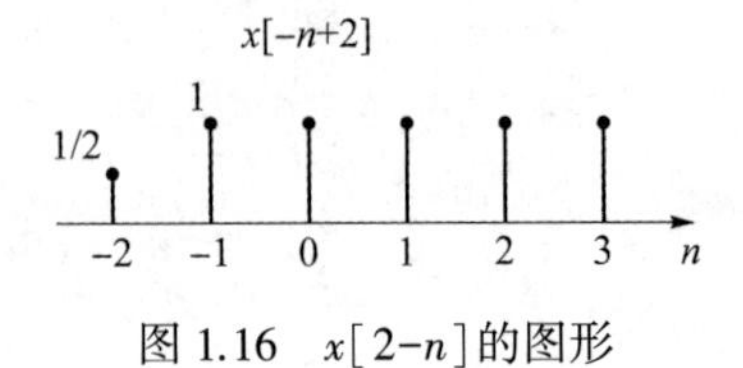

图 1.16　$x[2-n]$的图形

(c) 其对应图形如图 1. 17 所示。

(d) 其对应图形如图 1. 18 所示。

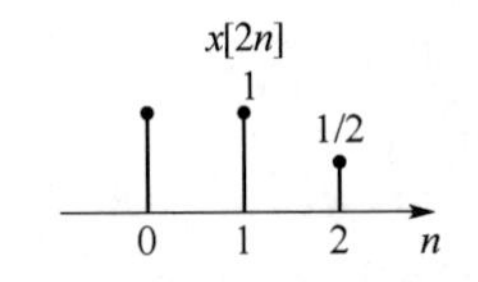

图 1.17　$x[2n]$的图形

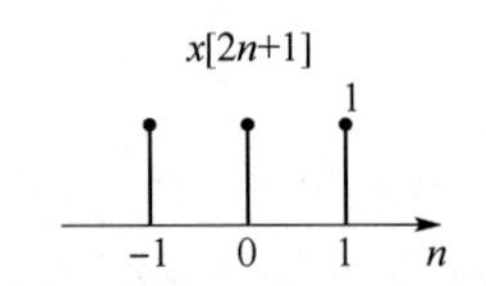

图 1.18　$x[2n+1]$的图形

1.5　已知信号 $x[n]$如图 1.19 所示,绘出下列信号图形。

(a) $x[2+n]$;　　(b) $x[2-n]$;

(c) $x[n+2]+x[-1-n]$;　　(d) $x[-n]u[n]+x[n]$。

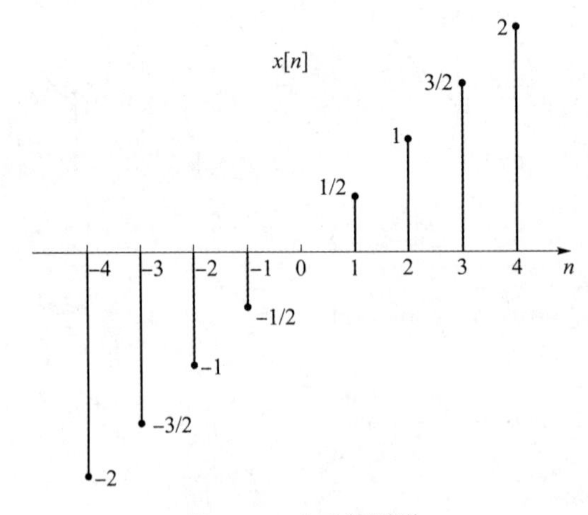

图 1.19　$x[n]$的图形

解:(a) 其对应图形如图 1. 20 所示。

（b）其对应图形如图 1. 21 所示。

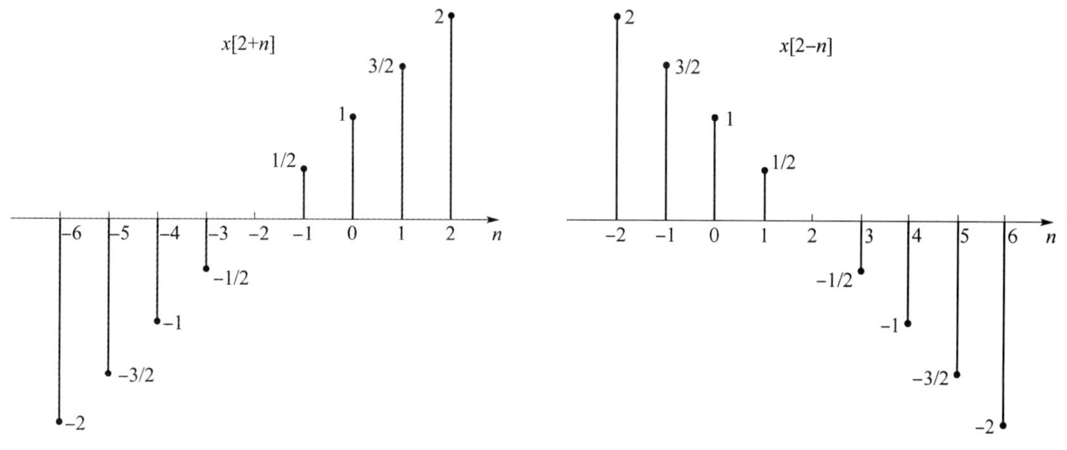

图 1.20　$x[2+n]$的图形　　　　图 1.21　$x[2-n]$的图形

（c）其对应图形如图 1. 22 所示。

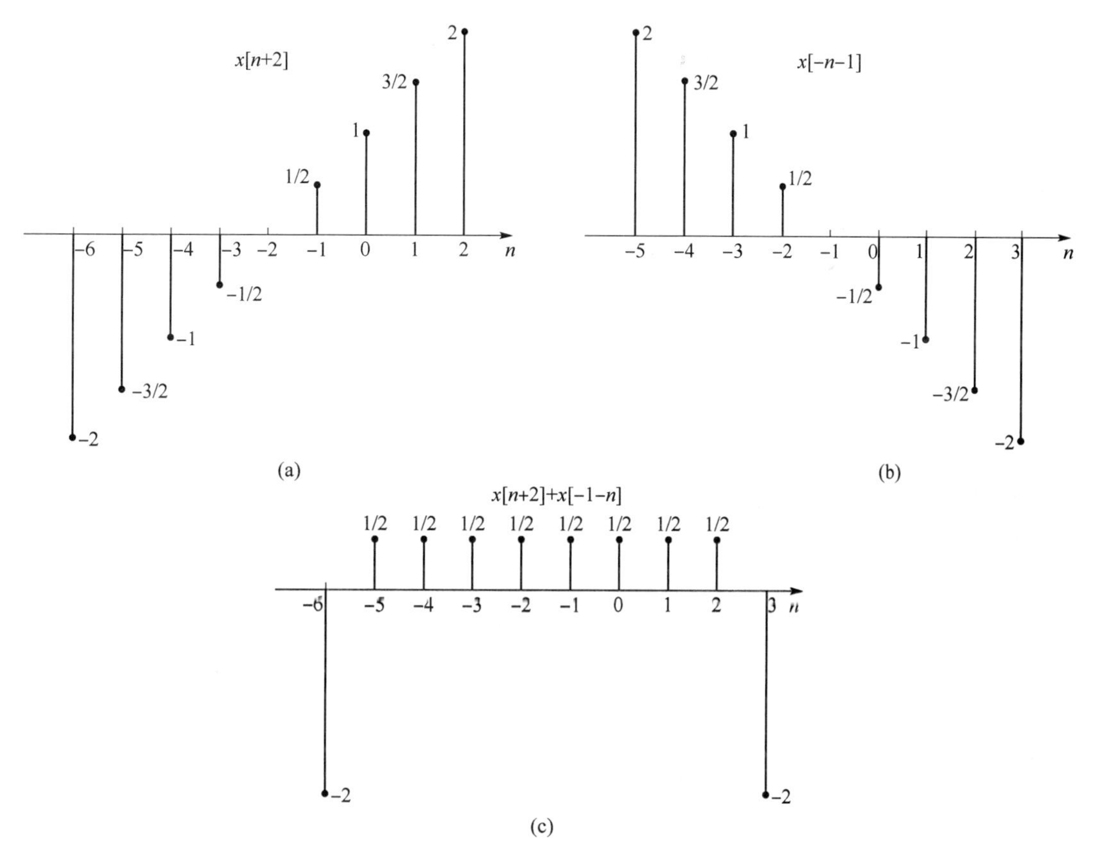

图 1.22　$x[n+2]+x[-1-n]$的图形

（a）$x[n+2]$的图形；（b）$x[-n-1]$的图形；（c）$x[n+2]+x[-1-n]$的图形

(d) 其对应图形如图 1.23 所示。

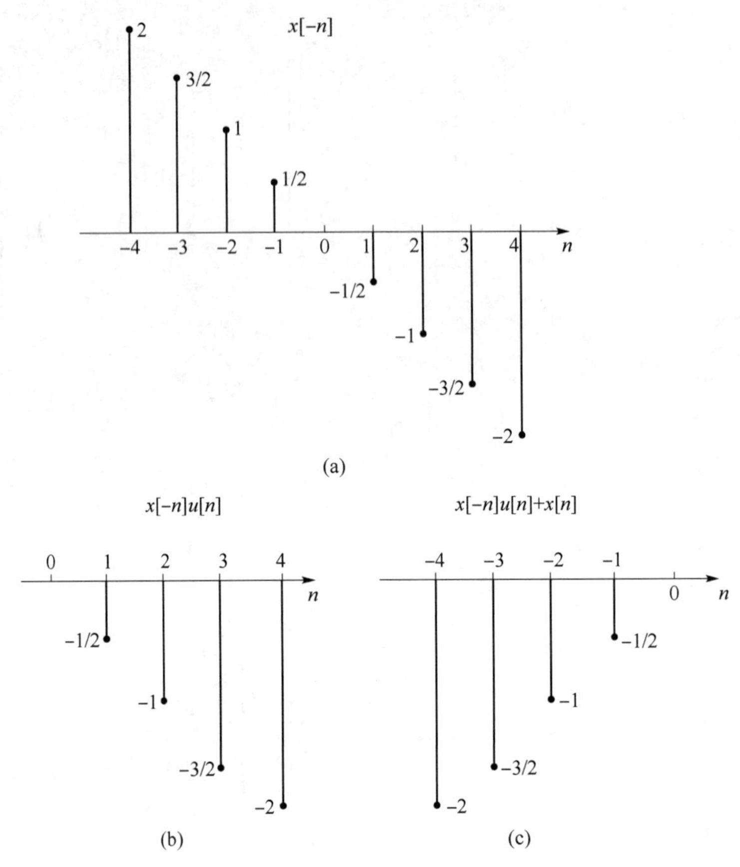

图 1.23　$x[-n]u[n]+x[n]$的图形

(a) $x[-n]$的图形;(b) $x[-n]u[n]$的图形;(c) $x[-n]u[n]+x[n]$的图形

1.6　已知系统输入如图 1.24 所示。

(a) 试分别写出正弦信号 $A\sin\omega t$ 在 $t=0$ 和 $t=t_0(t_0>0)$ 接入(开关 k 从 a 拨向 b)时系统输入端口的信号 $x(t)$ 的表示式;

(b) $x(t)$是否为正弦信号?

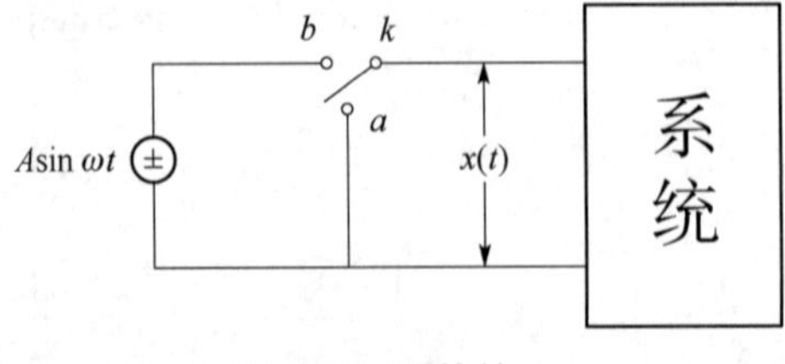

图 1.24　系统输入

解:(a) $x(t)=A\sin\omega tu(t)$,$t=0$ 时接入;

$x(t)=A\sin\omega tu(t-t_0)$,$t=t_0$ 时接入。

(b) $x(t)$不是正弦信号。

1.7　粗略地画出下列两个函数式的波形图。

(a) $x_1(t)=\cos 10\pi t[u(t-1)-u(t-2)]$;

(b) $x_2(t)=\left(1-\dfrac{|t|}{2}\right)[u(t+2)-u(t-2)]$。

解:(a) 其对应波形图如图 1.25 所示。

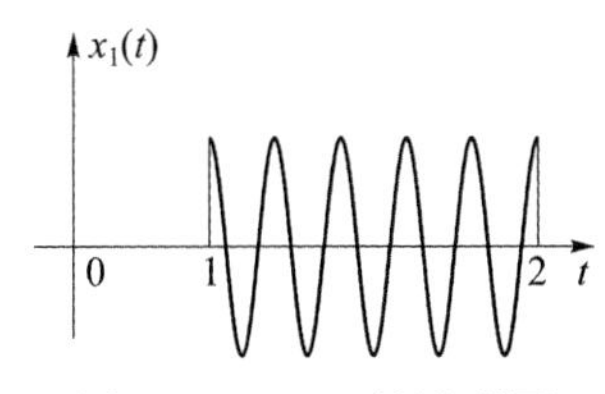

图 1.25　$x_1(t)$的波形图

(b) 其对应波形图如图 1.26 所示。

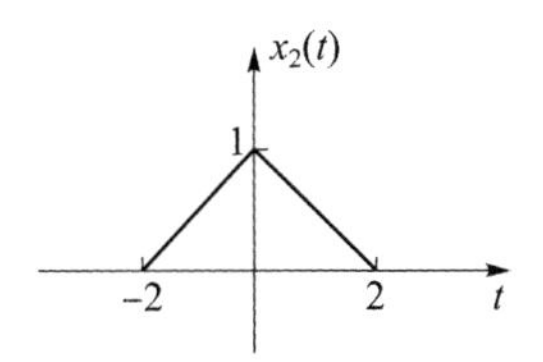

图 1.26　$x_2(t)$的波形图

1.8　已知信号 $x_1[n]$与 $x_2[n]$分别如图 1.27、图 1.28 所示,试绘出下列信号的图形。

(a) $x_1[-n]x_2[n]$;　　(b) $x_1[n+2]x_2[1-2n]$;

(c) $x_1[1-n]x_2[n+4]$;　　(d) $x_1[n-1]x_2[n-3]$。

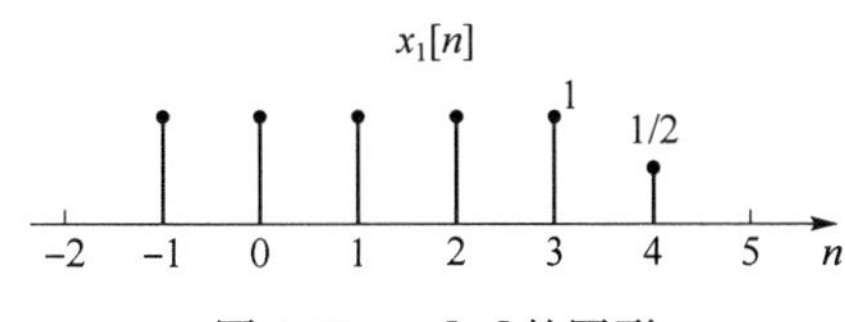

图 1.27　$x_1[n]$的图形

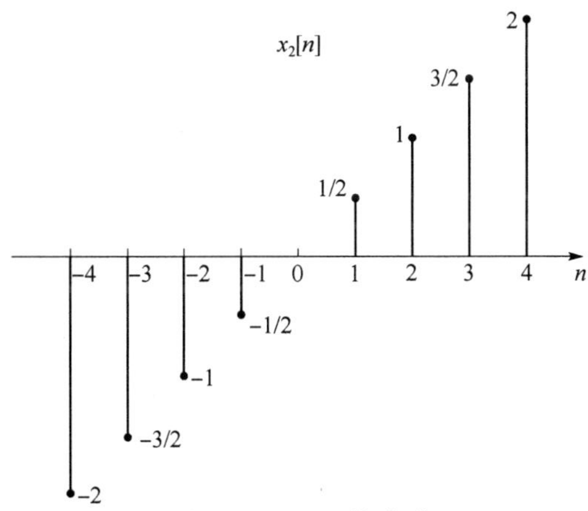

图 1.28　$x_2[n]$的波形

解:(a) 其对应图形如图 1.29 所示。

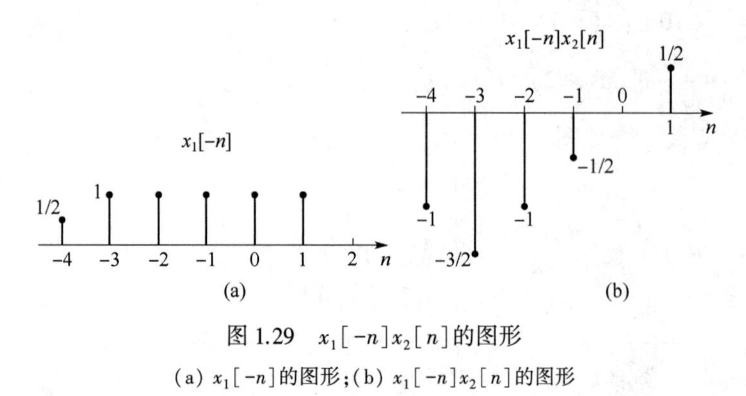

图 1.29　$x_1[-n]x_2[n]$的图形

(a) $x_1[-n]$的图形;(b) $x_1[-n]x_2[n]$的图形

(b) 其对应图形如图 1.30 所示。

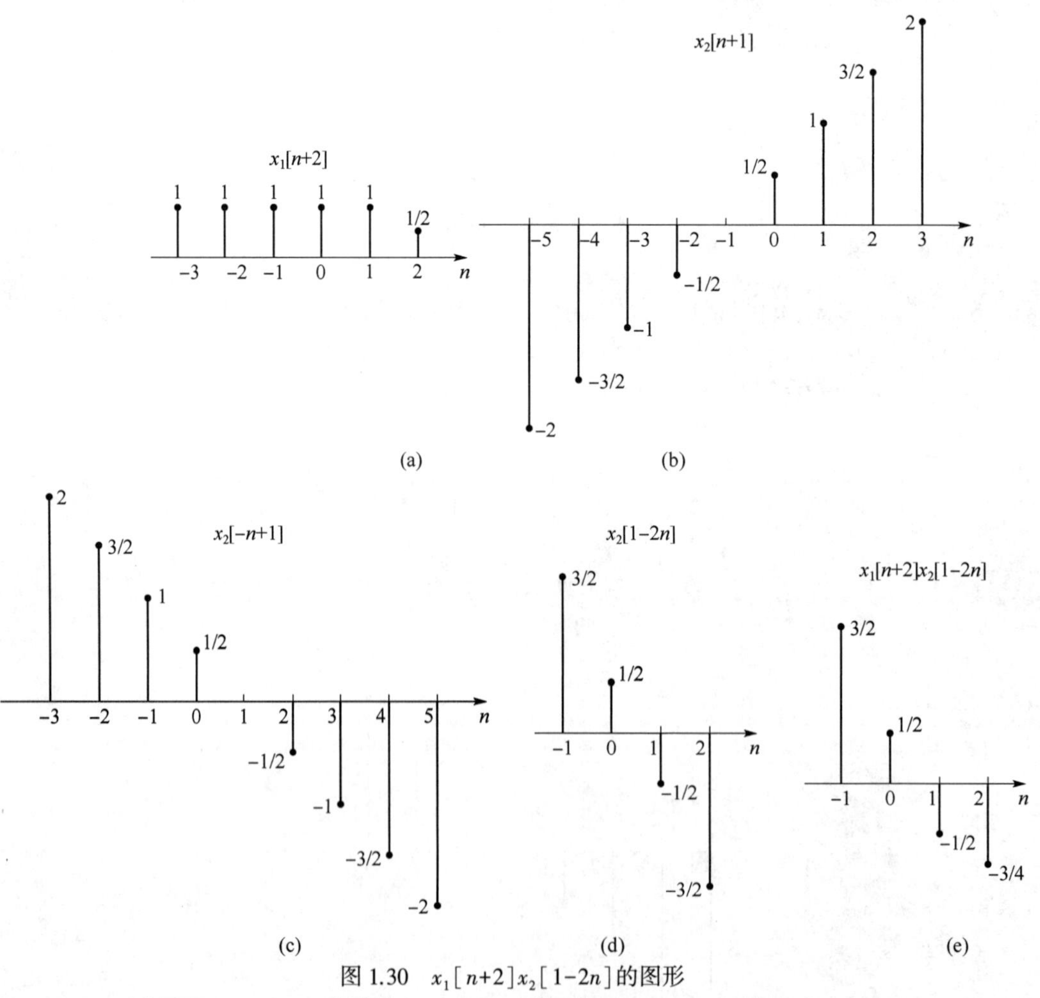

图 1.30　$x_1[n+2]x_2[1-2n]$的图形

(a) $x_1[n+2]$的图形;(b) $x_2[n+1]$的图形;(c) $x_2[-n+1]$的图形;(d) $x_2[1-2n]$的图形;(e) $x_1[n+2]x_2[1-2n]$

(c) 其对应图形如图 1.31 所示。

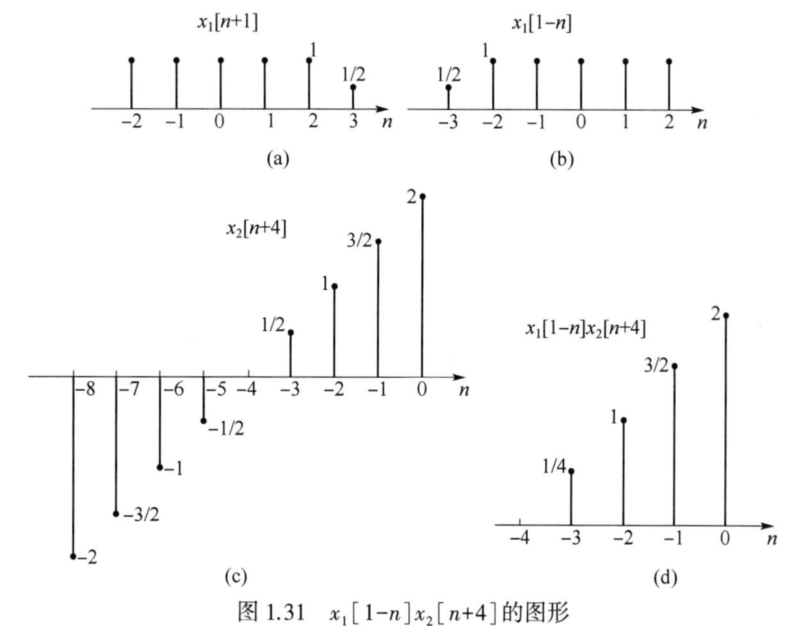

图 1.31　$x_1[1-n]x_2[n+4]$的图形

(a) $x_1[n+1]$的图形;(b) $x_1[1-n]$的图形;(c) $x_2[n+4]$的图形;(d) $x_1[1-n]x_2[n+4]$的图形

(d) 其对应图形如图 1.32 所示。

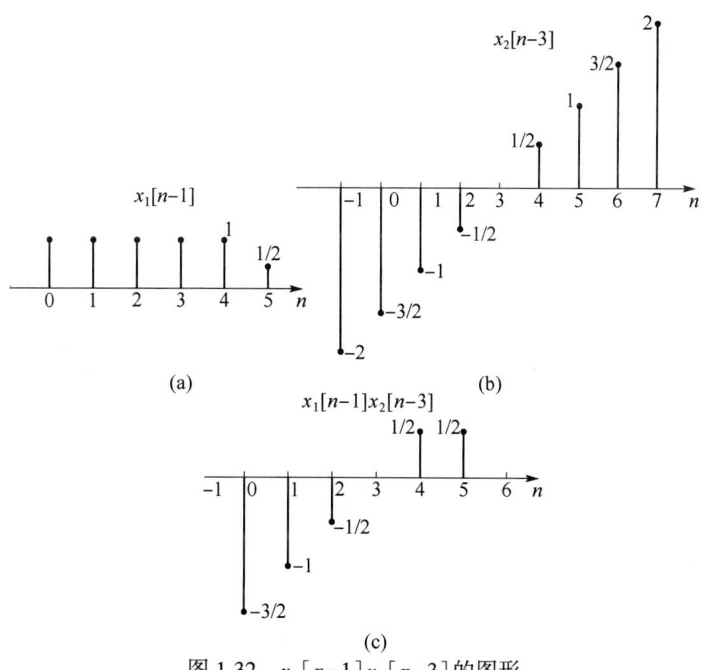

图 1.32　$x_1[n-1]x_2[n-3]$的图形

(a) $x_1[n-1]$的图形;(b) $x_2[n-3]$的图形;(c) $x_1[n-1]x_2[n-3]$的图形

1.9　绘出下列函数的图形。

(a) $x_1(t)=2u(t)-1$；

(b) $x_2(t)=tu(t-1)$；

(c) $x_3(t)=(t-1)u(t-1)$；

(d) $x_4(t)=\mathrm{e}^{-2t}u(t-1)$；

(e) $x_5(t)=\mathrm{e}^{-2(t-1)}u(t-1)$。

解：(a)其对应图形如图 1.33 所示。

(b)其对应图形如图 1.34 所示。

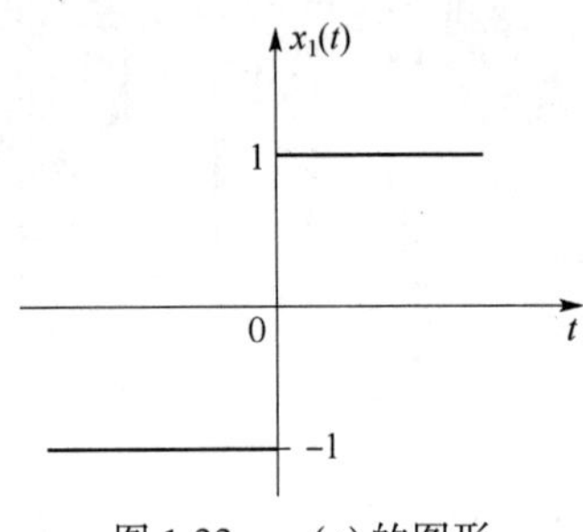

图 1.33　$x_1(t)$的图形

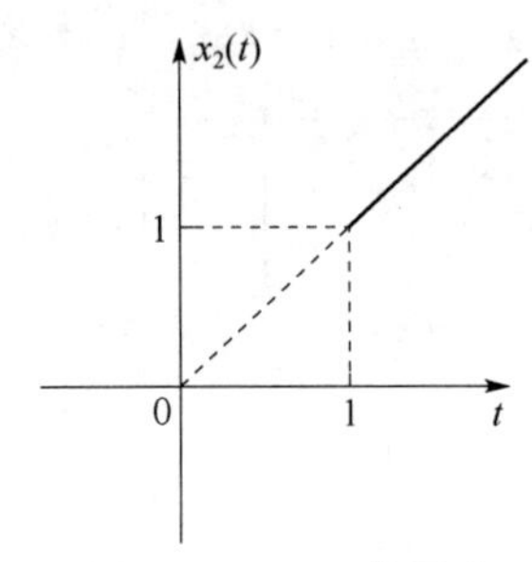

图 1.34　$x_2(t)$的图形

(c) 其对应图形如图 1.35 所示。

(d) 其对应图形如图 1.36 所示。

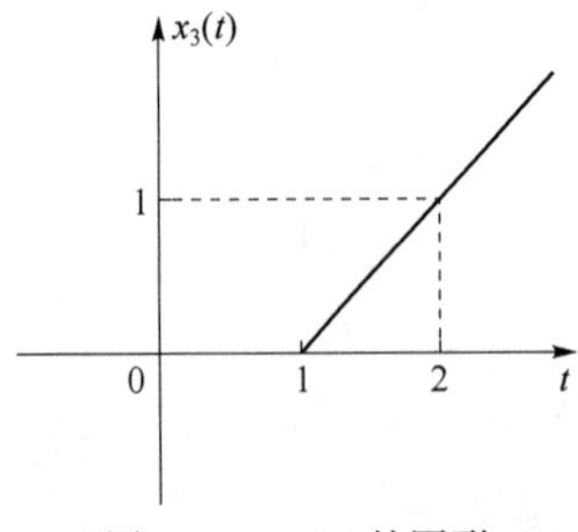

图 1.35　$x_3(t)$的图形

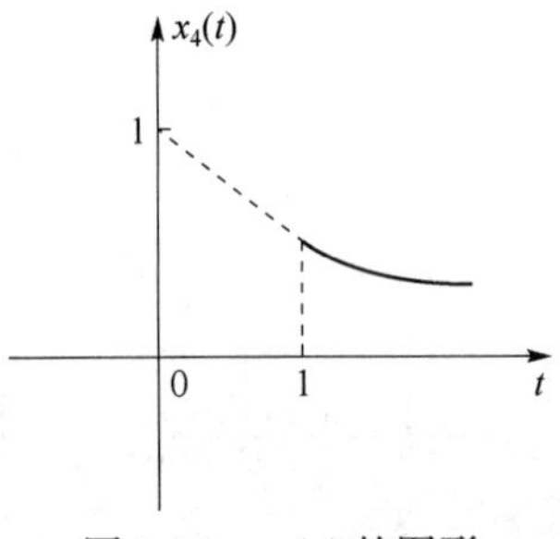

图 1.36　$x_4(t)$的图形

(e) 其对应图形如图 1.37 所示。

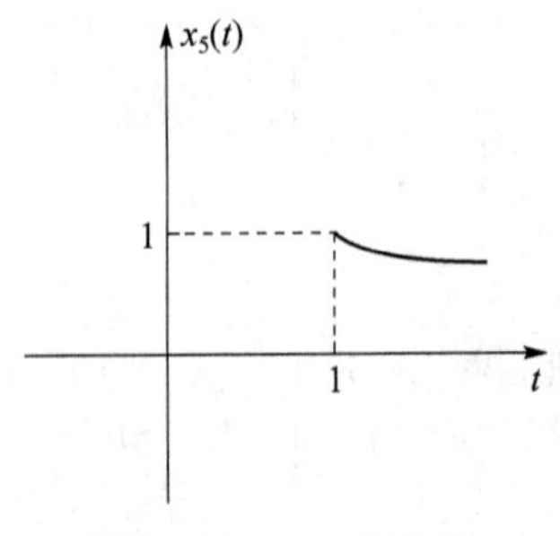

图 1.37　$x_5(t)$的图形

1.10　绘出下列函数的图形。

(a) $x_1(t)=u(t^2-4)$；

(b) $x_2(t)=|t-1|u(t^2-1)$；

(c) $x_3(t)=(t-1)u(t^2-1)$；

(d) $x_4(t)=u(t^2-5t+6)$。

解:(a)~(d) 的图形分别如图 1.38~图 1.41 所示。

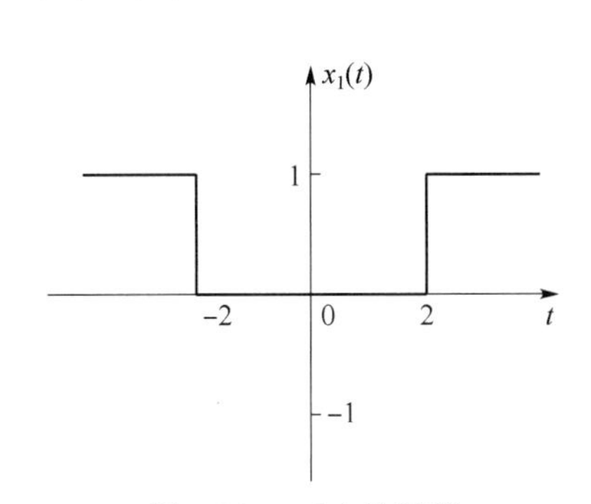

图 1.38　$x_1(t)$的图形

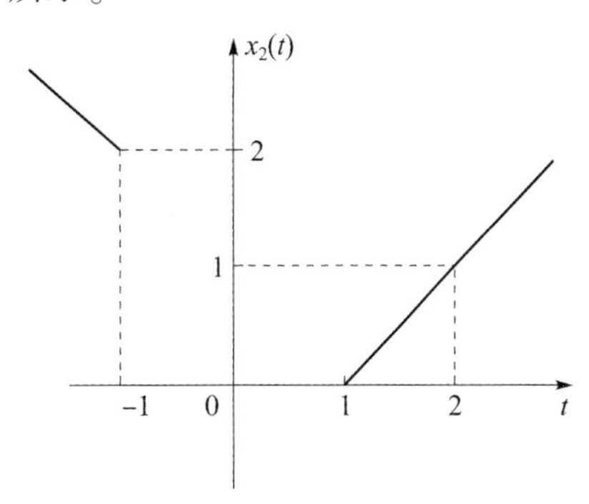

图 1.39　$x_2(t)$的图形

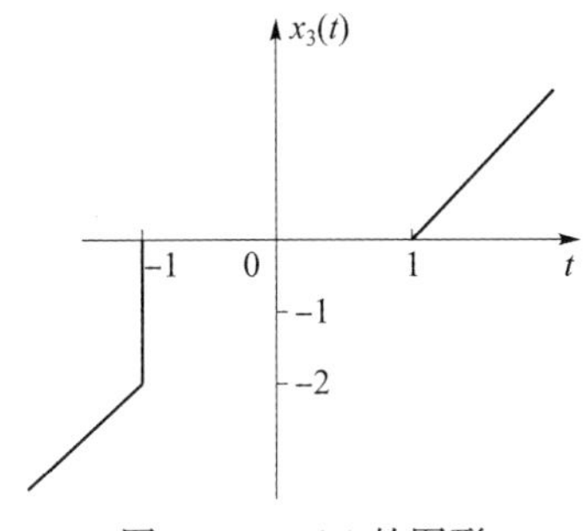

图 1.40　$x_3(t)$的图形

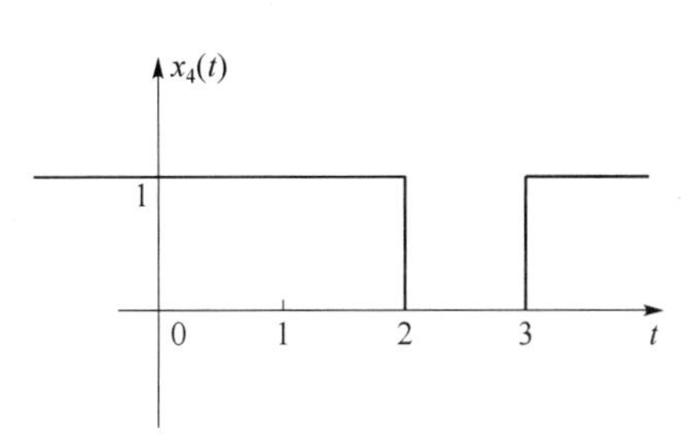

图 1.41　$x_4(t)$的图形

1.11　绘出下列函数的图形。

(a) $x_1(t)=u(\sin \pi t)$；(b) $x_2(t)=2u(\sin \pi t)-1$。

解:(a)、(b) 图形分别如图 1.42、图 1.43 所示。

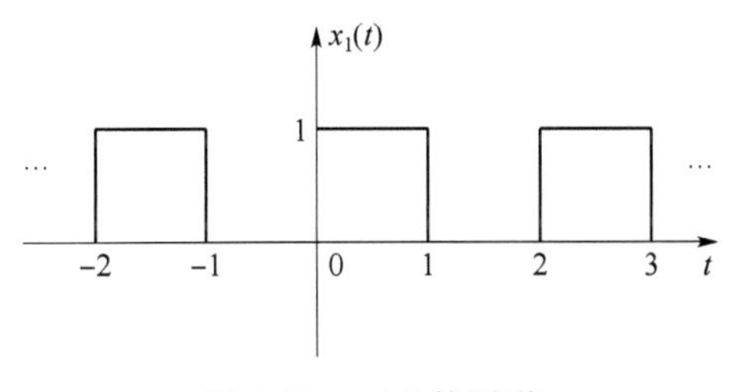

图 1.42　$x_1(t)$的图形

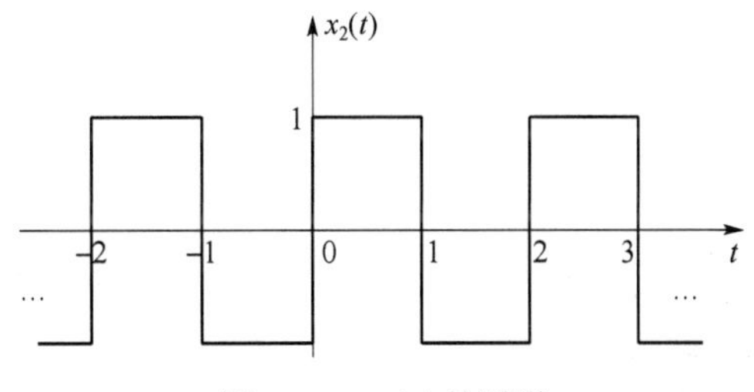

图 1.43　$x_2(t)$的图形

1.12　已知符号函数的定义为

$$\operatorname{sgn}(t)=\begin{cases}1, & t>0\\ -1, & t<0\end{cases}$$

绘出函数 $x(t)=\operatorname{sgn}\left[\cos\left(\dfrac{\pi}{2}t\right)\right]$的图形。

解:$x(t)$的图形如图 1.44 所示。

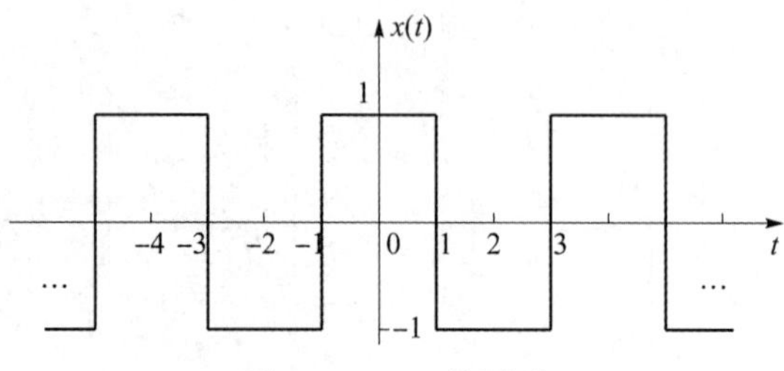

图 1.44　$x(t)$的图形

1.13　绘出序列的图形:

(a) $x_1[n]=nu[n]$;　　(b) $x_2[n]=nu[n-1]$;

(c) $x_3[n]=\left(\dfrac{1}{2}\right)^n u[n]$;　　(d) $x_4[n]=\left(\dfrac{1}{2}\right)^{n-2} u[n-2]$。

解:(a)~(d) 的图形分别如图 1.45~图 1.48 所示。

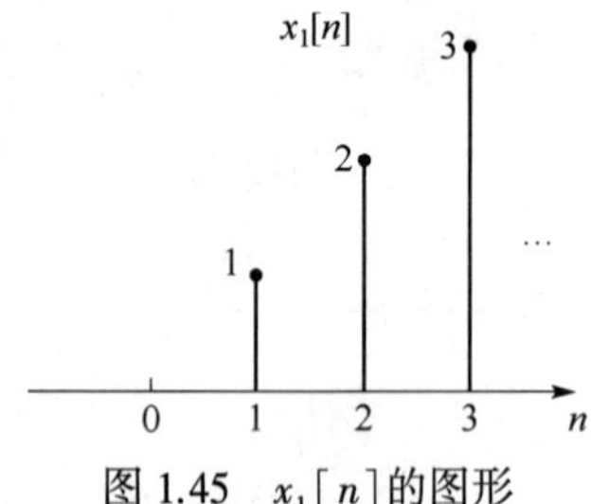

图 1.45　$x_1[n]$的图形

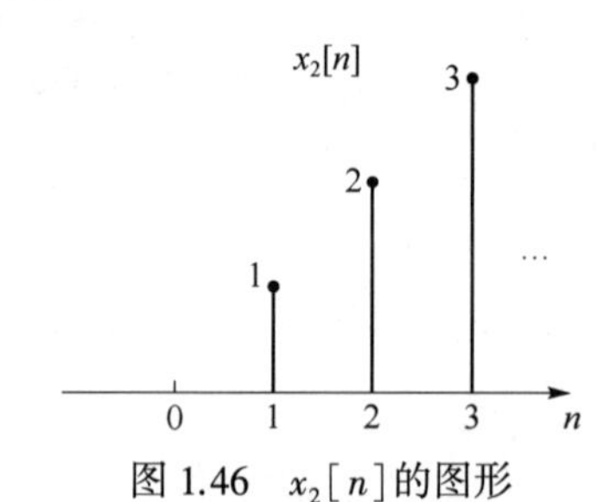

图 1.46　$x_2[n]$的图形

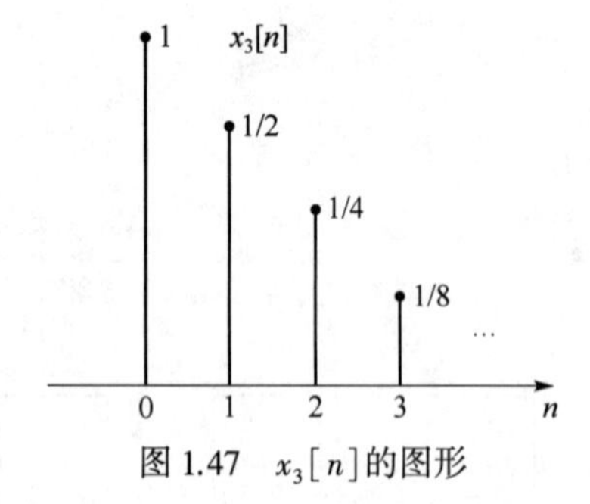

图 1.47　$x_3[n]$的图形

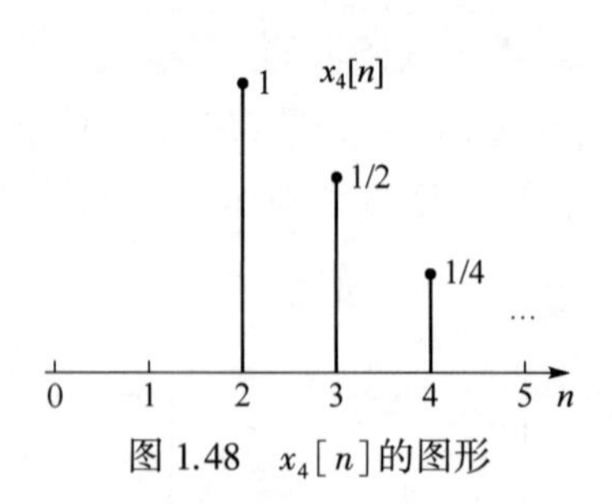

图 1.48　$x_4[n]$的图形

1.14　求序列 $x[n]=nu[n]$的一阶向后差分$\nabla x[n]$。

解:

$$\begin{aligned}\nabla x[n]&=x[n]-x[n-1]\\&=nu[n]-(n-1)u[n-1]\\&=nu[n]-nu[n-1]+u[n-1]\\&=u[n-1]\end{aligned}$$

1.15　设 $x(t)=0, t<3$，对以下每个信号确定其值为零的 t 值范围。

(a) $x(1-t)$；　(b) $x(1-t)+x(2-t)$；　(c) $x(1-t)x(2-t)$；　(d) $x(3t)$；　(e) $x\left(\frac{t}{3}\right)$。

解：(a) $1-t<3 \Rightarrow t>-2$；

(b) $\begin{cases}1-t<3\Rightarrow t>-2\\2-t<3\Rightarrow t>-1\end{cases}\Rightarrow t>-1$；

(c) 由(b)可知，$t>-2$；

(d) $3t<3\Rightarrow t<1$；

(e) $\frac{t}{3}<3\Rightarrow t<9$。

1.16　设 $x[n]=0, n<-2$ 和 $n>4$，对以下每个信号确定其值为零的 n 值范围。

(a) $x[n-3]$；　(b) $x[n+4]$；　(c) $x[-n]$；　(d) $x[-n+2]$；　(e) $x[-n-2]$。

解：(a) $\begin{matrix}n-3<-2\Rightarrow n<1\\n-3>4\Rightarrow n>7\end{matrix}\Rightarrow n<1$ 和 $n>7$；

(b) $\begin{matrix}n+4<-2\Rightarrow n<-6\\n+4>4\Rightarrow n>0\end{matrix}\Rightarrow n<-6$ 和 $n>0$；

(c) $\begin{matrix}-n<-2\Rightarrow n>2\\-n>4\Rightarrow n<-4\end{matrix}\Rightarrow n<-4$ 和 $n>2$；

(d) $\begin{matrix}-n+2<-2\Rightarrow n>4\\-n+2>4\Rightarrow n<-2\end{matrix}\Rightarrow n<-2$ 和 $n>4$；

(e) $\begin{matrix}-n-2<-2\Rightarrow n>0\\-n-2>4\Rightarrow n<-6\end{matrix}\Rightarrow n<-6$ 和 $n>0$。

1.17　求下列积分值。

(a) $\int_{-4}^{4}(t^2+3t+2)[\delta(t)+2\delta(t-2)]\mathrm{d}t$；

(b) $\int_{-4}^{4}(t^2+1)[\delta(t+5)+\delta(t)+\delta(t-2)]\mathrm{d}t$；

(c) $\int_{-\pi}^{\pi}(1-\cos t)\delta\left(t-\frac{\pi}{2}\right)\mathrm{d}t$；

(d) $\int_{-2\pi}^{2\pi}(1+t)\delta(\cos t)\mathrm{d}t$。

解：(a)

$$\begin{aligned}&\int_{-4}^{4}(t^2+3t+2)[\delta(t)+2\delta(t-2)]\mathrm{d}t\\&=\int_{-4}^{4}(t^2+3t+2)\delta(t)\mathrm{d}t+\int_{-4}^{4}(t^2+3t+2)\cdot 2\delta(t-2)\mathrm{d}t\\&=t^2+3t+2\Big|_{t=0}+2(t^2+3t+2)\Big|_{t=2}\\&=2+24\\&=26\end{aligned}$$

(b) $\int_{-4}^{4}(t^2+1)[\delta(t+5)+\delta(t)+\delta(t-2)]\mathrm{d}t$

$$=\int_{-4}^{4}(t^2+1)\delta(t+5)\mathrm{d}t+\int_{-4}^{4}(t^2+1)\delta(t)\mathrm{d}t+\int_{-4}^{4}(t^2+1)\delta(t-2)\mathrm{d}t$$

$$=0+(t^2+1)\Big|_{t=0}+(t^2+1)\Big|_{t=2}$$

$$=0+1+5$$

$$=6$$

(c) $\int_{-\pi}^{\pi}(1-\cos t)\delta\left(t-\frac{\pi}{2}\right)\mathrm{d}t$

$$=(1-\cos t)\Big|_{t=\frac{\pi}{2}}$$

$$=1$$

(d) $\int_{-2\pi}^{2\pi}(1+t)\delta(\cos t)\mathrm{d}t$

$$=\int_{-2\pi}^{2\pi}(1+t)\frac{1}{|(\cos t)'|}\left(\delta\left(t-\frac{\pi}{2}\right)+\delta\left(t+\frac{\pi}{2}\right)+\delta\left(t-\frac{3\pi}{2}\right)+\delta\left(t+\frac{3\pi}{2}\right)\right)\mathrm{d}t$$

$$=\int_{-2\pi}^{2\pi}(1+t)\frac{1}{|-\sin t|}\delta\left(t-\frac{\pi}{2}\right)\mathrm{d}t+\int_{-2\pi}^{2\pi}(1+t)\frac{1}{|-\sin t|}\delta\left(t+\frac{\pi}{2}\right)\mathrm{d}t+$$

$$\int_{-2\pi}^{2\pi}(1+t)\frac{1}{|-\sin t|}\delta\left(t-\frac{3\pi}{2}\right)\mathrm{d}t+\int_{-2\pi}^{2\pi}(1+t)\frac{1}{|-\sin t|}\delta\left(t+\frac{3\pi}{2}\right)\mathrm{d}t$$

$$=(1+t)\frac{1}{|-\sin t|}\Big|_{t=\frac{\pi}{2}}+(1+t)\frac{1}{|-\sin t|}\Big|_{t=-\frac{\pi}{2}}+$$

$$(1+t)\frac{1}{|-\sin t|}\Big|_{t=\frac{3\pi}{2}}+(1+t)\frac{1}{|-\sin t|}\Big|_{t=-\frac{3\pi}{2}}$$

$$=1+\frac{\pi}{2}+1-\frac{\pi}{2}+1+\frac{3\pi}{2}+1-\frac{3\pi}{2}$$

$$=4$$

1.18 已知信号 $x(3-2t)$ 的波形图如图 1.49 所示,绘出信号 $x(t)$ 的波形图。

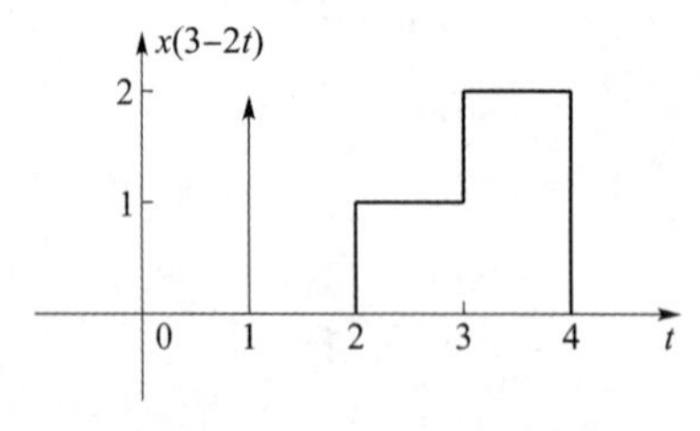

图 1.49 $x(3-2t)$ 的波形图

解:令 $t'=3-2t\Rightarrow t=\frac{3}{2}-\frac{t'}{2}$,$x(t')\to x\left(-\frac{t'}{2}+\frac{3}{2}\right)$,得 $x(t)$ 的波形图如图 1.50 所示。

1.19 已知信号 $x[n]$ 的波形如图 1.51 所示,绘出 $x[2n]$ 和 $x[n/2]$ 的波形。

解:$x[2n]$ 的波形如图 1.52 所示,$x[n/2]$ 的波形如图 1.53 所示。

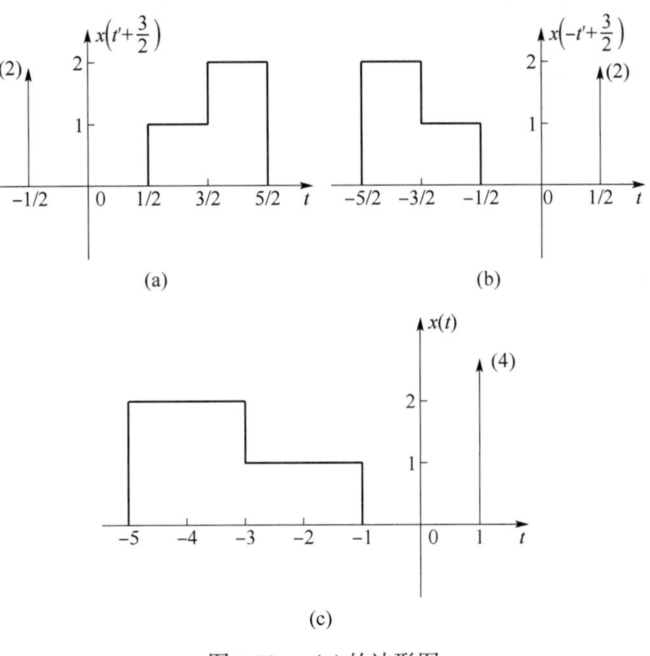

图 1.50　$x(t)$的波形图

(a) $x\left(t'+\frac{3}{2}\right)$的波形图;(b) $x\left(-t'+\frac{3}{2}\right)$的波形图;(c) $x(t)$的波形图

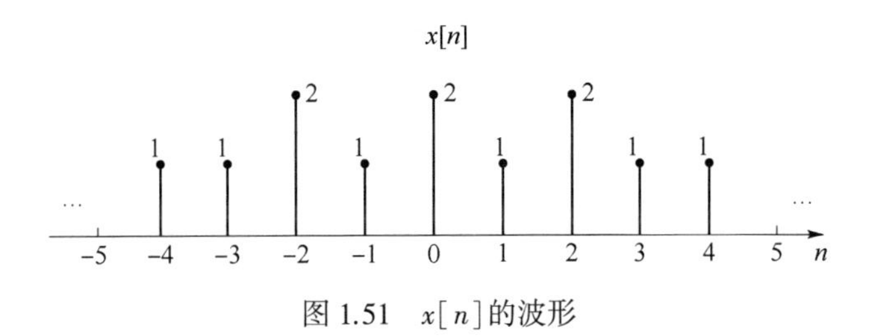

图 1.51　$x[n]$的波形

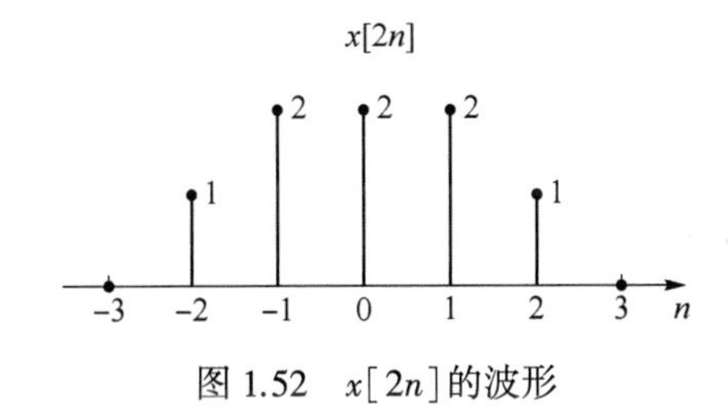

图 1.52　$x[2n]$的波形

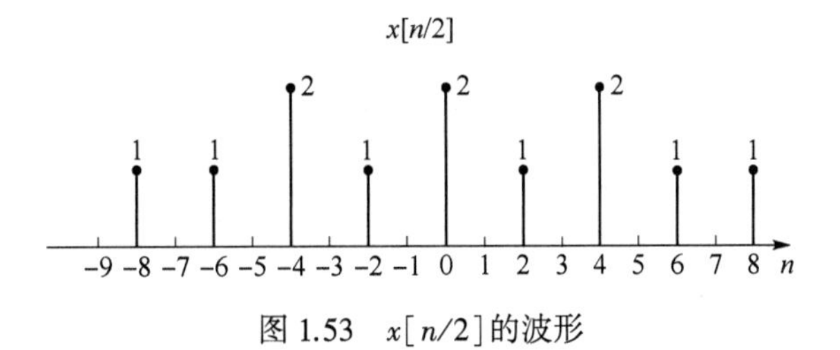

图 1.53　$x[n/2]$的波形

1.20　判断下列每个信号是否是周期的？如果是周期的，求出基波周期。

(a) $2\cos\left(3t+\dfrac{\pi}{2}\right)$；　(b) $e^{j(\pi t-1)}$；　(c) $\cos\left(\dfrac{8\pi}{7}n+2\right)$；　(d) $\cos\left(\dfrac{n}{4}\right)$；

(e) $\sum\limits_{k=-\infty}^{\infty}\{\delta[n-4k]-\delta[n-1-4k]\}$；　(f) $2\cos(10t+1)-\sin(4t-1)$；

(g) $2\cos\left(\dfrac{\pi}{4}n\right)+\sin\left(\dfrac{\pi}{8}n\right)-2\cos\left(\dfrac{\pi}{4}n\right)$；　(h) $1+e^{j\frac{4\pi}{7}n}-e^{j\frac{2\pi}{5}n}$。

解：(a) 是，$T_0=\dfrac{2\pi}{3}$；

(b) 是，$T_0=\dfrac{2\pi}{\pi}=2$；

(c) $\dfrac{\Omega}{2\pi}=\dfrac{\frac{8\pi}{7}}{2\pi}=\dfrac{4}{7}$，是，$N=7$；

(d) $\dfrac{\Omega}{2\pi}=\dfrac{\frac{1}{4}}{2\pi}=\dfrac{1}{8\pi}$，不是；

(e) 是，$N=4$；

(f) $T_1=\dfrac{2\pi}{10}=\dfrac{\pi}{5}$，$T_2=\dfrac{2\pi}{4}=\dfrac{\pi}{2}$，$\dfrac{T_1}{T_2}=\dfrac{\frac{\pi}{5}}{\frac{\pi}{2}}=\dfrac{2}{5}$，是，$T_0=\pi$；

(g) $\dfrac{\Omega_1}{2\pi}=\dfrac{\frac{\pi}{4}}{2\pi}=\dfrac{1}{8}$，$N_1=8$，$\dfrac{\Omega_2}{2\pi}=\dfrac{\frac{\pi}{8}}{2\pi}=\dfrac{1}{16}$，$N_2=16$，$\dfrac{\Omega_3}{2\pi}=\dfrac{\frac{\pi}{2}}{2\pi}=\dfrac{1}{4}$，$N_3=4$，$N_1:N_2:N_3=8:16:4$，是，$N=16$；

(h) $\dfrac{\Omega_1}{2\pi}=\dfrac{\frac{4\pi}{7}}{2\pi}=\dfrac{2}{7}$，$N_1=7$，$\dfrac{\Omega_2}{2\pi}=\dfrac{\frac{2\pi}{5}}{2\pi}=\dfrac{1}{5}$，$N_2=5$，$N_1:N_2=7:5$，是，$N=35$。

1.21　已知系统的输入和输出关系为 $y(t)=|x(t)-x(t-1)|$，判断系统：

(a) 是否是线性的？(b) 是否是时不变的？(c) 当输入 $x(t)$ 如图 1.54 所示时，画出响应 $y(t)$ 的波形。

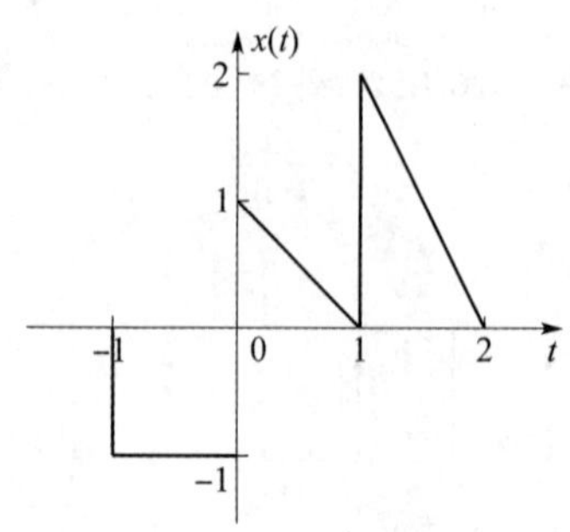

图 1.54　输入 $x(t)$ 的波形

解:(a) 由 $x_1(t)\to y_1(t)=|x_1(t)-x_1(t-1)|$,$x_2(t)\to y_2(t)=|x_2(t)-x_2(t-1)|$得

$$ax_1(t)+bx_2(t)\to y(t)=|ax_1(t)+bx_2(t)-ax_1(t-1)-bx_2(t-1)|$$
$$=|a[x_1(t)-x_1(t-1)]+b[x_2(t)-x_2(t-1)]|$$

而 $ay_1(t)+by_2(t)\to y(t)=a|x_1(t)-x_1(t-1)|+b|x_2(t)-x_2(t-1)|$

可知:$ax_1(t)+bx_2(t)\nrightarrow ay_1(t)+by_2(t)$

故所示系统不是线性的。

(b) $x(t-t_0)\to y(t)=|x(t-t_0)-x(t-t_0-1)|$,$y(t-t_0)=|x(t-t_0)-x(t-t_0-1)|$

可知:$x(t-t_0)\to y(t-t_0)$

故所示系统是时不变的。

(c) $y(t)$的波形如图 1.55 所示。

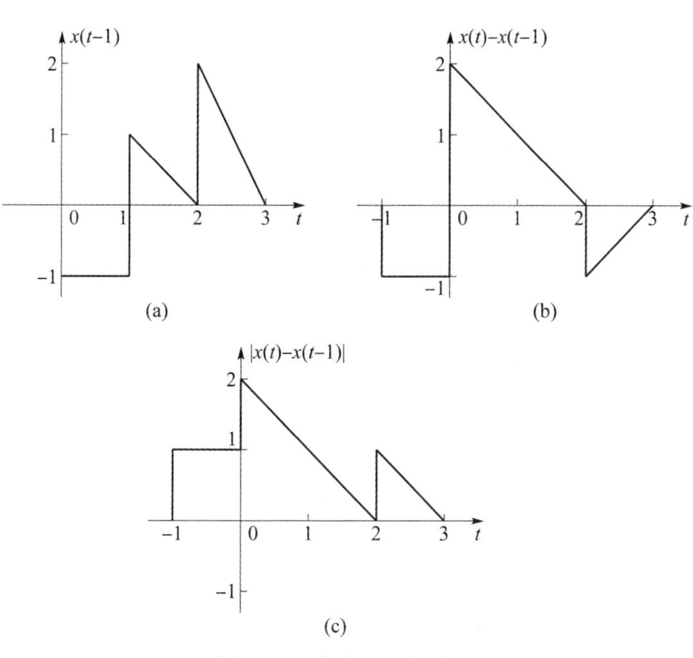

图 1.55　响应 $y(t)$的波形

(a) $x(t-1)$的波形;(b) $x(t)-x(t-1)$的波形;(c) 响应 $y(t)$的波形

1.22　一个 LTI 系统,当输入 $x(t)=u(t)$时,输出为 $y(t)=\mathrm{e}^{-t}u(t)+u(-1-t)$,求该系统对图 1.56 所示输入 $x(t)$的响应,并概略地画出其波形。

解:$x(t)=u(t-1)-u(t-2)$

根据线性性和时不变性,可得:

$$\begin{aligned}\tilde{y}(t)&=y(t-1)-y(t-2)\\&=\mathrm{e}^{-(t-1)}u(t-1)+u(-1-t+1)-\\&\quad\mathrm{e}^{-(t-2)}u(t-2)-u(-1-t+2)\\&=\mathrm{e}^{-(t-1)}u(t-1)+u(-t)-\mathrm{e}^{-(t-2)}u(t-2)-u(1-t)\\&=\begin{cases}-1, & 0<t\leqslant 1\\ \mathrm{e}^{-(t-1)}, & 1<t\leqslant 2\\ \mathrm{e}^{-(t-1)}-\mathrm{e}^{-(t-2)}, & t>2\end{cases}\end{aligned}$$

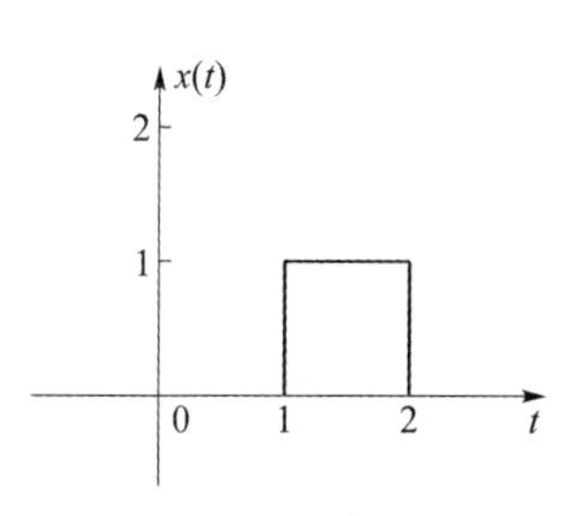

图 1.56　输入 $x(t)$的波形

响应 $\tilde{y}(t)$ 的波形如图 1. 57 所示。

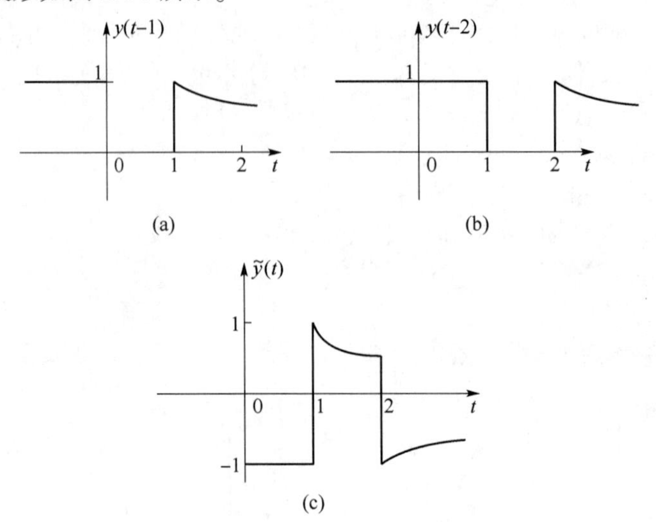

(c)

图 1.57　响应 $\tilde{y}(t)$ 的波形

(a) $y(t-1)$ 的波形；(b) $y(t-2)$ 的波形；(c) 响应 $\tilde{y}(t)$ 的波形

1.23　已知一个 LTI 系统对图 1.58 所示信号 $x_1(t)$ 的响应 $y_1(t)$ 如图 1.59 所示，求：

(a) 该系统对图 1.60 所示输入 $x_2(t)$ 的响应，并画出波形；

(b) 该系统对图 1.61 所示输入 $x_3(t)$ 的响应，并画出波形。

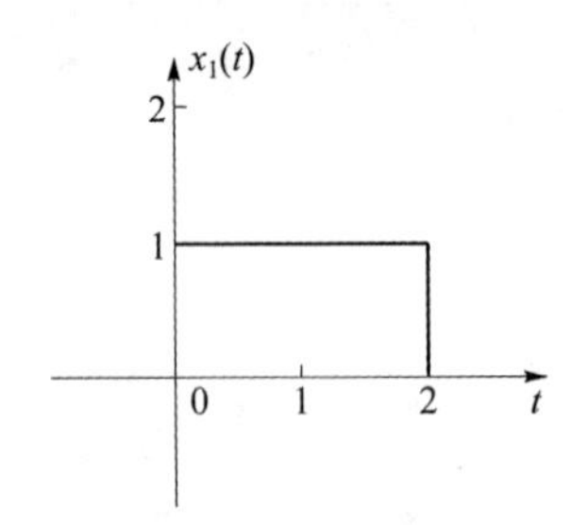

图 1.58　$x_1(t)$ 的波形

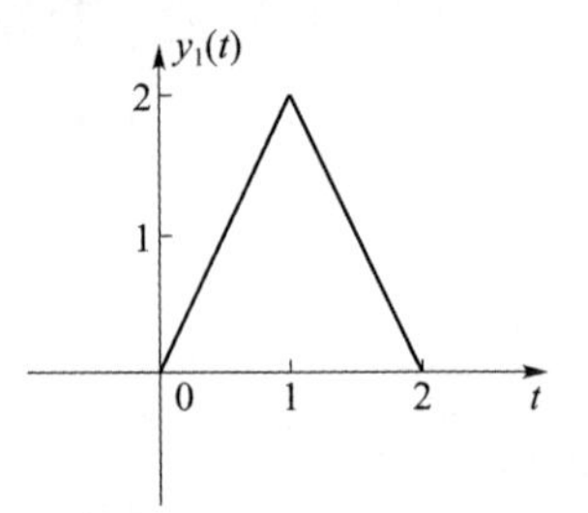

图 1.59　$y_1(t)$ 的波形

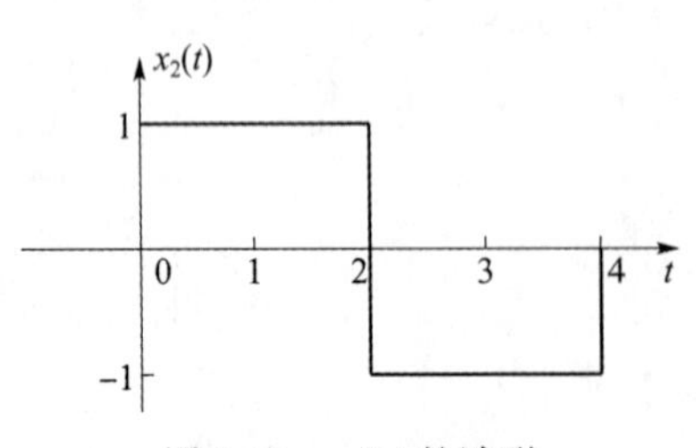

图 1.60　$x_2(t)$ 的波形

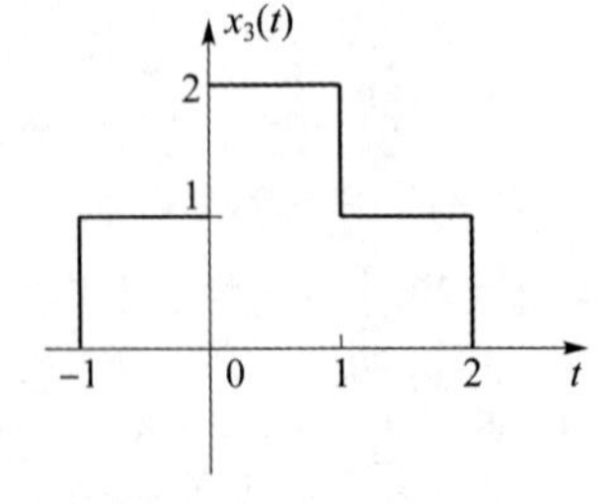

图 1.61　$x_3(t)$ 的波形

解：(a) $x_2(t)=x_1(t)-x_1(t-2)$；　$y_2(t)=y_1(t)-y_1(t-2)$

(b) $x_3(t)=x_1(t)+x_1(t+1)$；　$y_3(t)=y_1(t)+y_1(t+1)$

响应 $y_2(t)$ 的波形如图 1. 62 所示。

响应 $y_3(t)$ 的波形如图 1.63 所示。

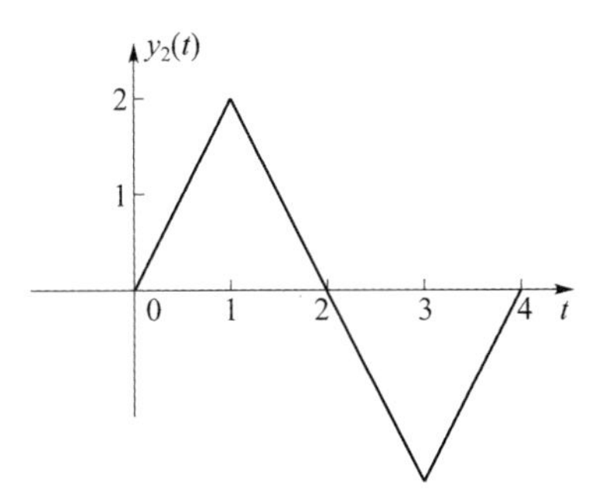

图 1.62　响应 $y_2(t)$ 的波形

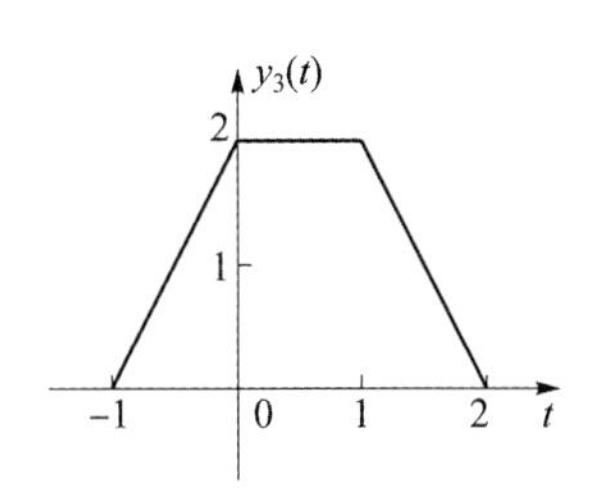

图 1.63　响应 $y_3(t)$ 的波形

1.24　判断下列每一个连续时间系统里是否是线性系统和时不变系统。

(a) $y(t)=\dfrac{\mathrm{d}x(t)}{\mathrm{d}t}$;　(b) $y(t)=x(t-2)+x(2-t)$;

(c) $y(t)=(\cos 3t)x(t)$;　(d) $\int_{-\infty}^{2t}x(\tau)\mathrm{d}\tau$;

(e) $y(t)=x\left(\dfrac{t}{3}\right)$;　(f) $y(t)=\tilde{x}(0)+3t^2x(t)$。

解:(a) 线性,时不变;　(b) 线性,时变;　(c) 线性,时变;

(d) 线性,时变;　(e) 线性,时变;　(f) 线性,时变。

1.25　判断下列每一个离散时间系统是否是线性系统和时不变系统。

(a) $y[n]=x[n]-2x[n-1]$;　(b) $y[n]=nx[n]$;

(c) $y[n]=x[n-2]x[n]$;　(d) $y[n]=x[-n]$;

(e) $y[n]=x[4n+1]$;　(f) $\begin{cases} x[n], & n\geqslant 1 \\ 0, & n=0 \\ x[n+1], & n\leqslant -1 \end{cases}$。

解:(a) 线性,时不变;　(b) 线性,时变;　(c) 非线性,时不变;

(d) 线性,时变;　(e) 线性,时变;　(f) 线性,时变。

1.26　已知 LTI 系统的输入 $x(t)=u(t)$,初始状态 $\tilde{x}_1(0)=1,\tilde{x}_2(0)=2$ 时响应 $y(t)=(6\mathrm{e}^{-2t}-5\mathrm{e}^{-3t})u(t)$。如果输入变为 $x(t)=3u(t)$,而初始状态不变,则输出 $y(t)=(8\mathrm{e}^{-2t}-7\mathrm{e}^{-3t})u(t)$,求:

(a) 当初始状态 $\tilde{x}_1(0)=1,\tilde{x}_2(0)=2$ 时的零输入响应 $y_0(t)$;

(b) 当 $x(t)=2u(t)$ 时的零状态响应 $y_x(t)$。

解:$y_1(t)=y_0(t)+y_x(t)=(6\mathrm{e}^{-2t}-5\mathrm{e}^{-3t})u(t)$

$y_2(t)=y_0(t)+3y_x(t)=(8\mathrm{e}^{-2t}-7\mathrm{e}^{-3t})u(t)$

$y_2(t)-y_1(t)=2y_x(t)=(2\mathrm{e}^{-2t}-2\mathrm{e}^{-3t})u(t)$

即 $x(t)=2u(t)$ 时的 $y_x(t)$,(b) 得解;

而 $y_0(t)=y_1(t)-y_x(t)=(5\mathrm{e}^{-2t}-4\mathrm{e}^{-3t})u(t)$,(a) 得解。

1.27　图 1.64 所示的反馈系统由一个延迟器组成,设 $n<0$ 时,$y[n]=0$,试分别画出如下

输入 $x[n]$ 时输出 $y[n]$ 的图形。

(a) $x[n]=\delta[n]$； (b) $x[n]=u[n]$。

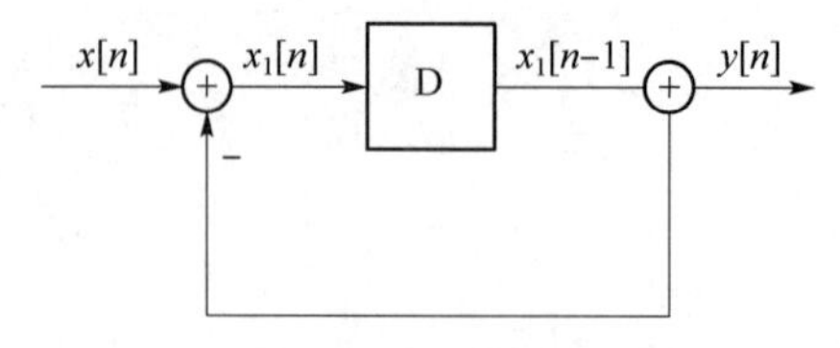

图 1.64 反馈系统

解：$y[n]=x_1[n-1], x_1[n]=x[n]-y[n] \Rightarrow y[n]+y[n-1]=x[n-1]$

(a) $x_1[n]=x[n]-y[n]$

$n=-1, x_1[-1]=x[-1]-y[-1]=\delta[-1]-y[-1]=0=y[0]$

$n=0, x_1[0]=x[0]-y[0]=\delta[0]-y[0]=1=y[1]$

$n=1, x_1[1]=x[1]-y[1]=0-1=-1=y[2]$

$n=2, x_1[2]=x[2]-y[2]=0-(-1)=1=y[3]$

$n=3, x_1[3]=x[3]-y[3]=0-1=-1=y[4]$

$\vdots$

输入为 $\delta[n]$ 时输出 $y[n]$ 的图形如图 1.65 所示。

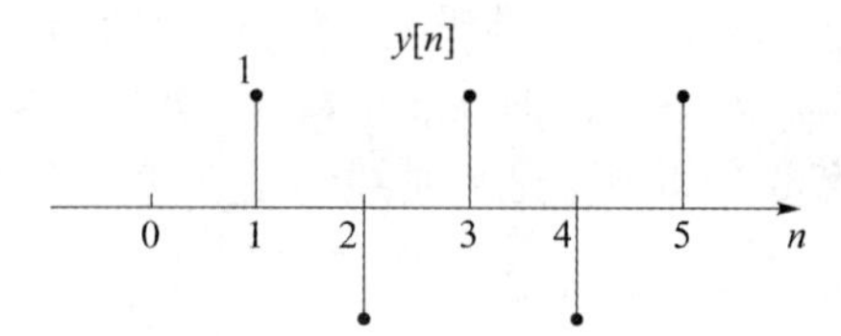

图 1.65 输入为 $\delta[n]$ 时输出 $y[n]$ 的图形

(b) $n=-1, x_1[-1]=x[-1]-y[-1]=u[-1]-y[-1]=0=y[0]$

$n=0, x_1[0]=x[0]-y[0]=u[0]-y[0]=1=y[1]$

$n=1, x_1[1]=x[1]-y[1]=u[1]-y[1]=0=y[2]$

$n=2, x_1[2]=x[2]-y[2]=u[2]-y[2]=1=y[3]$

$n=3, x_1[3]=x[3]-y[3]=u[3]-y[3]=0=y[4]$

$\vdots$

输入为 $u[n]$ 时输出 $y[n]$ 的图形如图 1.66 所示。

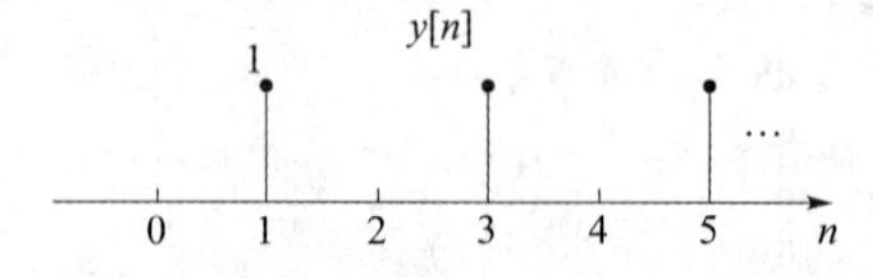

图 1.66 输入为 $u[n]$ 时输出 $y[n]$ 的图形

1.28 某离散时间系统，其输入为 $x[n]$，输出为 $y[n]$，且

$$y[n]=x[n]x[n-2]$$

(a) 系统是无记忆的吗?

(b) 若输入为 $A\delta[n]$,A 为任意实数或复数,求系统输出。

(c) 系统是可逆的吗?

解:(a) 不是无记忆系统,因为 $y[n]$ 与 $x[n-2]$ 有关。

(b) $y[n]=A\delta[n]\cdot\delta[n-2]=0$。

(c) 不是可逆系统,因为 $\delta[n]$ 或 $\delta[n-1]$ 作输入时都得出相同的输出 $y[n]=0$。

1.29　判断下列系统的可逆性。若是则求其逆系统,若不是,请找到两个输入信号,其输出是相同的。

(a) $y(t)=x(t-4)$;

(b) $y(t)=\cos[x(t)]$;

(c) $y[n]=nx[n]$;

(d) $\int_{-\infty}^{t}x(\tau)\mathrm{d}\tau$;

(e) $y[n]=x[1-n]$;

(f) $y(t)=x(2t)$;

(g) $y[n]=\begin{cases}x\left[\dfrac{n}{2}\right], & n\text{ 为偶}\\ 0, & n\text{ 为奇}\end{cases}$;

(h) $y(t)=\dfrac{\mathrm{d}x(t)}{\mathrm{d}t}$;

(i) $y[n]=\sum_{k=-\infty}^{n}\left(\dfrac{1}{2}\right)^{n-k}x[k]$;

(j) $y(t)=\int_{-\infty}^{t}\mathrm{e}^{-(t-\tau)}x(\tau)\mathrm{d}\tau$。

解:(a) 可逆,逆系统为 $z(t)=y(t+4)$;

(b) 不可逆,$x(t)$ 与 $x(t)+2k\pi$ 都得出相同的输出;

(c) 不可逆,输入 $x[n]=\delta[n]$ 或 $2\delta[n]$ 都得出相同的输出 $y[n]=0$;

(d) 可逆,逆系统为 $z(t)=\dfrac{\mathrm{d}y(t)}{\mathrm{d}t}$;

(e) 可逆,逆系统为 $z(t)=y[1-n]$;

(f) 可逆,逆系统为 $z(t)=y\left(\dfrac{t}{2}\right)$;

(g) 可逆,逆系统为 $y[n]=x[2n]$;

(h) 不可逆,如果 $x(t)=C$,则 $y(t)=0$;

(i) 可逆,逆系统为 $y[n]=x[n]-\dfrac{1}{2}x[n-1]$;

(j) 可逆,逆系统为 $y(t)-x(t)+\dfrac{\mathrm{d}x(t)}{\mathrm{d}t}$。

第二章　连续时间系统的时域分析

连续时间系统的时域分析不涉及任何数学变换,直接在时域内对系统微分方程求解,其分析方法主要有两种:经典法和卷积积分法。

一、基本要求

① 熟悉微分方程的经典解法;
② 掌握单位冲激响应 $h(t)$ 的定义与求解;
③ 掌握卷积积分的定义性质;
④ 掌握利用卷积积分。

二、知识要点

1. 经典法

(1) 系统的数学模型

描述 n 阶线性系统输入-输出关系的模型为 n 阶常系数微分方程:

$$\begin{aligned}&a_n y^{(n)}(t)+a_{n-1}y^{(n-1)}(t)+\cdots+a_1 y^{(1)}(t)+a_0 y(t)\\&=b_m x^{(m)}(t)+b_{m-1}x^{(m-1)}(t)+\cdots+b_1 x^{(1)}(t)+b_0 x(t)\end{aligned}$$

其中,$x(t)$ 为系统输入,$y(t)$ 为系统输出,n 为系统阶次。

(2) 系统的响应

系统的全响应可根据系统分析的需要分解为以下三种形式。

① 全响应 $y(t)$:零输入响应 $y_0(t)$+零状态响应 $y_x(t)$。

零输入响应 $y_0(t)$ 是当输入信号 $x(t)=0$ 时,仅由系统的起始状态 $y^{(k)}(0_-)$ 引起的响应,其中 $k=0,1,\cdots,n-1$,其解的模式与齐次解 $y_h(t)$ 相同。

零状态响应 $y_x(t)$ 是在起始状态 $y^{(k)}(0_-)=0$ 的前提下,仅由输入信号 $x(t)$ 引起的响应,解的模式为

$$y_x(t)=y_h(t)+y_p(t)=\sum_{i=1}^{n}C_i e^{\lambda_i t}+y_p(t)$$

其中的系数 C_i 不能用 $y^{(k)}(0_-)=0$ 来确定。必须考虑由于输入信号 $x(t)$ 在 $t=0$ 施于系统而引起的边界条件的跳变,也就是应从 $y^{(k)}(0_-)=0$ 导出 $y^{(k)}(0_+)=0$ 后确定系数 C_i。此问题可由 δ 匹配法或微分特性法解决。

② 全响应=自然响应+受迫响应。

自然响应是系统的齐次解,所有由系统特征根决定的响应都属于自然响应,受迫响应具有与特解相同的模式。

③ 全响应=瞬态响应+稳态响应。

瞬态响应为当 $t\to\infty$ 时,趋于零的那部分响应;稳态响应为当 $t\to\infty$ 时,保留下来的那部分响应。

(3) 经典解法

经典解法求解一个线性常系数微分方程,主要工作是求出其齐次解和特解,齐次解是系统在输入为零时的齐次方程的解,其模式为

$$y_{\mathrm{h}}(t)=\sum_{i=1}^{n}C_i\mathrm{e}^{\lambda_i t}$$

其中,λ_i 是系统的自然频率,即微分方程的特征根,它取决于系统自身的结构和参数,与输入无关,不同类型的特征根对应的齐次解模式将有所不同。特解 $y_{\mathrm{p}}(t)$ 是系统在输入的强迫下得到的解,其模式取决于输入信号的形式。得到齐次解及特解后,就可以求得上述各种响应。

2. 单位冲激响应与单位阶跃响应

① 系统的单位冲激响应是当单位冲激信号 $\delta(t)$ 为输入时,系统的零状态响应,记为 $h(t)$。

② 系统的单位阶跃响应是当单位阶跃信号 $u(t)$ 为输入时,系统的零状态响应,记为 $s(t)$。

③ 单位冲激响应 $h(t)$ 与单位阶跃响应 $s(t)$ 的关系为:

$$h(t)=\frac{\mathrm{d}}{\mathrm{d}t}s(t)\qquad s(t)=\int_{-\infty}^{t}h(\tau)\mathrm{d}\tau$$

④ 单位冲激响应的求解。

由于输入信号 $\delta(t)$ 对系统的作用只发生在 $t=0^-\sim0^+$ 的一瞬间,在 $t>0$ 之后的时间范围内,输入为零,因此 $h(t)$ 的模式为齐次解模式,$\delta(t)$ 对系统的作用在于它使系统从零起始状态变成非零初始状态,我们利用这些跳变后的非零初始状态来确定齐次解中的系数 C_i。

3. 卷积积分

卷积积分用来求取系统的零状态响应,所分析的系统必须是 LTI 系统。

卷积积分的定义为:

$$y(t)=x(t)*h(t)=\int_{-\infty}^{\infty}x(\tau)h(t-\tau)\mathrm{d}\tau$$

卷积积分具有下述性质:

① 交换律:$x(t)*h(t)=h(t)*x(t)$。

级联系统的 $h(t)$ 等于各子系统 $h_i(t)$ 的卷积,且与级联顺序无关。

② 结合律:$[x(t)*h_1(t)]*h_2(t)=x(t)*[h_1(t)*h_2(t)]$。

③ 分配律:$x(t)*[h_1(t)+h_2(t)]=x(t)*h_1(t)+x(t)*h_2(t)$。

并联系统的 $h(t)$ 等于各子系统 $h_i(t)$ 之和。

④ 微分性质:$y^{(m)}(t)=x^{(m)}(t)*h(t)=x(t)*h^{(m)}(t)$。

⑤ 积分性质:$y^{(-m)}(t)=x^{(-m)}(t)*h(t)=x(t)*h^{(-m)}(t)$。

推广:$y^{(n-m)}(t)=x^{(n)}(t)*h^{(-m)}(t)=x^{(-m)}(t)*h^{(n)}(t)$。

⑥ 移位性质:$x(t)*\delta(t)=x(t)$;

$x(t)*\delta(t-t_0)=x(t-t_0)$;

$x(t-t_1)*\delta(t-t_0)=x(t-t_1-t_0)$。

4. **卷积积分的计算**

卷积积分主要采用解析方法和图解法，正确判断求解公式中的积分上下限是卷积积分计算中的关键问题，需要依据 $x(t)$、$h(t)$ 的具体波形以及两波形相对位置而定。

5. **$h(t)$ 描述系统性质**

连续时间 LTI 系统对任意输入 $x(t)$ 的响应可以用 $h(t)$ 完全表示，说明 LTI 系统的 $h(t)$ 完全描述了系统的特性，在系统的 6 个基本性质中，线性和时不变性是导出卷积积分的依据，或者说是 $h(t)$ 能够描述系统特性的前提，而其余 4 个特性都可用 $h(t)$ 来表示。

① 因果性条件：$h(t)=0, t<0$。

② 稳定性条件：$\int_{-\infty}^{\infty} |h(t)| \mathrm{d}t < \infty$。

③ 可逆性条件：$h(t) * h_1(t)=\delta(t)$，其中 $h_1(t)$ 是原系统对应的逆系统的单位冲激响应。

④ 无记忆性条件：$h(t)=k\delta(t)$（k 为任意常数）。

6. **连续时间系统的模拟**

系统模拟是用一些基本运算单元，包括积分器、乘法器、加法器等构成某种形式的框图对系统进行数字意义上的模拟，本章主要讨论直接Ⅱ型模拟框图。

三、习题解答

2.1　已知系统的齐次微分方程和初始状态如下，试求其零输入响应。

(a) $y^{(2)}(t)+5y^{(1)}(t)+6y(t)=0, y(0)=1, y^{(1)}(0)=-1$；

(b) $y^{(2)}(t)+3y^{(1)}(t)+2y(t)=0, y(0)=1, y^{(1)}(0)=0$；

(c) $y^{(2)}(t)+6y^{(1)}(t)+9y(t)=0, y(0)=1, y^{(1)}(0)=0$；

(d) $y^{(3)}(t)+y^{(2)}(t)-y^{(1)}(t)-y(t)=0, y(0)=1, y^{(1)}(0)=1, y^{(1)}(0)=-2$；

(e) $y^{(2)}(t)+2y^{(1)}(t)+2y(t)=0, y(0)=1, y^{(1)}(0)=2$；

(f) $y^{(2)}(t)+y(t)=0, y(0)=2, y^{(1)}(0)=0$。

解：(a) $\lambda^2+5\lambda+6=0, \lambda_1=-2, \lambda_2=-3$

$$y_0(t)=C_1\mathrm{e}^{-2t}+C_2\mathrm{e}^{-3t}$$

$$\begin{cases} y(0)=C_1+C_2=1 \\ y^{(1)}(0)=-2C_1-3C_2=-1 \end{cases} \Rightarrow C_1=2, C_2=-1$$

所以：$y_0(t)=(2\mathrm{e}^{-2t}-\mathrm{e}^{-3t})u(t)$

(b) $\lambda^2+3\lambda+2=0, \lambda_1=-1, \lambda_2=-2$

$$y_0(t)=C_1\mathrm{e}^{-t}+C_2\mathrm{e}^{-2t}$$

$$\begin{cases} y(0)=C_1+C_2=1 \\ y^{(1)}(0)=-C_1-2C_2=0 \end{cases} \Rightarrow C_1=2, C_2=-1$$

所以：$y_0(t)=(2\mathrm{e}^{-t}-\mathrm{e}^{-2t})u(t)$

(c) $\lambda^2+6\lambda+9=0, \lambda_1=\lambda_2=-3$

$$y_0(t)=C_1\mathrm{e}^{-3t}+C_2t\mathrm{e}^{-3t}$$

$$\begin{cases} y(0)=C_1=1 \\ y^{(1)}(0)=-3C_1+C_2=0 \end{cases} \Rightarrow C_2=3$$

所以：$y_0(t)=(3t+1)e^{-3t}u(t)$

(d) $\lambda^3+\lambda^2-\lambda-1=0, \lambda_{1,2}=\pm1, \lambda_3=-1$

$$y_0(t)=C_1e^t+C_2e^{-t}+C_3te^{-t}$$

$$\begin{cases} y(0)=C_1+C_2=1 \\ y^{(1)}(0)=C_1-C_2+C_3=1 \\ y^{(2)}(0)=C_1+C_2-2C_3=-2 \end{cases} \Rightarrow C_1=\frac{1}{4}, C_2=\frac{3}{4}, C_3=\frac{3}{2}$$

所以：$y_0(t)=\left(\frac{1}{4}e^t+\frac{3}{4}e^{-t}+\frac{3}{2}te^{-t}\right)u(t)$

(e) $\lambda^2+2\lambda+2=0, \lambda_{1,2}=-1\pm j$

$$y_0(t)=C_1e^{-t}\cos t+C_2e^{-t}\sin t$$

$$\begin{cases} y(0)=C_1=1 \\ y^{(1)}(0)=-C_1+C_2=2 \end{cases} \Rightarrow C_2=3$$

所以：$y_0(t)=e^{-t}(\cos t+3\sin t)u(t)$

(f) $\lambda^2+1=0, \lambda_{1,2}=\pm j$

$$y_0(t)=C_1\cos t+C_2\sin t$$

$$y(0)=C_1=2$$

$$y^{(1)}(0)=-C_1\sin t+C_2\cos t\Big|_{t=0}=C_2=0$$

所以：$y_0(t)=2\cos t u(t)$

2.2　利用已知条件解下列微分方程。

(a) $y^{(2)}(t)+y(t)=0, y(0)=1, y^{(1)}(0)=0$;

(b) $y^{(2)}(t)+y(t)=0, y(0)=0, y^{(1)}(0)=1$;

(c) $y^{(2)}(t)+y(t)=0, y(0)=y^{(1)}(0)=1$。

解：

$$\lambda^2+1=0, \lambda_{1,2}=\pm j$$

$$y_0(t)=C_1\cos t+C_2\sin t$$

(a) $y(0)=C_1=1$

$$y^{(1)}(0)=-C_1\sin t+C_2\cos t\Big|_{t=0}=C_2=0$$

所以：$y_0(t)=\cos t u(t)$

(b) $y(0)=C_1=0$

$$y^{(1)}(0)=-C_1\sin t+C_2\cos t\Big|_{t=0}=C_2=1$$

所以：$y_0(t)=\sin t u(t)$

(c) $y(0)=C_1=1$

$$y^{(1)}(0)=-C_1\sin t+C_2\cos t\Big|_{t=0}=C_2=1$$

所以：$y_0(t)=(\cos t+\sin t)u(t)$

2.3 已知系统的微分方程和初始状态如下，求其系统的全响应。

(a) $y^{(2)}(t)+5y^{(1)}(t)+6y(t)=u(t)$，$y(0)=0$，$y^{(1)}(0)=1$；

(b) $y^{(2)}(t)+4y^{(1)}(t)+3y(t)=e^{-2t}u(t)$，$y(0)=y^{(1)}(0)=0$。

解：(a) $\lambda^2+5\lambda+6=0$，$\lambda_1=-2$，$\lambda_2=-3$

$$y_h(t)=C_1e^{-2t}+C_2e^{-3t}$$

$$y_p(t)=A_0,\quad 6A_0=1\Rightarrow A_0=\frac{1}{6}$$

$$y(t)=y_h(t)+y_p(t)=C_1e^{-2t}+C_2e^{-3t}+\frac{1}{6}$$

$$\begin{cases}y(0)=C_1+C_2+\dfrac{1}{6}=0\\ y^{(1)}(0)=-2C_1-3C_2=1\end{cases}\Rightarrow C_1=\frac{1}{2},C_2=-\frac{2}{3}$$

所以：$y(t)=\left(\dfrac{1}{2}e^{-2t}-\dfrac{2}{3}e^{-3t}+\dfrac{1}{6}\right)u(t)$

(b) $\lambda^2+4\lambda+3=0$，$\lambda_1=-1$，$\lambda_2=-3$

$$y_h(t)=C_1e^{-t}+C_2e^{-3t}$$

$$y_p(t)=C_3e^{-2t}$$

$$(C_3e^{-2t})''+4(C_3e^{-2t})'+3C_3e^{-2t}=e^{-2t}$$

$$4C_3e^{-2t}-8C_3e^{-2t}+3C_3e^{-2t}=e^{-2t}\Rightarrow C_3=-1$$

$$y(t)=C_1e^{-t}+C_2e^{-3t}+\frac{1}{6}-e^{-2t}$$

$$\begin{cases}y(0)=C_1+C_2-1=0\\ y^{(1)}(0)=-C_1-3C_2+2=0\end{cases}\Rightarrow C_1=\frac{1}{2},C_2=\frac{1}{2}$$

所以：$y(t)=\left(\dfrac{1}{2}e^{-t}+\dfrac{1}{2}e^{-3t}-e^{-2t}\right)u(t)$

2.4 连续系统的微分方程为

$$y^{(2)}(t)+2y^{(1)}(t)+y(t)=x^{(2)}(t)+x^{(1)}(t)+x(t)$$

若(a) $x(t)=\cos tu(t)$，(b) $x(t)=e^{-t}\sin tu(t)$，试分别求系统的零状态响应。

解：(a) $\lambda^2+2\lambda+1=0$，$\lambda_1=\lambda_2=-1$

$$y_h(t)=C_1e^{-t}+C_2te^{-t}$$

$$y_p(t)=A_1\cos t+A_2\sin t$$

$$\begin{cases}(A_1\cos t+A_2\sin t)''+2(A_1\cos t+A_2\sin t)'+(A_1\cos t+A_2\sin t)=\cos t\\ -A_1\cos t-A_2\sin t-2A_1\sin t+2A_2\cos t+A_1\cos t+A_2\sin t=\cos t\end{cases}$$

$$\Rightarrow A_1=0, A_2=\frac{1}{2}$$

$$\hat{y}(t)=C_1 e^{-t}+C_2 te^{-t}+\frac{1}{2}\sin t$$

$$\hat{y}(0)=\hat{y}^{(1)}(0)=0$$

$$\begin{cases}\hat{y}(0)=C_1=0\\ \hat{y}^{(1)}(0)=-C_1+C_2+\frac{1}{2}=0\end{cases}\Rightarrow C_1=0, C_2=-\frac{1}{2}$$

所以：$\hat{y}(t)=\left(-\frac{1}{2}te^{-t}+\frac{1}{2}\sin t\right)u(t)$

$$y(t)=\hat{y}^{(2)}(t)+\hat{y}^{(1)}(t)+\hat{y}(t)$$

$$=\left(-\frac{1}{2}te^{-t}+\frac{1}{2}\sin t\right)^{(2)}+\left(-\frac{1}{2}te^{-t}+\frac{1}{2}\sin t\right)^{(1)}+\left(-\frac{1}{2}te^{-t}+\frac{1}{2}\sin t\right)$$

$$=-\frac{1}{2}(-e^{-t}-e^{-t}+te^{-t}+\sin t)-\frac{1}{2}(e^{-t}-te^{-t}-\cos t)-\frac{1}{2}te^{-t}+\frac{1}{2}\sin t$$

$$=-\frac{1}{2}(te^{-t}-e^{-t}-\cos t)$$

$$=\frac{1}{2}e^{-t}(1-t)+\frac{1}{2}\cos t$$

（b）$y_p(t)=e^{-t}(A_1\cos t+A_2\sin t)=A_1 e^{-t}\cos t+A_2 e^{-t}\sin t$

$$\begin{cases}(A_1 e^{-t}\cos t+A_2 e^{-t}\sin t)''+(A_1 e^{-t}\cos t+A_2 e^{-t}\sin t)'+\\ \quad A_1 e^{-t}\cos t+A_2 e^{-t}\sin t=e^{-t}\sin t\\ 2A_1 e^{-t}\sin t-2A_2 e^{-t}\cos t-2A_1 e^{-t}\cos t-2A_1 e^{-t}\sin t-2A_2 e^{-t}\sin t+2A_2 e^{-t}\cos t+\\ \quad A_1 e^{-t}\cos t+A_2 e^{-t}\sin t=e^{-t}\sin t\end{cases}$$

$$\Rightarrow A_1=0, A_2=-1$$

所以：$y_p(t)=-e^{-t}\sin t$

$$\hat{y}(t)=C_1 e^{-t}+C_2 te^{-t}-e^{-t}\sin t$$

$$\hat{y}(0)=\hat{y}^{(1)}(0)=0$$

$$\hat{y}(0)=C_1=0$$

$$\hat{y}^{(1)}(0)=-C_1+C_2-1=0\Rightarrow C_2=1$$

所以：$\hat{y}(t)=(te^{-t}-e^{-t}\sin t)u(t)$

$$y(t)=\hat{y}^{(2)}(t)+\hat{y}^{(1)}(t)+\hat{y}(t)$$

$$=(te^{-t}-e^{-t}\sin t)^{(2)}+(te^{-t}-e^{-t}\sin t)^{(1)}+(te^{-t}-e^{-t}\sin t)$$

$$=-e^{-t}-e^{-t}+te^{-t}-e^{-t}\sin t+e^{-t}\cos t+e^{-t}\cos t+e^{-t}\sin t+$$
$$e^{-t}-te^{-t}+e^{-t}\sin t-e^{-t}\cos t+te^{-t}-e^{-t}\sin t$$

$$=-e^{-t}+te^{-t}+e^{-t}\cos t$$

$$=[e^{-t}(t-1)+e^{-t}\cos t]u(t)$$

2.5　计算下列卷积。

(a) $tu(t) * u(t)$;

(b) $e^{at}u(t) * u(t)$;

(c) $tu(t) * e^{at}u(t)$;

(d) $e^{at}u(t) * e^{at}u(t)$;

(e) $\sin \pi tu(t) * [u(t)-u(t-4)]$;

(f) $tu(t) * [u(t)-u(t-2)]$;

(g) $e^{-3t}u(t) * u(t-1)$。

解:(a)
$$tu(t) * u(t) = \int_{-\infty}^{\infty} \tau u(\tau)u(t-\tau)\mathrm{d}\tau = \int_0^t \tau \mathrm{d}\tau = \frac{1}{2}\tau^2 \Big|_0^t = \frac{1}{2}t^2u(t)$$

(b)
$$e^{at}u(t) * u(t) = [e^{at}u(t)]^{(-1)} * \delta(t) = \int_0^t e^{a\tau}\mathrm{d}\tau = \frac{1}{a}e^{a\tau}\Big|_0^t = \frac{1}{a}(e^{at}-1)u(t)$$

(c)
$$\begin{aligned} tu(t) * e^{at}u(t) &= [tu(t)]^{(2)} * [e^{at}u(t)]^{(-2)} \\ &= [u(t)+t\delta(t)]^{(1)} * \left[\int_0^t e^{a(\tau)}\mathrm{d}\tau\right]^{(-1)} \\ &= \delta(t) * \left[\frac{1}{a}e^{a\tau}\Big|_0^t\right]^{(-1)} \\ &= \int_0^t \frac{1}{a}(e^{a\tau}-1)\mathrm{d}\tau = \int_0^t \left(\frac{1}{a}e^{a\tau} - \frac{1}{a}\right)\mathrm{d}\tau \\ &= \left(\frac{1}{a^2}e^{a\tau} - \frac{1}{a}\tau\right)\Big|_0^t \\ &= \left(\frac{1}{a^2}e^{at} - \frac{1}{a}t - \frac{1}{a^2}\right)u(t) \end{aligned}$$

(d)
$$\begin{aligned} e^{at}u(t) * e^{at}u(t) &= \int_{-\infty}^{\infty} e^{a\tau}u(\tau)e^{a(t-\tau)}u(t-\tau)\mathrm{d}\tau \\ &= \int_0^t e^{a\tau}\cdot e^{a(t-\tau)}\mathrm{d}\tau \\ &= \int_0^t e^{at}\mathrm{d}\tau \\ &= \tau e^{at}\Big|_0^t = te^{at}u(t) \end{aligned}$$

$$
\begin{aligned}
\text{(e)}\ \sin \pi t u(t) * [u(t)-u(t-4)] &= [\sin \pi t u(t)]^{(-1)} * [\delta(t)-\delta(t-4)] \\
&= [\sin \pi t u(t)]^{(-1)} - [\sin \pi t u(t)]^{(-1)} * \delta(t-4) \\
&= \int_0^t \sin \pi \tau u(\tau) - \int_0^t \sin \pi \tau u(\tau) * \delta(t-4) \\
&= -\frac{1}{\pi}\cos \pi\tau \Big|_0^t + \frac{1}{\pi}\cos \pi\tau \Big|_0^t * \delta(t-4) \\
&= \frac{1}{\pi}(1-\cos \pi t)u(t) + \frac{1}{\pi}(\cos \pi t - 1)u(t) * \delta(t-4) \\
&= \frac{1}{\pi}(1-\cos \pi t)u(t) + \frac{1}{\pi}[\cos \pi(t-4) - 1]u(t-4) \\
&= \frac{1}{\pi}(1-\cos \pi t)[u(t)-u(t-4)]
\end{aligned}
$$

$$
\begin{aligned}
\text{(f)}\ t u(t) * [u(t)-u(t-2)] &= [t u(t)]^{(-1)} * [u(t)-u(t-2)]^{(1)} \\
&= \int_{-\infty}^t \tau u(\tau)\mathrm{d}\tau * [\delta(t)-\delta(t-2)] \\
&= \int_0^t \tau \mathrm{d}\tau * \delta(t) - \int_0^t \tau \mathrm{d}\tau * \delta(t-2) \\
&= \frac{1}{2}\tau^2 \Big|_0^t - \frac{1}{2}\tau^2 \Big|_0^t * \delta(t-2) \\
&= \frac{1}{2}t^2 u(t) - \frac{1}{2}(t-2)^2 u(t-2)
\end{aligned}
$$

$$
\begin{aligned}
\text{(g)}\ \mathrm{e}^{-3t}u(t) * u(t-1) &= [\mathrm{e}^{-3t}u(t)]^{(-1)} * \delta(t-1) \\
&= \int_0^t \mathrm{e}^{-3t}\mathrm{d}\tau * \delta(t-1) \\
&= -\frac{1}{3}\mathrm{e}^{-3\tau} \Big|_0^t * \delta(t-1) \\
&= \frac{1}{3}(1-\mathrm{e}^{-3t}) * \delta(t-1) \\
&= \frac{1}{3}(1-\mathrm{e}^{-3(t-1)})u(t-1)
\end{aligned}
$$

2.6　利用卷积积分求单位冲激响应为 $h(t)$ 的 LTI 系统对于 $x(t)$ 的响应 $y(t)$。

(a) $x(t)$ 如图 2.1(a) 所示，$h(t)=u(-2-t)$；

(b) $x(t)$ 如图 2.1(b) 所示，$h(t)=\delta(t)-2\delta(t-1)+\delta(t-2)$；

(c) $x(t)$ 和 $h(t)$ 如图 2.1(c) 所示；

(d) $x(t)$ 和 $h(t)$ 如图 2.1(d) 所示；

(e) $x(t)$ 和 $h(t)$ 如图 2.1(e) 所示；

(f) $x(t)$ 和 $h(t)$ 如图 2.1(f) 所示。

解：(a) $x(t)$ 与 $h(t)$ 的图形如图 2.2 所示。

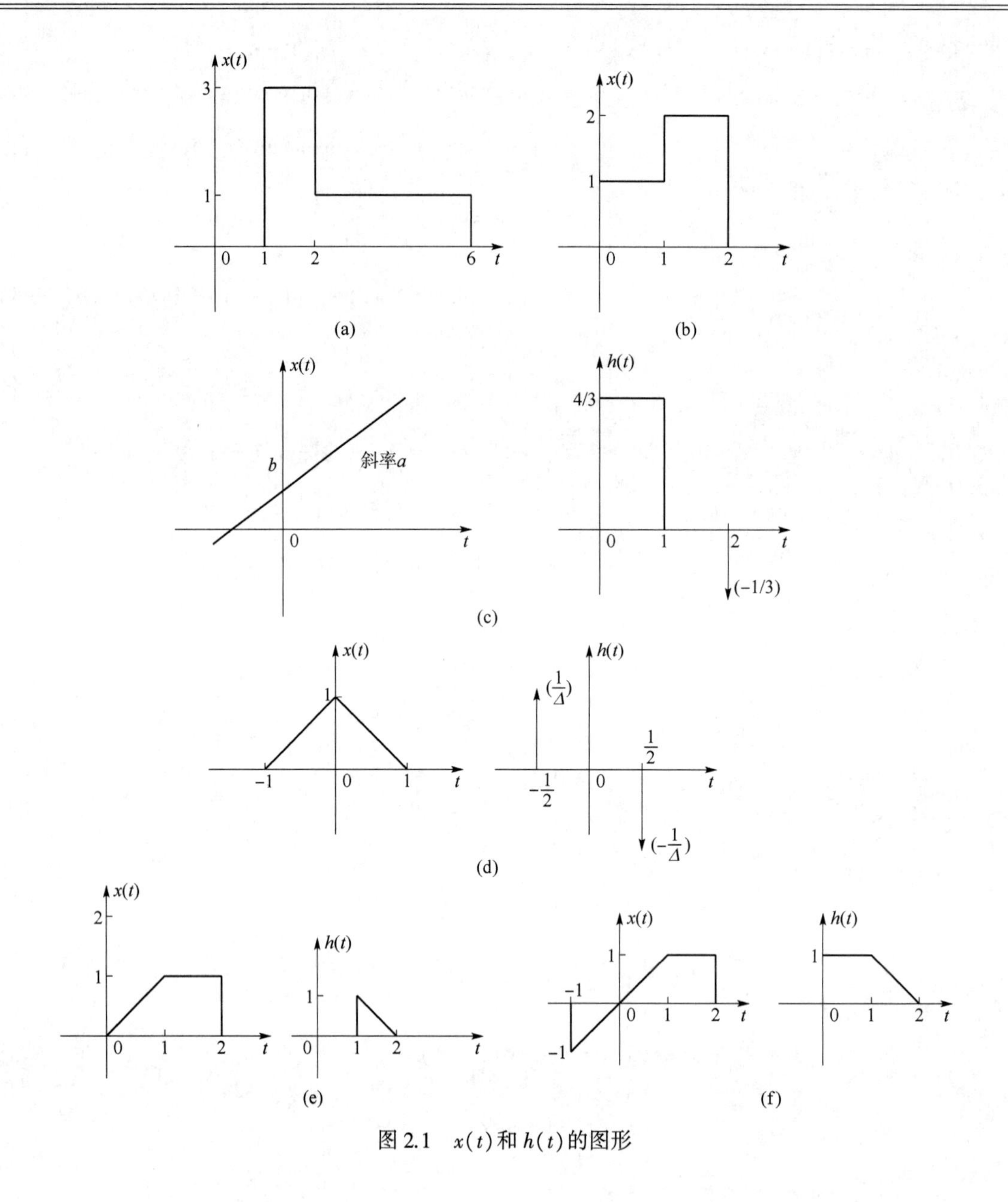

图 2.1　$x(t)$和$h(t)$的图形

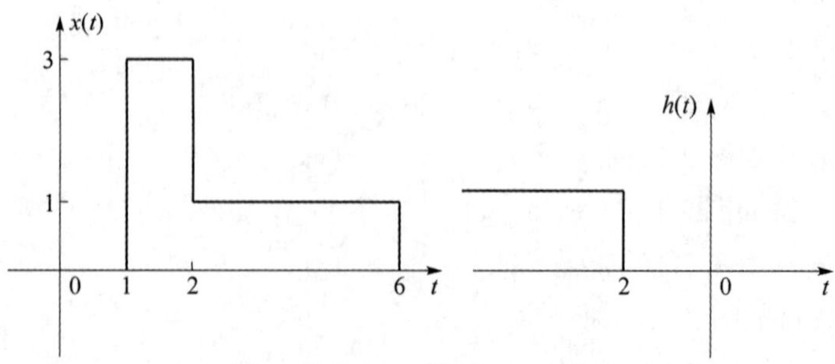

图 2.2　$x(t)$和$h(t)$图形（(a)解过程）

采用图解法，如图 2.3～图 2.6 所示。

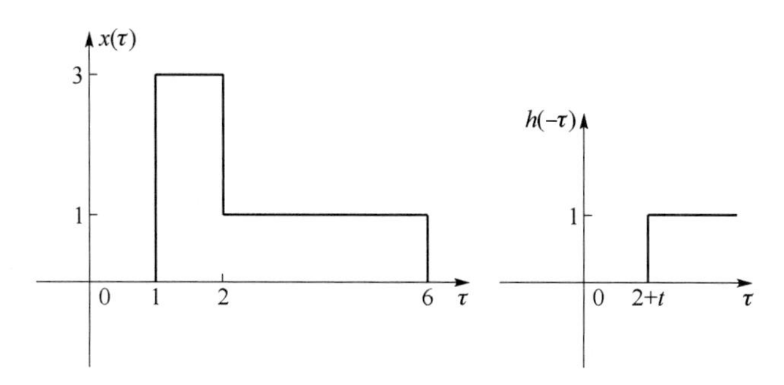

图 2.3　$x(\tau)$ 和 $h(-\tau)$ 图形

(1)

$$t+2>6 \Rightarrow t>4$$

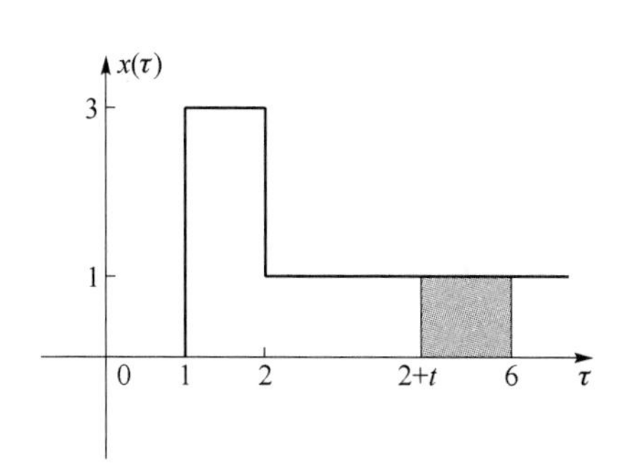

图 2.4　图解法第一步

(2)

$$2<t+2\leqslant 6 \Rightarrow 0<t\leqslant 4$$

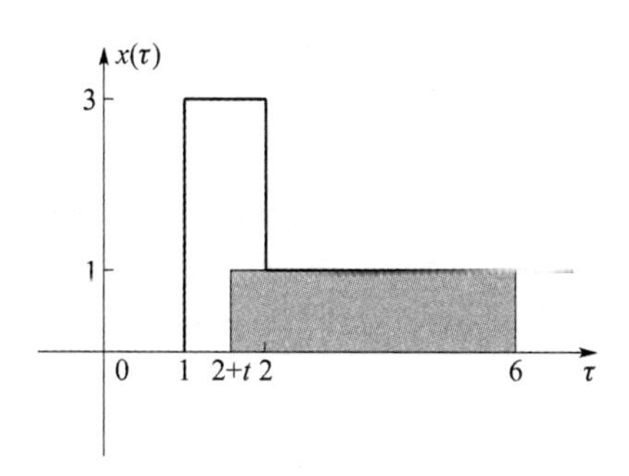

图 2.5　图解法第二步

$$1<t+2\leqslant 2 \Rightarrow -1<t\leqslant 0$$

(3)

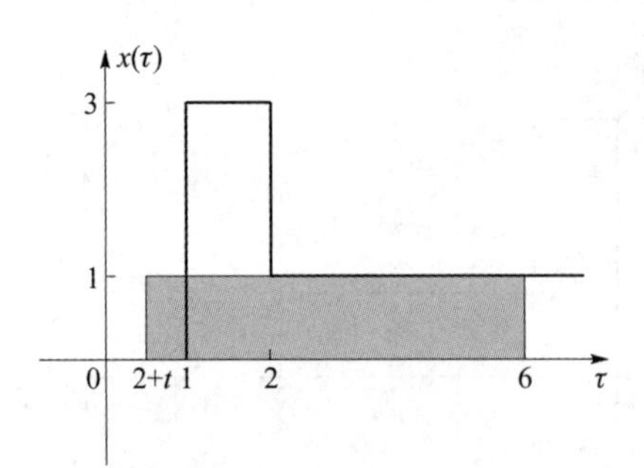

图 2.6　图解法第三步

$$t+2\leqslant 1\Rightarrow t\leqslant -1$$

综上：

(1) $\int_{t+2}^{6}1\mathrm{d}\tau=\tau\Big|_{t+2}^{6}=4-t,0<t\leqslant 4$

(2) $\int_{t+2}^{2}3\mathrm{d}\tau+\int_{2}^{6}1\mathrm{d}\tau=3\tau\Big|_{t+2}^{2}+\tau\Big|_{2}^{6}=4-3t,\ -1<t\leqslant 0$

(3) $\int_{1}^{2}3\mathrm{d}\tau+\int_{2}^{6}1\mathrm{d}\tau=3\tau\Big|_{1}^{2}+\tau\Big|_{2}^{6}=7,t\leqslant -1$

(b) $x(t)=u(t)+u(t-1)-2u(t-2),h(t)=\delta(t)-2\delta(t-1)+\delta(t-2)$

$$\begin{aligned}x(t)*h(t)&=[u(t)+u(t-1)-2u(t-2)]*[\delta(t)-2\delta(t-1)+\delta(t-2)]\\&=u(t)-2u(t-1)+u(t-2)+u(t-1)-2u(t-2)+u(t-3)-\\&\quad 2u(t-2)-4u(t-3)-2u(t-4)\\&=u(t)-u(t-1)-3u(t-2)-3u(t-3)-2u(t-4)\end{aligned}$$

(c) $x(t)=at+b,h(t)=\frac{4}{3}[u(t)-u(t-1)]-\frac{1}{3}\delta(t-2)$

$$\begin{aligned}x(t)*h(t)&=\int_{-\infty}^{\infty}(a\tau+b)\cdot\frac{4}{3}[u(t-\tau)-u(t-\tau-1)]\mathrm{d}\tau-x(t)*\frac{1}{3}\delta(t-2)\\&=\int_{-\infty}^{t}(a\tau+b)\frac{4}{3}\mathrm{d}\tau-\int_{-\infty}^{t-1}(a\tau+b)\frac{4}{3}\mathrm{d}\tau-\frac{1}{3}[a(t-2)+b]\\&=\frac{4}{3}\left(\frac{1}{2}a\tau^2+b\tau\right)\Big|_{t-1}^{t}-\frac{1}{3}[a(t-2)+b]\\&=\frac{4}{3}\left[\frac{1}{2}at^2-\frac{1}{2}a(t-1)^2+bt-b(t-1)\right]-\frac{1}{3}[a(t-2)+b]\\&=at+b=x(t)\end{aligned}$$

(d) $h(t)=\frac{1}{\Delta}\delta\left(t+\frac{1}{2}\right)-\frac{1}{\Delta}\delta\left(t-\frac{1}{2}\right)$

$$\begin{aligned}x(t)*h(t)&=x(t)*\frac{1}{\Delta}\delta\left(t+\frac{1}{2}\right)-x(t)*\frac{1}{\Delta}\delta\left(t-\frac{1}{2}\right)\\&=\frac{1}{\Delta}\left[x\left(t+\frac{1}{2}\right)-x\left(t-\frac{1}{2}\right)\right]\end{aligned}$$

$$
=\begin{cases}\left(t+\dfrac{3}{2}\right)\dfrac{1}{\Delta}, & -\dfrac{3}{2}<t\leqslant-\dfrac{1}{2}\\ -\dfrac{2}{\Delta}t, & -\dfrac{1}{2}<t\leqslant\dfrac{1}{2}\\ \dfrac{1}{\Delta}\left(t-\dfrac{3}{2}\right), & \dfrac{1}{2}<t<\dfrac{3}{2}\end{cases}
$$

(e)

$$
x(t)=\begin{cases}t, & 0<t\leqslant1\\ 1, & 1<t<2\end{cases}\qquad h(t)=-t+2,1<t<2
$$

采用图解法,如图 2.7~图 2.10 所示。

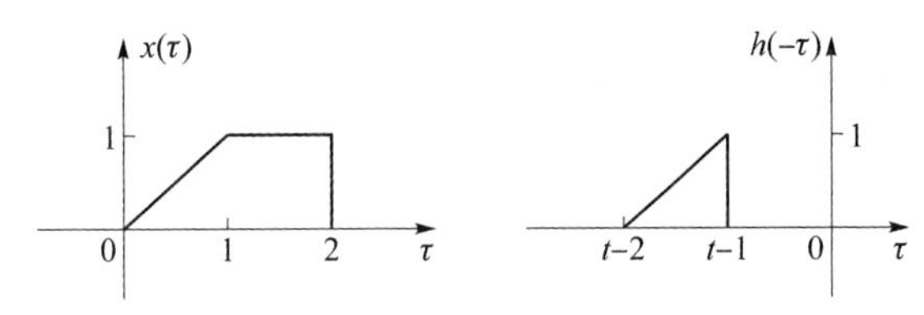

图 2.7　$x(\tau)$和$h(-\tau)$图形

(1)

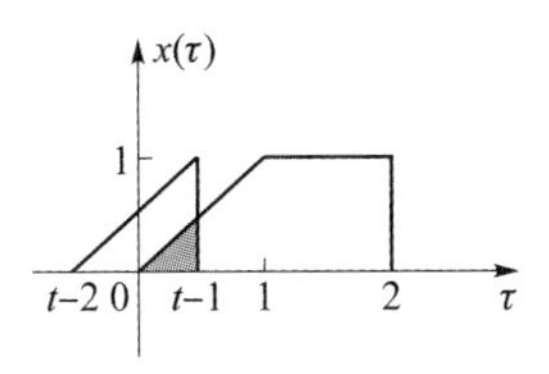

图 2.8　图解法第一步

$$0<t-1\leqslant1\Rightarrow1<t\leqslant2$$

(2)

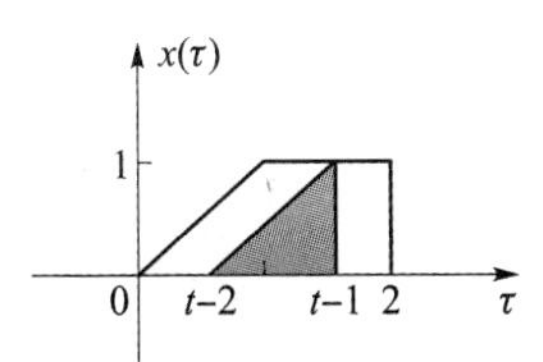

图 2.9　图解法第二步

$$t-2>0\ \text{且}\ t-1\leqslant2\Rightarrow2<t\leqslant3$$

(3)

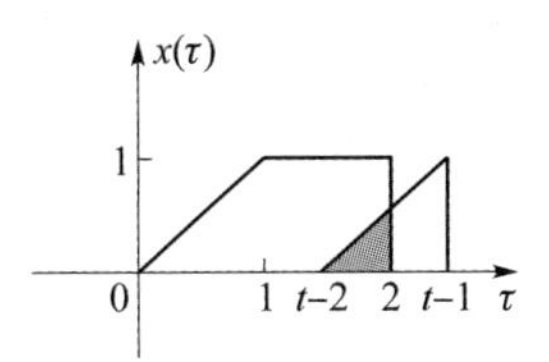

图 2.10　图解法第三步

$$t-1>2 \Rightarrow t>3$$

综上:

(1) $\int_{t-1}^{1} \tau[-(t-\tau)+2]\mathrm{d}\tau=(2-t)\cdot\frac{1}{2}\tau^2\Big|_{t-1}^{1}+\frac{1}{3}\tau^3\Big|_{t-1}^{1}=\frac{1}{2}t(2-t)^2+\frac{1}{3}[1-(t-1)^3]$, $1<t\leqslant 2$

(2) $\int_{t-2}^{1} \tau[-(t-\tau)+2]\mathrm{d}\tau+\int_{1}^{t-1}[-(t-\tau)+2]\mathrm{d}\tau=(2-t)\cdot\frac{1}{2}\tau^2\Big|_{t-2}^{1}+(2-t)\tau\Big|_{1}^{t-1}+\frac{1}{2}\tau^2\Big|_{1}^{t-1}=(2-t)\left(-\frac{1}{2}-\frac{1}{2}t^2+3t\right)+\frac{1}{2}(t-1)^2-\frac{1}{2}$, $2<t\leqslant 3$

(3) $\int_{t-2}^{2}[-(t-\tau)+2]\mathrm{d}\tau=(2-t)\tau\Big|_{t-2}^{2}+\frac{1}{2}\tau^2\Big|_{t-2}^{2}=\frac{1}{2}t^2-4t+8, t>3$

(f) 将 $x(t)$ 分解为 $x_1(t)+x_2(t)$, $x_1(t)$、$x_2(t)$ 的图形如图 2.11 所示。

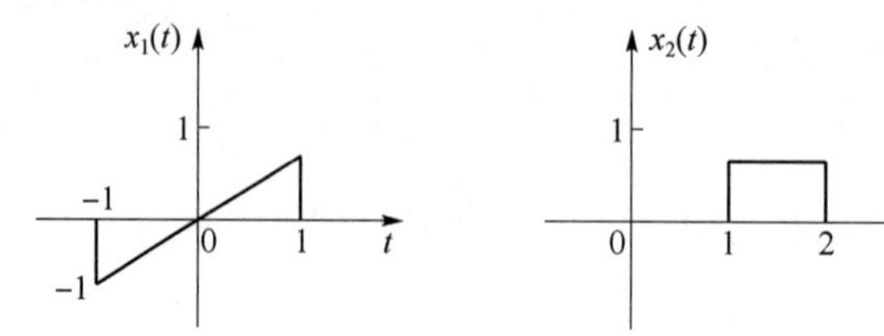

图 2.11　$x_1(t)$ 和 $x_2(t)$ 的图形

(1) 先求 $x_1(t)*h(t)$

$x_1(t)=t, -1<t<1$

$$h(t)=\begin{cases}1, & 0<t<1\\ -t+2, & 1<t<2\end{cases}$$

采用图解法,如图 2.12~图 2.16 所示。

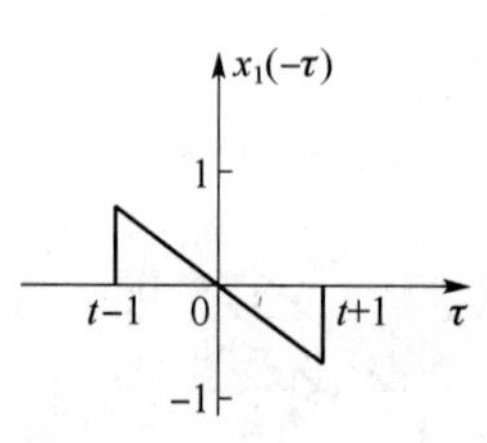

图 2.12　$x_1(-\tau)$ 图形

①

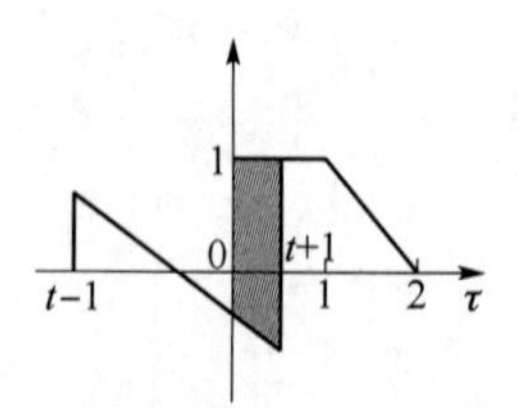

图 2.13　图解法第一步

$$0<t+1<1 \Rightarrow -1<t<0$$

②

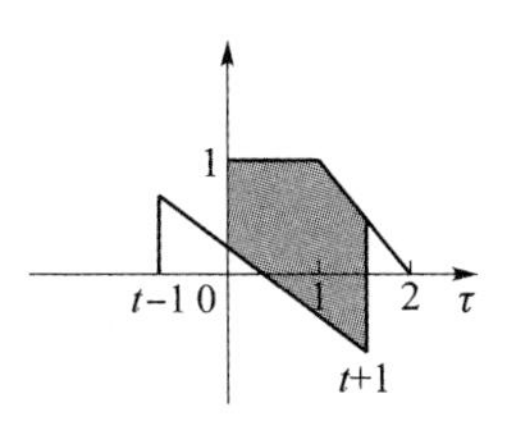

图 2.14　图解法第二步

$$t-1<0 \text{ 且 } t+1>1 \Rightarrow 0<t<1$$

③

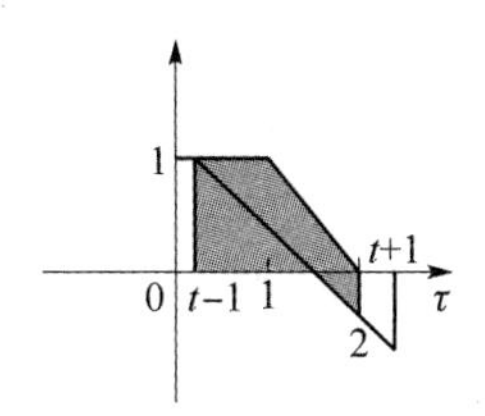

图 2.15　图解法第三步

$$0<t-1<1 \Rightarrow 1<t<2$$

④

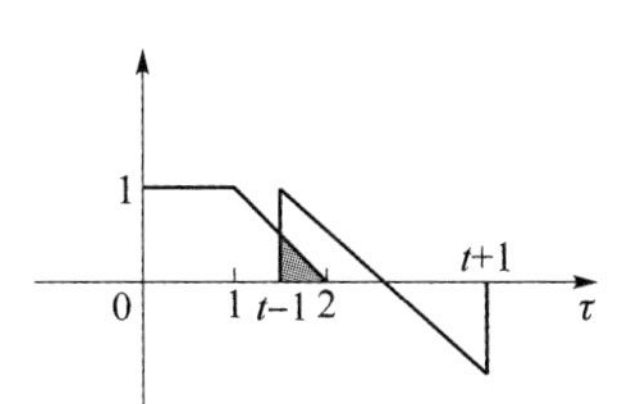

图 2.16　图解法第四步

$$1<t-1<2 \Rightarrow 2<t<3$$

综上：

① $\int_0^{t+1} 1 \cdot (t-\tau)\,\mathrm{d}\tau = t\tau \Big|_0^{t+1} - \dfrac{\tau^2}{2}\Big|_0^{t+1} = t^2 + t - \dfrac{1}{2}(t+1)^2,\quad -1<t<0$

② $\int_0^1 (t-\tau)\,\mathrm{d}\tau + \int_1^{t+1} (2-\tau)(t-\tau)\,\mathrm{d}\tau$

$$= \left(t\tau - \frac{\tau^2}{2}\right)\Big|_0^1 + \left[2t\tau - (2+t)\cdot\frac{\tau^2}{2} + \frac{\tau^3}{3}\right]\Big|_1^{t+1}$$

$$= t - \frac{1}{2} + 2(t^2+t) - (t+2)\cdot\frac{1}{2}(t+1)^2 + \frac{(t+1)^3}{3} - 2t + \frac{1}{2}(2+t) - \frac{1}{3},\quad 0<t<1$$

③ $\int_{t-1}^1 (t-\tau)\,\mathrm{d}\tau + \int_1^2 (2-\tau)(t-\tau)\,\mathrm{d}\tau$

$$= \left(t\tau - \frac{\tau^2}{2}\right)\Big|_{t-1}^1 + \left[2t\tau - (2+t)\cdot\frac{\tau^2}{2} + \frac{\tau^3}{3}\right]\Big|_1^2$$

$$= t - \frac{1}{2} - (t^2-t) + \frac{1}{2}(t-1)^2 + 4t - (4+2t) + \frac{8}{3} - 2t + \frac{1}{2}(2+t) - \frac{1}{3},\quad 1<t<2$$

④ $\int_{t-1}^{2}(2-\tau)(t-\tau)\mathrm{d}\tau=\left[2t\tau-(2+t)\frac{\tau^2}{2}+\frac{\tau^3}{3}\right]\Big|_{t-1}^{2}$

$=4t-(4+2t)+\frac{8}{3}-2(t^2-t)+\frac{1}{2}(-1+t)(2+t)-\frac{(t-1)^3}{3},2<t<3$

(2) 再求 $x_2(t)*h(t)$

$x_2(t)=1,1<t<2$

采用图解法,如图 2. 17~图 2. 20 所示。

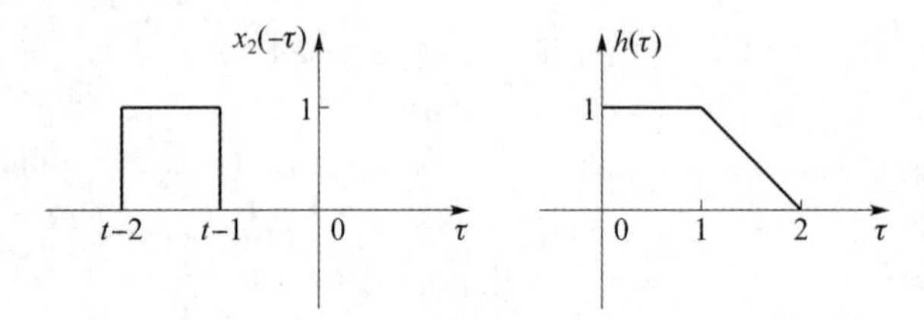

图 2.17　图解法求 $x_2(t)*h(t)$ 第一步

⑤

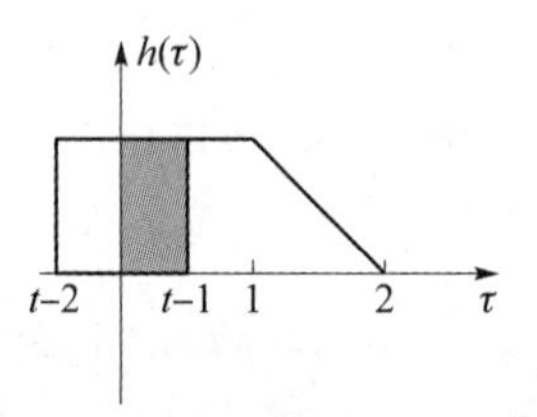

图 2.18　图解法求 $x_2(t)*h(t)$ 第二步

$0<t-1<1\Rightarrow1<t<2$

⑥

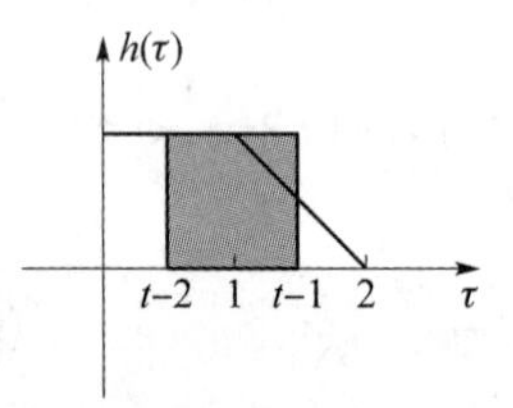

图 2.19　图解法求 $x_2(t)*h(t)$ 第三步

$t-1>1$ 且 $t-2<1\Rightarrow2<t<3$

⑦

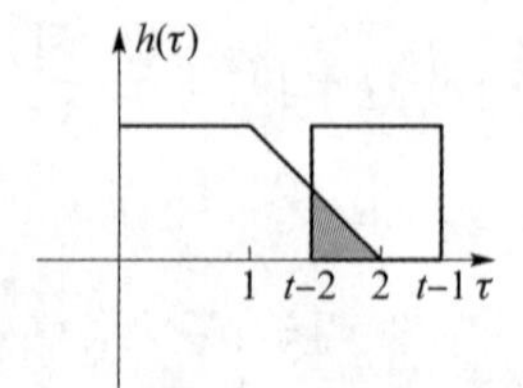

图 2.20　图解法求 $x_2(t)*h(t)$ 第三步

$1<t-2<2\Rightarrow3<t<4$

综上：

⑤ $\int_0^{t-1} 1\mathrm{d}\tau = \tau \Big|_0^{t-1} = t - 1, 1 < t < 2$

⑥ $\int_{t-2}^{1} \mathrm{d}\tau + \int_1^{t-1} (2 - \tau)\mathrm{d}\tau = \tau \Big|_{t-2}^{1} + \left(2\tau - \frac{\tau^2}{2}\right) \Big|_1^{t-1}$

$$= 3 - t + 2(t - 1) - \frac{1}{2}(t - 1)^2 - \frac{3}{2}, 2 < t < 3$$

⑦ $\int_{t-2}^{2} (2 - \tau)\mathrm{d}\tau = \left(2\tau - \frac{\tau^2}{2}\right) \Big|_{t-2}^{2} = 2 - 2(t - 2) + \frac{1}{2}(t - 2)^2, 3 < t < 4$

$$x(t) * h(t) = x_1(t) * h(t) + x_2(t) * h(t)$$

2.7　已知系统的微分方程如下，求系统的单位冲激响应 $h(t)$。

(a) $y^{(2)}(t)+3y^{(1)}(t)+2y(t)=x(t)$；

(b) $y^{(2)}(t)+4y^{(1)}(t)+3y(t)=x^{(1)}(t)+x(t)$；

(c) $y^{(2)}(t)+4y^{(1)}(t)+4y(t)=x^{(1)}(t)+3x(t)$；

(d) $y^{(2)}(t)+2y^{(1)}(t)+2y(t)=x^{(1)}(t)$；

解：(a) $\lambda^2+3\lambda+2=0, \lambda_1=-1, \lambda_2=-2$

$$h(t)=C_1\mathrm{e}^{-t}+C_2\mathrm{e}^{-2t}$$

$$\begin{cases} h(0)=C_1+C_2=0 \\ h^{(1)}(0)=-C_1-2C_2=1 \end{cases} \Rightarrow C_1=1, C_2=-1$$

所以：$h(t)=(\mathrm{e}^{-t}-\mathrm{e}^{-2t})u(t)$

(b) $\lambda^2+4\lambda+3=0, \lambda_1=-1, \lambda_2=-3$

$$\hat{h}(t)=C_1\mathrm{e}^{-t}+C_2\mathrm{e}^{-3t}$$

$$\begin{cases} \hat{h}(0)=C_1+C_2=0 \\ \hat{h}^{(1)}(0)=-C_1-3C_2=1 \end{cases} \Rightarrow C_1=\frac{1}{2}, C_2=-\frac{1}{2}$$

所以：$\hat{h}(t)=\left(\frac{1}{2}\mathrm{e}^{-t}-\frac{1}{2}\mathrm{e}^{-3t}\right)u(t)$

$$h(t)=\hat{h}^{(1)}(t)+\hat{h}(t)=\left(\frac{1}{2}\mathrm{e}^{-t}-\frac{1}{2}\mathrm{e}^{-3t}\right)^{(1)}+\left(\frac{1}{2}\mathrm{e}^{-t}-\frac{1}{2}\mathrm{e}^{-3t}\right)=\mathrm{e}^{-3t}u(t)$$

(c) $\lambda^2+4\lambda+4=0, \lambda_1=\lambda_2=-2$

$$\hat{h}(t)=C_1\mathrm{e}^{-2t}+C_2t\mathrm{e}^{-2t}$$

$$\begin{cases} \hat{h}(0)=C_1=0 \\ \hat{h}^{(1)}(0)=-2C_1+C_2=1 \end{cases} \Rightarrow C_2=1$$

所以：$\hat{h}(t)=t\mathrm{e}^{-2t}u(t)$

$$h(t)=\hat{h}^{(1)}(t)+\hat{h}(t)=\mathrm{e}^{-2t}-2t\mathrm{e}^{-2t}+3t\mathrm{e}^{-2t}=(1+t)\mathrm{e}^{-t}u(t)$$

(d) $\lambda^2+2\lambda+2=0, \lambda_{1,2}=-1\pm \mathrm{j}$

$$\hat{h}(t)=C_1e^{-t}\cos t+C_2te^{-t}\sin t$$

$$\begin{cases}\hat{h}(0)=C_1=0\\ \hat{h}^{(1)}(0)=-C_1+C_2=1\end{cases}\Rightarrow C_2=1$$

所以：$\hat{h}(t)=e^{-t}\sin tu(t)$

$$h(t)=\hat{h}^{(1)}(t)=e^{-t}(\cos t-\sin t)u(t)$$

2.8　证明：若一个 LTI 系统的单位冲激响应为 $h(t)$，则该系统的单位阶跃响应为

$$s(t)=\int_{-\infty}^{t}h(\tau)\mathrm{d}\tau$$

证明：

$$s(t)=u(t)*h(t)=h^{(-1)}(t)*\delta(t)=\int_{-\infty}^{t}h(\tau)\mathrm{d}\tau$$

2.9　证明卷积积分服从以下运算规律：

(a) 交换律；(b) 结合律；(c) 分配律。

证明：

$$\begin{aligned}(a)\ x(t)*h(t)&=\int_{-\infty}^{\infty}x(\tau)h(t-\tau)\mathrm{d}\tau\\ &\xlongequal{令 t-\tau=k}-\int_{\infty}^{-\infty}x(t-k)h(k)\mathrm{d}k\\ &=\int_{-\infty}^{\infty}x(t-k)h(k)\mathrm{d}k\\ &=h(t)*x(t)\end{aligned}$$

所以，满足交换律。

$$\begin{aligned}(b)\ x_1(t)*[x_2(t)*x_3(t)]&=\int_{-\infty}^{\infty}x_1(\lambda)\left[\int_{-\infty}^{\infty}x_2(\tau)x_3(t-\lambda-\tau)\mathrm{d}\tau\right]\mathrm{d}\lambda\\ &\xlongequal{令 \lambda+\tau=k}\int_{\infty}^{-\infty}x_1(\lambda)\left[\int_{-\infty}^{\infty}x_2(k-\lambda)x_3(t-k)\mathrm{d}k\right]\mathrm{d}\lambda\\ &=\int_{-\infty}^{\infty}\int_{-\infty}^{\infty}x_1(\lambda)x_2(k-\lambda)\mathrm{d}\lambda x_3(t-k)\mathrm{d}k\\ &=[x_1(t)*x_2(t)]*x_3(t)\end{aligned}$$

所以，满足结合律。

$$\begin{aligned}(c)\ x_1(t)*[x_2(t)+x_3(t)]&=\int_{-\infty}^{\infty}x_1(\tau)[x_2(t-\tau)+x_3(t-\tau)]\mathrm{d}\tau\\ &=\int_{-\infty}^{\infty}x_1(\tau)x_2(t-\tau)\mathrm{d}\tau+\int_{-\infty}^{\infty}x_1(\tau)x_3(t-\tau)\mathrm{d}\tau\\ &=x_1(t)*x_2(t)+x_1(t)*x_3(t)\end{aligned}$$

所以，满足分配律。

2.10　已知一个 LTI 系统的单位冲激响应 $h(t)$，试证明该系统对于 $x(t)$ 的响应为

$$y(t)=\left(\int_{-\infty}^{t}x(\tau)\mathrm{d}\tau\right)*h^{(1)}(t)=\int_{-\infty}^{t}[x^{(1)}(\tau)*h(\tau)]\mathrm{d}\tau=x^{(1)}(t)*\left(\int_{-\infty}^{t}h(\tau)\mathrm{d}\tau\right)$$

证明：根据卷积的微积分性质有

$$y(t)=x^{(1)}(t)*h^{(-1)}(t)=x^{(-1)}(t)*h^{(1)}(t)$$

$$\begin{aligned}y(t)&=\left(\int_{-\infty}^{t}x(\tau)\mathrm{d}\tau\right)*h^{(1)}(t)\\&=x(t)*u(t)*h^{(1)}(t)\\&=[x(t)*h^{(1)}(t)]*u(t)\\&=[x^{(1)}(t)*h(t)]*u(t)\\&=\int_{-\infty}^{t}[x^{(1)}(\tau)*h(\tau)]\mathrm{d}\tau\\&=x^{(1)}(t)*h(t)*u(t)\\&=x^{(1)}(t)*\int_{-\infty}^{t}h(\tau)\mathrm{d}\tau\end{aligned}$$

2.11　设一个 LTI 系统的单位冲激响应 $h(t)$ 和输入 $x(t)$ 分别如图 2.21 所示，计算当 $T=1$ 及 $T=2$ 两种情形下的响应 $y(t)$。

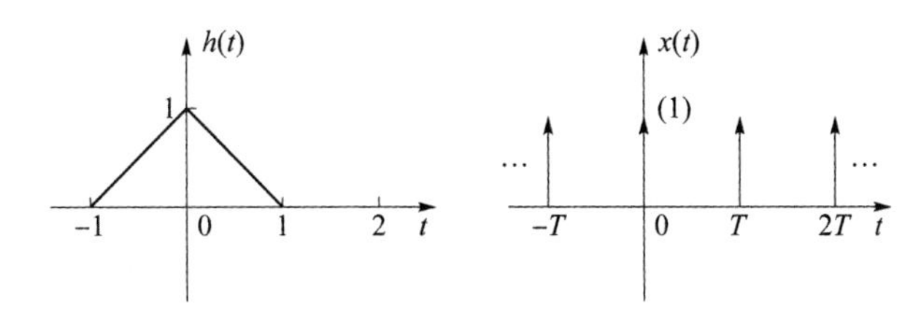

图 2.21　单位冲激响应 $h(t)$ 和输入 $x(t)$

解：$x(t)=\sum_{k=-\infty}^{\infty}\delta(t-kT)$

$$y(t)=x(t)*h(t)=\sum_{k=-\infty}^{\infty}\delta(t-kT)*h(t)=\sum_{k=-\infty}^{\infty}h(t-kT)$$

响应 $y(t)$ 的图形如图 2.22 所示。

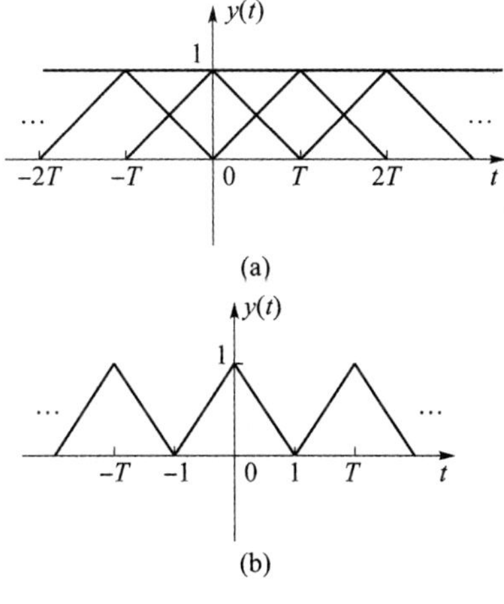

图 2.22　响应 $y(t)$

(a) $T=1$；(b) $T=2$

2.12 求下列微分方程所描述系统的单位冲激响应 $h(t)$ 和单位阶跃响应 $s(t)$。

(a) $y'(t)+3y(t)=x'(t)$；

(b) $y''(t)+2y'(t)+4y(t)=x'''(t)+x(t)$。

解：

(a) $\lambda+3=0, \lambda=-3$

$$\hat{h}(t)=Ce^{-3t}, \hat{h}(0_+)=1$$

所以：$C=1, \hat{h}(t)=e^{-3t}u(t)$

$$h(t)=\hat{h}^{(1)}(t)=[e^{-3t}u(t)]'=-3e^{-3t}u(t)+e^{-3t}\delta(t)$$
$$=\delta(t)-3e^{-3t}u(t)$$
$$s(t)=\int_{-\infty}^{t} h(\tau)d\tau$$
$$=\int_{-\infty}^{t}[\delta(\tau)-3e^{-3\tau}u(\tau)]d\tau$$
$$=\int_{-\infty}^{t}\delta(\tau)d\tau-3\int_{-\infty}^{t}e^{-3\tau}u(\tau)d\tau$$
$$=u(t)-3\int_{0}^{t}e^{-3\tau}d\tau$$
$$=u(t)-3\cdot\left[-\frac{1}{3}e^{-3\tau}\Big|_{0}^{t}\right]$$
$$=u(t)-3\cdot\left[-\frac{1}{3}(e^{-3t}-1)u(t)\right]$$
$$=e^{-3t}u(t)$$

(b) $\lambda^2+2\lambda+4=0, \lambda_{1,2}=\dfrac{-2\pm\sqrt{4-16}}{2}=-1\pm\sqrt{3}j$

$$\hat{h}(t)=C_1e^{-t}\cos\sqrt{3}t+C_2e^{-t}\sin\sqrt{3}t$$
$$\hat{h}(0_+)=0, \hat{h}^{(1)}(0_+)=1, C_1=0$$
$$\hat{h}^{(1)}(0_+)=C_2(-e^{-t}\sin\sqrt{3}t+\sqrt{3}e^{-t}\cos\sqrt{3}t)\Big|_{t=0}=1$$

所以：$C_2=\dfrac{\sqrt{3}}{3}, \hat{h}(t)=\left(\dfrac{\sqrt{3}}{3}e^{-t}\sin\sqrt{3}t\right)u(t)$

$$h(t)=\hat{h}^{(3)}(t)+\hat{h}(t)$$
$$=\left[\left(\frac{\sqrt{3}}{3}e^{-t}\sin t\sqrt{3t}\right)u(t)\right]^{(3)}+\left(\frac{\sqrt{3}}{3}e^{-t}\sin\sqrt{3}t\right)u(t)$$
$$=\delta'(t)-2\delta(t)+3\sqrt{3}e^{-t}\sin\sqrt{3}tu(t)$$
$$s(t)=\int_{-\infty}^{t}h(\tau)d\tau$$
$$=\int_{-\infty}^{t}[(3\sqrt{3}e^{-\tau}\sin\sqrt{3}\tau)u(\tau)+\delta'(\tau)-2\delta(\tau)]d\tau$$
$$=\left(\frac{9}{4}-\frac{3}{4}\sqrt{3}e^{-t}\sin\sqrt{3}t-\frac{9}{4}e^{-t}\cos\sqrt{3}t\right)u(t)+\delta(t)-2u(t)$$

2.13　一个 LTI 系统,其输入 $x(t)$ 与输出 $y(t)$ 由下式相联系:

$$y(t)=\int_{-\infty}^{t}\mathrm{e}^{-(t-\tau)}x(\tau-2)\mathrm{d}\tau$$

(a) 该系统的单位冲激响应 $h(t)$ 是什么?

(b) 当输入 $x(t)=u(t+1)-u(t-2)$ 时,确定该系统的响应。

解:

(a)令 $x(t)=\delta(t)$

$$\begin{aligned}h(t)&=\int_{-\infty}^{t}\mathrm{e}^{-(t-\tau)}\delta(\tau-2)\mathrm{d}\tau\\&=\int_{-\infty}^{t}\mathrm{e}^{-(t-2)}\delta(\tau-2)\mathrm{d}\tau\\&=\mathrm{e}^{-(t-2)}\int_{-\infty}^{t}\delta(\tau-2)\mathrm{d}\tau\\&=\mathrm{e}^{-(t-2)}u(t-2)\end{aligned}$$

(b)

$$\begin{aligned}y(t)&=x(t)*h(t)\\&=[u(t+1)-u(t-2)]*\mathrm{e}^{-(t-2)}u(t-2)\\&=\mathrm{e}^{-t}u(t)*u(t)*\delta(t-1)-\mathrm{e}^{-t}u(t)*u(t)*\delta(t-4)\\&=(1-\mathrm{e}^{-(t-1)})u(t-1)-(1-\mathrm{e}^{-(t-4)})u(t-4)\end{aligned}$$

2.14　如图 2.23 所示的系统由四个子系统组成,各子系统的单位冲激响应为:$h_1(t)=u(t)$,$h_2(t)=\delta(t-1)$,$h_3(t)=-\delta(t)$,试求系统总单位冲激响应 $h(t)$。

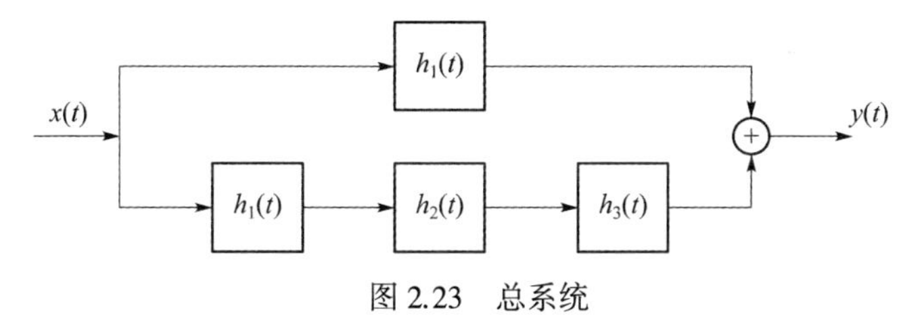

图 2.23　总系统

解:

$$\begin{aligned}h(t)&=h_1(t)+h_1(t)*h_2(t)*h_3(t)\\&=u(t)+u(t)*\delta(t-1)*(-\delta(t))\\&=u(t)-u(t-1)\end{aligned}$$

2.15　一个 LTI 系统的模拟图如图 2.24 所示,设单位冲激响应 $h(t)=\mathrm{e}^{-(t-2)}u(t-2)$。用以下两种方法计算当 $x(t)=u(t+2)-u(t-2)$ 时的输出 $y(t)$。

(a) 算出互联系统的冲激响应 $h(t)$,由 $h(t)$ 和 $x(t)$ 卷积得 $y(t)$;

(b) 先算出 $u(t)*h(t)$,再由卷积性质计算 $y(t)$。

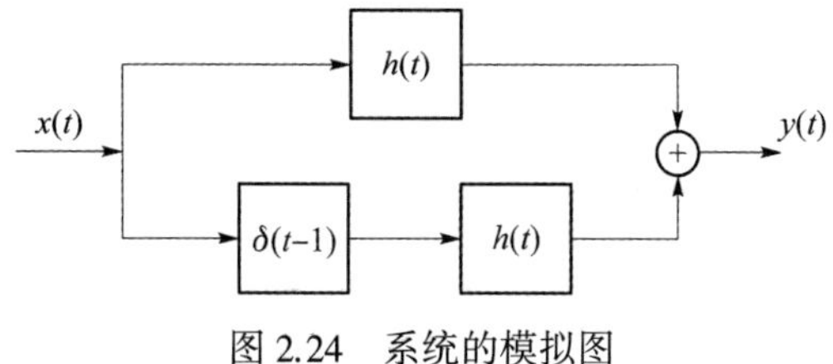

图 2.24　系统的模拟图

解：(a) $\tilde{h}(t)=h(t)+\delta(t-1)*h(t)=h(t)+h(t-1)$

$$=e^{-(t-2)}u(t-2)+e^{-(t-3)}u(t-3)$$

$$y(t)=x(t)*\tilde{h}(t)$$

$$=[u(t+2)-u(t-2)]*[e^{-(t-2)}u(t-2)+e^{-(t-3)}u(t-3)]$$

$$=(1-e^{-t})u(t)+(1-e^{-(t-1)})u(t-1)-(1-e^{-(t-4)})u(t-4)-(1-e^{-(t-5)})u(t-5)$$

(b) $u(t)*h(t)=u(t)*e^{-(t-2)}u(t-2)=(1-e^{-(t-2)})u(t-2)$

$$y(t)=x(t)*\tilde{h}(t)$$

$$=[u(t+2)-u(t-2)]*[e^{-(t-2)}u(t-2)+e^{-(t-3)}u(t-3)]$$

$$=u(t)*h(t)*\delta(t+2)+u(t)*h(t)*\delta(t+1)-u(t)*h(t)*\delta(t-2)-u(t)*h(t)*\delta(t-3)$$

$$=(1-e^{-t})u(t)+(1-e^{-(t-1)})u(t-1)-(1-e^{-(t-4)})u(t-4)-(1-e^{-(t-5)})u(t-5)$$

2.16　已知某 LTI 系统的微分方程模型为

$$y^{(2)}(t)+y^{(1)}(t)-2y(t)=x(t)$$

(a) 求系统的单位阶跃响应 $s(t)$；

(b) 画出该系统的模拟图。

解：(a) $\lambda^2+\lambda-2=0,\lambda_1=-2,\lambda_2=1$

$$h(t)=C_1e^{-2t}+C_2e^{t}$$

$$h(0_+)=0,h^{(1)}(0_+)=1$$

$$\begin{cases}C_1+C_2=0\\-2C_1+C_2=1\end{cases}\Rightarrow\begin{cases}C_1=-\dfrac{1}{3}\\C_2=\dfrac{1}{3}\end{cases}$$

所以：$h(t)=\left(-\dfrac{1}{3}e^{-2t}+\dfrac{1}{3}e^{t}\right)u(t)$

$$s(t)=\int_{-\infty}^{t}h(\tau)d\tau=\left(\frac{1}{6}e^{-2t}+\frac{1}{3}e^{t}\right)u(t)$$

(b) 该系统的模拟图如图 2.25 所示。

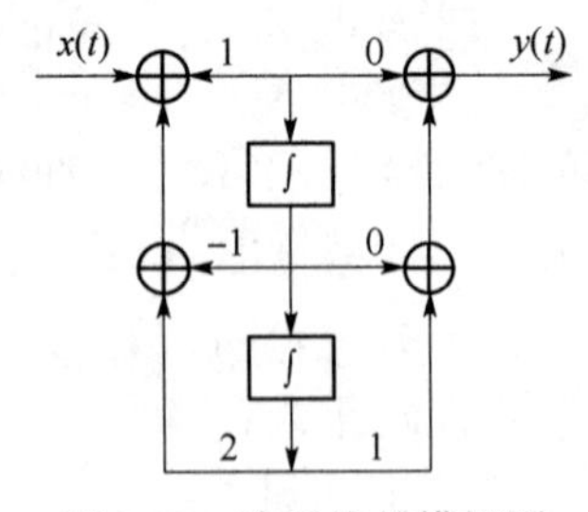

图 2.25　该系统的模拟图

2.17　已知 LTI 系统的微分方程描述为

(a) $y^{(2)}(t)+5y^{(1)}(t)+3y(t)=x(t)$；

(b) $y^{(2)}(t)+4y^{(1)}(t)+2y(t)=x(t)$。

试画出以上两系统的模拟框图。

解:两系统的模拟图如图 2. 26、图 2. 27 所示。

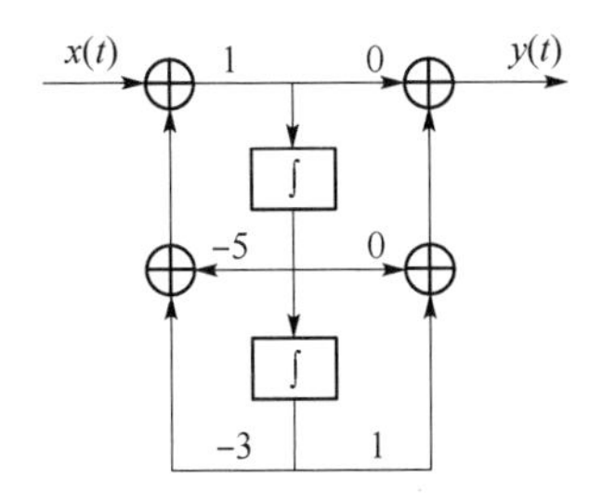

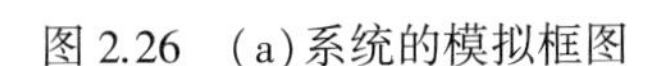
图 2.26　(a)系统的模拟框图

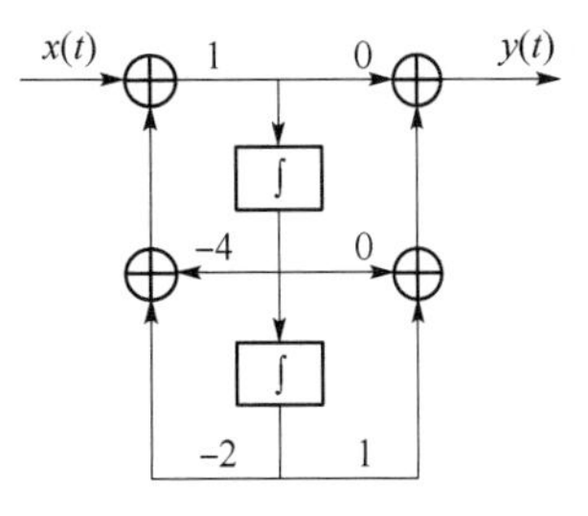

图 2.27　(b)系统的模拟框图

2.18　写出如图 2.28 所示系统的微分方程模型,并计算当输入 $x(t)=2\mathrm{e}^{-t}u(t)$ 时系统的零状态响应。

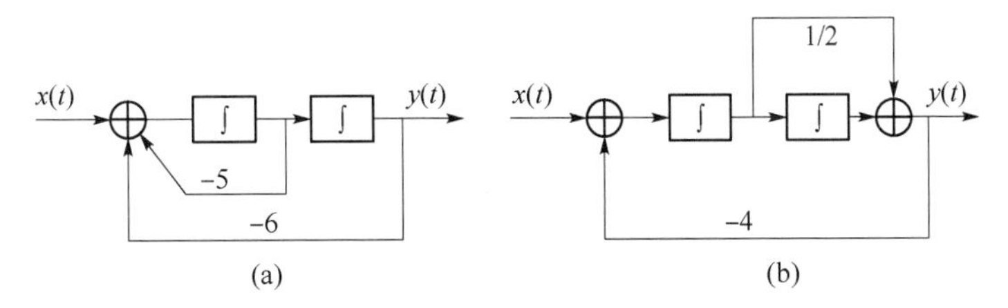

图 2.28　系统框图

解:(a) $y^{(2)}(t)+5y^{(1)}(t)+6y(t)=x(t)$

$$\lambda^2+5\lambda+6=0,\quad \lambda_1=-2,\lambda_2=-3$$

$$h(t)=C_1\mathrm{e}^{-2t}+C_2\mathrm{e}^{-3t}$$

$$h(0_+)=0,\quad h^{(1)}(0_+)=1$$

$$\begin{cases}C_1+C_2=0\\-2C_1-3C_2=1\end{cases}\Rightarrow\begin{cases}C_1=1\\C_2=-1\end{cases}$$

所以:$h(t)=(\mathrm{e}^{-2t}-\mathrm{e}^{-3t})u(t)$

$$\begin{aligned}y_x(t)&=x(t)*h(t)\\&=2\mathrm{e}^{-t}u(t)*(\mathrm{e}^{-2t}-\mathrm{e}^{-3t})u(t)\\&=\int_0^t 2\mathrm{e}^{-\tau}\mathrm{e}^{-2(t-\tau)}\mathrm{d}\tau-\int_0^t 2\mathrm{e}^{-\tau}\mathrm{e}^{-3(t-\tau)}\mathrm{d}\tau\\&=(\mathrm{e}^{-t}-2\mathrm{e}^{-2t}+\mathrm{e}^{-3t})u(t)\end{aligned}$$

(b) $y^{(2)}(t)+4y(t)=\dfrac{1}{2}x^{(1)}(t)+x(t)$

$$\lambda^2+4=0,\lambda_{1,2}=\pm 2\mathrm{j}$$

$$\hat{h}(t)=C_1\cos 2t+C_2\sin 2t$$

$$\hat{h}(0_+)=0\Rightarrow C_1=0$$

$$\hat{h}^{(1)}(0_+)=1\Rightarrow C_2=\frac{1}{2}$$

$$\hat{h}(t)=\left(\frac{1}{2}\sin 2t\right)u(t)$$

$$h(t)=\frac{1}{2}\hat{h}^{(1)}(t)+\hat{h}(t)$$

$$=\left(\frac{1}{2}\cdot\frac{1}{2}\cdot 2\cos 2t+\frac{1}{2}\sin 2t\right)u(t)$$

$$=\left(\frac{1}{2}\cos 2t+\frac{1}{2}\sin 2t\right)u(t)$$

$$y_x(t)=x(t)*h(t)$$

$$=2e^{-t}u(t)*\left(\frac{1}{2}\cos 2t+\frac{1}{2}\sin 2t\right)u(t)$$

$$=\left(\frac{1}{5}e^{-t}-\frac{1}{5}\cos 2t+\frac{3}{5}\sin 2t\right)u(t)$$

2.19　图 2.29 所示系统由几个子系统组合而成，其中各子系统的单位冲激响应分别为：$h_1(t)=\delta(t-1)$，$h_2(t)=u(t)-u(t-3)$。试求总系统的单位冲激响应 $h(t)$。

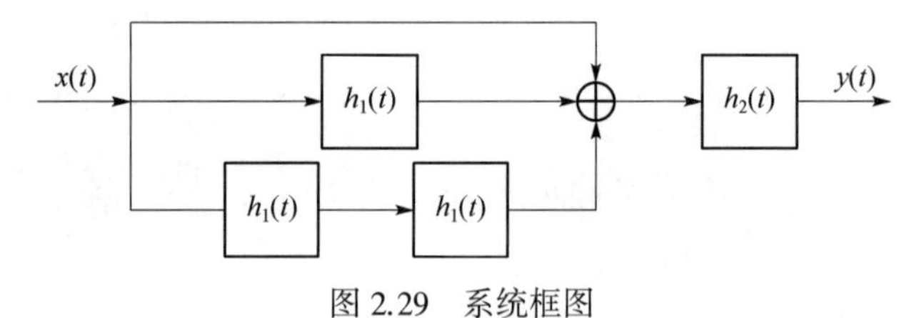

图 2.29　系统框图

解：$h(t)=[\delta(t)+h_1(t)+h_1(t)*h_1(t)]*h_2(t)$

$$=[\delta(t)+\delta(t-1)+\delta(t-1)*\delta(t-1)]*[u(t)-u(t-3)]$$

$$=u(t)+u(t-1)+u(t-2)-u(t-3)-u(t-4)-u(t-5)$$

2.20　某 LTI 系统的输入信号 $x(t)$ 和其零状态响应 $y_x(t)$ 的波形如图 2.30 所示，求该系统的单位冲激响应 $h(t)$。

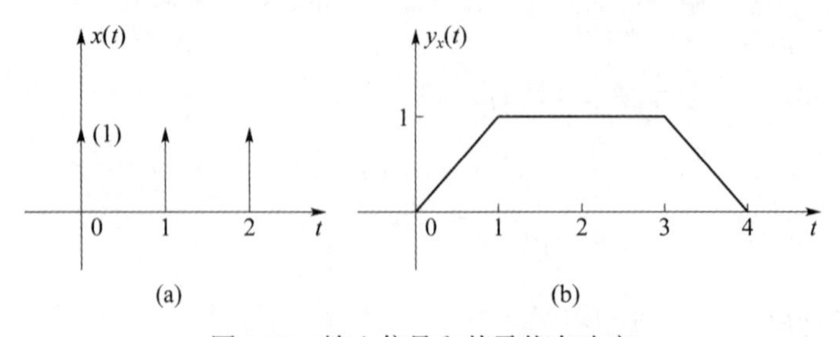

图 2.30　输入信号和其零状态响应

(a) $x(t)$ 的波形；(b) $y_x(t)$ 的波形

解：$y(t)=x(t)*h(t)$

$$x(t)=\delta(t)+\delta(t-1)+\delta(t-2)$$

所以：$h(t)+h(t-1)+h(t-2)=tu(t)-(t-1)u(t-1)-(t-3)u(t-3)+(t-4)u(t-4)$

$$=tu(t)-2(t-1)u(t-1)+(t-2)u(t-2)+(t-1)u(t-1)-$$
$$2(t-2)u(t-2)+(t-3)u(t-3)+(t-2)u(t-2)-$$
$$2(t-3)u(t-3)+(t-4)u(t-4)$$
$$h(t)=tu(t)-2(t-1)u(t-1)+(t-2)u(t-2)$$

单击冲激响应 $h(t)$ 的波形如图 2. 31 所示。

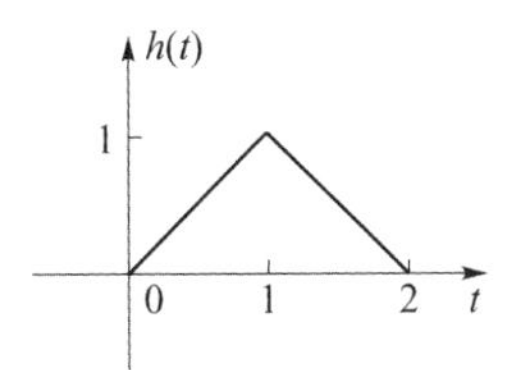

图 2.31　单位冲激响应 $h(t)$ 波形

2.21　证明：

(a) $x(t)*\delta'(t)=\int_{-\infty}^{\infty}x(t-\tau)\delta'(\tau)\mathrm{d}\tau=x'(t)$；

(b) $\int_{-\infty}^{\infty}g(\tau)\delta'(\tau)\mathrm{d}\tau=-g'(0)$；

(c) 设 $f(t)$ 是一已知信号，则 $f(t)\delta'(t)=f(0)\delta'(t)-f'(0)\delta(t)$。

解：(a) $x(t)*\delta'(t)=\delta'(t)*x(t)=\delta(t)*x'(t)$

$$=\int_{-\infty}^{\infty}x(t-\tau)\delta'(\tau)\mathrm{d}\tau$$
$$=\delta(t)*x'(t)=x'(t)$$

(b) $\int_{-\infty}^{\infty}g(\tau-t)\delta'(\tau)\mathrm{d}\tau=g(-t)*\delta'(t)$

$$=\frac{\mathrm{d}g(-t)*\delta(t)}{\mathrm{d}t}=-g'(t)$$

令 $t=0$，则

$$\int_{-\infty}^{\infty}g(\tau)\delta'(\tau)\mathrm{d}\tau=-g'(0)$$

(c) 令 $r(t)=g(t)f(t)$，则有

$$\int_{-\infty}^{\infty}g(t)f(t)\delta'(t)\mathrm{d}\tau=-r'(0)=-g'(0)f(0)-f'(0)g(0)$$
$$\int_{-\infty}^{\infty}g(t)f(0)\delta'(t)\mathrm{d}t-\int_{-\infty}^{\infty}g(t)f'(0)\delta(t)\mathrm{d}t=-g'(0)f(0)-g(0)f'(0)$$

所以：$f(t)\delta'(t)=f(0)\delta'(t)-\delta(t)f'(0)$

2.22　两个系统的级联，其中 A 系统是 LTI 系统，B 系统是 A 系统的逆系统，设 $y_1(t)$ 是系统 A 对 $x_1(t)$ 的响应，$y_2(t)$ 是系统 A 对 $x_2(t)$ 的响应。

(a) 若输入为 $ay_1(t)+by_2(t)$，a、b 为常数，求系统 B 的响应；

(b) 若输入为 $y_1(t-\tau)$，求系统 B 的响应。

解：设 A 系统的单位冲激响应为 $h_1(t)$，B 系统的单位冲激响应为 $h_2(t)$。根据可逆性得：

$h_1(t)*h_2(t)=\delta(t)$。根据级联关系,有 B 系统的响应为:$y(t)=x(t)*h_1(t)*h_2(t)$。

(a) $y(t)=[ay_1(t)+by_2(t)]*h_2(t)$

$=[ax_1(t)*h_1(t)+bx_2(t)*h_1(t)]*h_2(t)$

$=[ax_1(t)+bx_2(t)]*h_1(t)*h_2(t)$

$=ax_1(t)+bx_2(t)$

(b) $y(t)=y_1(t-\tau)*h_2(t)=x_1(t-\tau)*h_1(t)*h_2(t)=x_1(t-\tau)$

2.23　试求下列 LTI 系统的零状态响应。

(a) 输入 $x_1(t)$ 如图 2.32(a) 所示,$h_1(t)=e^t u(t-2)$;

(b) 输入 $x_2(t)$ 如图 2.32(b) 所示,$h_2(t)=e^{-(t+1)}u(t+1)$;

(c) 输入 $x_3(t)$ 如图 2.32(c) 所示,$h_3(t)=e^t u(t)$;

(d) 输入 $x_4(t)$ 如图 2.32(d) 所示,$h_4(t)=2[u(t+1)-u(t-1)]$。

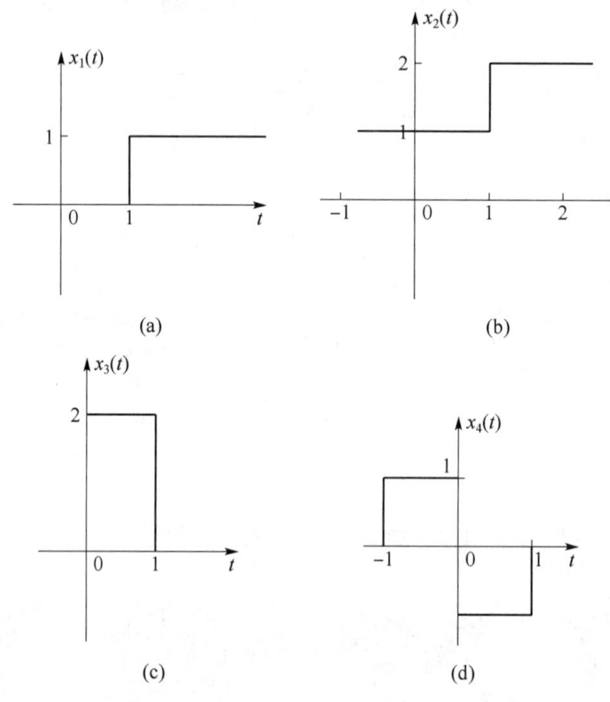

图 2.32　输入信号

(a) $x_1(t)$;(b) $x_2(t)$;(c) $x_3(t)$;(d) $x_4(t)$

解:

(a) $x_1(t)=u(t-1)$

$$y_1(t)=x_1(t)*h_1(t)=u(t-1)*e^t u(t-2)$$

$$=u(t)*e^t u(t)*\delta(t-3)\cdot e^2$$

$$=\int_{-\infty}^{\infty}e^{\tau}u(\tau)u(t-\tau)d\tau*\delta(t-3)\cdot e^2$$

$$=\int_0^t e^{\tau}d\tau*\delta(t-3)\cdot e^2$$

$$= e^{\tau}\Big|_0^t * \delta(t-3)\cdot e^2$$
$$= (e^t - 1)u(t) * \delta(t-3)\cdot e^2$$
$$= (e^{t-1} - e^2)u(t-3)$$

(b) $y_2(t) = x_2(t) * h_2(t)$

$$= [1 + u(t-1)] * e^{-(t+1)}u(t+1)$$
$$= 1 * e^{-(t+1)}u(t+1) + u(t-1) * e^{-(t-1)}u(t+1)$$
$$= \int_{-1}^{\infty} e^{-(\tau+1)}d\tau + u(t) * e^{-t}u(t)$$
$$= 1 + \int_{-\infty}^{\infty} e^{-\tau}u(\tau)u(t-\tau)d\tau$$
$$= 1 + \int_0^t e^{-\tau}d\tau$$
$$= 1 + (-e^{-\tau})\Big|_0^t$$
$$= 1 + (1 - e^{-t})u(t)$$

(c) $y_3(t) = x_3(t) * h_3(t) = x_3^{(1)}(t) * h_3^{(-1)}(t)$

$$= [2\delta(t) - 2\delta(t-1)] * \int_{-\infty}^{t} e^{-\tau}u(\tau)d\tau$$
$$= [2\delta(t) - 2\delta(t-1)] * \int_0^t e^{-\tau}d\tau$$
$$= -e^{-\tau}\Big|_0^t * [2\delta(t) - 2\delta(t-1)]$$
$$= -(e^{-t} - 1)u(t) * [2\delta(t) - 2\delta(t-1)]$$
$$= 2(1 - e^{-t})u(t) + 2[e^{-(t-1)} - 1]u(t-1)$$

(d) $y_4(t) = x_4(t) * h_4(t)$

$$= x_4^{(-1)}(t) * h_4^{(1)}(t)$$
$$= x_4^{(-1)}(t) * 2[\delta(t+1) - \delta(t-1)]$$
$$= ([u(t+1) - u(t)] - [u(t) - u(t-1)])^{(-1)} * 2[\delta(t+1) - \delta(t-1)]$$
$$= ([u(t+1) - 2u(t) + u(t-1)])^{(-1)} * 2[\delta(t+1) - \delta(t-1)]$$
$$= [(t+1)u(t+1) - 2tu(t) + (t-1)u(t-1)] * 2[\delta(t+1) - \delta(t-1)]$$
$$= 2(t+2)u(t+2) - 2tu(t) - 4(t+1)u(t+1) + 4(t-1)u(t-1) + 2tu(t) - 2(t-2)u(t-2)$$
$$= 2(t+2)u(t+2) - 4(t+1)u(t+1) + 4(t-1)u(t-1) - 2(t-2)u(t-2)$$

第三章　离散时间系统的时域分析

离散时间系统的分析方法与连续时间系统的分析方法类似。与连续时间系统的分析方法进行对比的学习,并明确离散时间系统的特殊性,有助于对其分析方法的理解和掌握。

一、基本要求

① 熟悉差分方程的解法;
② 掌握单位抽样响应的定义与求解;
③ 掌握卷积的定义与求解。

二、知识要点

1. 离散时间系统的数学模型

离散时间系统可用 N 阶常系数线性差分方程描述,其中后向差分方程更常用一些。

$$a_0y[n]+a_1y[n-1]+\cdots+a_Ny[n-N]=b_0x[n]+b_1x[n-1]+\cdots+b_Nx[n-N]$$

其中 $x[n]$ 为系统输入,$y[n]$ 为系统输出,N 为系统的阶次。

2. 差分方程的递推法和经典法

(1) 递推法

递推法又称迭代法,以初始时刻为起点,根据输入的现在值和输出的过去值依次递推求解差分方程,适用于一阶系统,难点在于不易归纳出完整的解析解。

(2) 经典法

与微分方程的经典法类似。

零输入响应 $y_0[n]$ 具有齐次解模式 $y_0[n]=\sum\limits_{i=1}^{n}C_i\alpha_i^n$,齐次解模式决定于系统的特征根形式,然后代入边界条件以确定待定常数。需要注意的是边界条件分为起始边界 $y_0[k]$(仅由系统初始状态引起的边界条件)和初始边界 $y_x[k]$(仅由系统输入引起的边界条件)。$y_0[n]$ 中的待定系数必须由 $y_0[k]$ 确定。

零状态响应 $y_x[n]$ 具有全解模式,即齐次解和特解的形式,其中特解的模式决定于系统的输入函数,代入原差分方程,求其待定系数,即可得出方程的特解。而对于全解中的待定系数则需要代入零初始状态或 $y_x[k]$ 来确定。

3. 单位抽样响应与单位阶跃响应

(1) 单位抽样响应

单位抽样响应是当单位抽样序列 $\delta[n]$ 为输入时,系统的零状态响应,记作 $h[n]$。

(2) 单位阶跃响应

单位阶跃响应是当单位阶跃序列 $u[n]$ 为输入时,系统的零状态响应,记作 $s[n]$。

(3) $h[n]$ 与 $s[n]$ 的关系

$$h[n]=s[n]-s[n-1],\quad s[n]=\sum_{k=-\infty}^{n}h[k]=\sum_{k=0}^{\infty}h[n-k]$$

(4) 单位抽样响应的求解

① 对单位抽样序列 $\delta[n]$ 为输入的情况,系统可写成齐次方程形式:

$$\sum_{k=0}^{N}a_k h[n-k]=0,n>0$$

从系统的起始边界 $h[k]=0,k=-1,-2,\cdots,-N$,令 $n=0,1,\cdots,N-1$,确定 $h[n]$ 的 N 个初始条件,便可唯一确定 $h[n]$。

② 若差分方程为

$$\sum_{k=0}^{N}a_k y[n-k]=\sum_{r=0}^{M}b_r x[n-r]$$

利用 LTI 系统的线性时不变性,分以下两步求解 $h[n]$。

第一步:求解

$$\sum_{k=0}^{N}a_k\hat{h}[n-k]=\delta[n]$$

即解下述的齐次方程:

$$\sum_{k=0}^{N}a_k\hat{h}[n-k]=0,n>0$$

$$\hat{h}[0]=\frac{1}{a_0},\hat{h}[k]=0,k=-1,-2,\cdots,-N+1$$

第二步:将得出的 $\hat{h}[n]$ 进行方程右侧的等价运算,即 $h[n]=\sum_{r=0}^{M}b_r\hat{h}[n-r]$,由此可得系统的 $h[n]$。

③ 对于一阶系统,仍然可以采用递推法求 $h[n]$,同样的难点在于不易得到闭式解。

4. 卷积和

卷积和用于求取系统的零状态响应,所分析的系统必须是 LTI 系统。

卷积和的定义为:

$$y[n]=x[n]*h[n]=\sum_{k=-\infty}^{\infty}x[k]h[n-k]$$

卷积和具有下述性质:

① 交换律:$x[n]*h[n]=h[n]*x[n]$。

② 结合律:$(x[n]*h_1[n])*h_2[n]=x[n]*(h_1[n]*h_2[n])$;

级联系统的 $h[n]$ 等于各系统 $h_i[n]$ 的卷积,与级联顺序无关。

③ 分配律:$x[n]*(h_1[n]+h_2[n])=x[n]*h_1[n]+x[n]*h_2[n]$;

并联系统的 $h[n]$ 等于各子系统 $h_i[n]$ 之和。

④ 位移性质:$x[n]*\delta[n]=x[n]$;

$x[n]*\delta[n-n_0]=x[n-n_0]$;

$$x[n-n_1]*\delta[n-n_0]=x[n-n_1-n_0]。$$

5. 卷积和的计算

卷积和主要采用解析法、图解法和阵列法求取。正确判断求解公式中的求和上下限是卷积和计算的关键问题。针对不同类型的序列求卷积和时,图解法步骤会稍有不同。另外,阵列法是卷积和独有的求解方法。

6. $h[n]$描述系统性质

离散时间 LTI 系统对任意输入 $x[n]$的响应可以用 $h[n]$完全表示,说明 LTI 系统的 $h[n]$完全描述了系统的特性,在系统的 6 个基本性质中,线性和时不变性是导出卷积和的依据,或者说是用 $h[n]$表示系统的前提,其余 4 个特性均可用 $h[n]$表征。

① 因果性条件:$h[n]=0,n<0$。

② 稳定性条件:$\sum_{k=-\infty}^{\infty}|h[n]|<\infty$。

③ 可逆性条件:$h[n]*h_1[n]=\delta[n]$,其中 $h_1[n]$是根据原系统构造的逆系统的单位抽样响应。

④ 无记忆条件:$h[n]=k\delta[n]$(k 为任意常数)。

7. 离散时间系统的模拟

离散时间系统的模拟在思路上与连续时间系统类似,同样是用一些基本运算单元,包括延迟器、乘法器、加法器等构成系统框图,进行数学意义上的模拟。本章主要讨论直接Ⅱ型模拟框图。

三、习题解答

3.1 解下列差分方程:

(a) $y[n]-\frac{1}{2}y[n-1]=0,y[-1]=1$;

(b) $y[n]+3y[n-1]+2y[n-2]=0,y[-1]=2,y[-2]=1$;

(c) $y[n]+2y[n-1]+y[n-2]=0,y[-1]=y[-2]=1$;

(d) $y[n]+y[n-1]+y[n-2]=0,y[-1]=1,y[-2]=0$。

解:(a) 对于一阶系统,可以直接采用递推法 $y[n]=\frac{1}{2}y[n-1]$

$$y[0]=\frac{1}{2}y[-1]=\frac{1}{2}$$

$$y[1]=\frac{1}{2}y[0]=\frac{1}{4}$$

$$y[2]=\frac{1}{2}y[1]=\frac{1}{8}$$

所以:$y[n]=\frac{1}{2^{n+1}}u[n]$

(b) $\lambda^2+3\lambda+2=0\Rightarrow\lambda_1=-1,\lambda_1=-2$

$y[n]=C_1(-1)^n+C_2(-2)^n$

$$\begin{cases} y[-1]=C_1(-1)^{-1}+C_2(-2)^{-1}=2=-C_1-\frac{1}{2}C_2 \\ y[-2]=C_1(-1)^{-2}+C_2(-2)^{-2}=1=C_1+\frac{1}{4}C_2 \end{cases} \Rightarrow C_1=4, C_2=-12$$

所以：$y[n]=[4(-1)^n-12(-2)^n]u[n]$

(c) $\lambda^2+2\lambda+1=0 \Rightarrow \lambda_{1,2}=-1$

$$y[n]=C_1(-1)^n+C_2 n(-1)^n$$

$$\begin{cases} y[-1]=C_1(-1)^{-1}+C_2(-1)(-1)^{-1}=-C_1+C_2=1 \\ y[-2]=C_1(-1)^{-2}+C_2(-2)(-1)^{-2}=C_1-2C_2=1 \end{cases} \Rightarrow C_1=-3, C_2=-2$$

所以：$y[n]=-3(-1)^n+(-2)n(-1)^n$

$$=-(3+2n)(-1)^n u[n]$$

(d) $\lambda^2+\lambda+1=0 \Rightarrow \lambda_{1,2}=-\frac{1}{2}\pm\frac{\sqrt{3}}{2}\mathrm{j}=\mathrm{e}^{\pm \mathrm{j}\frac{\pi}{3}}$

$$y[n]=C_1\mathrm{e}^{-\mathrm{j}\frac{\pi}{3}n}+C_2\mathrm{e}^{\mathrm{j}\frac{\pi}{3}n}$$

$$\begin{cases} y[-1]=C_1\mathrm{e}^{\mathrm{j}\frac{\pi}{3}}+C_2\mathrm{e}^{-\mathrm{j}\frac{\pi}{3}}=1 \\ y[-2]=C_1\mathrm{e}^{\mathrm{j}\frac{2\pi}{3}}+C_2\mathrm{e}^{-\mathrm{j}\frac{2\pi}{3}}=0 \end{cases} \Rightarrow C_1-C_2=-\frac{\sqrt{3}\mathrm{j}}{3}, C_1+C_2=1$$

$$\Rightarrow C_1=\frac{3-\sqrt{3}\mathrm{j}}{6}=\frac{\sqrt{3}}{3}\mathrm{e}^{-\mathrm{j}\frac{\pi}{6}}, C_2=\frac{3+\sqrt{3}\mathrm{j}}{6}=\frac{\sqrt{3}}{3}\mathrm{e}^{\mathrm{j}\frac{\pi}{6}}$$

所以：$y[n]=\frac{\sqrt{3}}{3}\mathrm{e}^{\mathrm{j}\left(-\frac{\pi}{3}n-\frac{\pi}{6}\right)}+\frac{\sqrt{3}}{3}\mathrm{e}^{\mathrm{j}\left(\frac{\pi}{3}n+\frac{\pi}{6}\right)}$

$$=\frac{2\sqrt{3}}{3}\cos\left(\frac{\pi}{3}n+\frac{\pi}{6}\right)$$

3.2　已知二阶微分方程为

$$y^{(2)}(t)+3y^{(1)}(t)+2y(t)=2x(t)$$

初始条件 $y(0)=0, y^{(1)}(0)=3$，抽样间隔或步长 $T=0.1$，试导出其差分方程。

解：$\frac{y[n]-2y[n-1]+y[n-2]}{T^2}+3\cdot\frac{y[n]-y[n-1]}{T}+2y[n]=2x[n]$

$$132y[n]-230y[n-1]+100y[n-2]=2x[n]$$

$$\frac{y[n]-y[n-1]}{T}=3, y[0]=0$$

所以：$y[-1]=-0.3$

3.3　求下列差分方程所示系统的单位抽样响应。

(a) $y[n]-0.6y[n-1]-0.16y[n-2]=x[n]$；

(b) $y[n]-y[n-1]-0.25y[n-2]=x[n]$；

(c) $y[n]-0.2y[n-1]-0.15y[n-2]=2x[n]-3x[n-2]$。

解：(a) $\lambda^2-0.6\lambda-0.16=0 \Rightarrow \lambda_1=0.8, \lambda_2=-0.2$

$$h[n]=C_1(0.8)^n+C_2(-0.2)^n$$

$$\begin{cases} h[0]=C_1+C_2=1 \\ h[-1]=\dfrac{5}{4}C_1-5C_2=0 \end{cases} \Rightarrow C_1=\frac{4}{5},C_2=\frac{1}{5}$$

所以：$h[n]=\left[\dfrac{4}{5}(0.8)^n+\dfrac{1}{5}(-0.2)^n\right]u[n]$

(b) $\lambda^2-\lambda-0.25=0 \Rightarrow \lambda_{1,2}=\dfrac{1\pm\sqrt{2}}{2}$

$$h[n]=C_1\left(\frac{1+\sqrt{2}}{2}\right)^n+C_2\left(\frac{1-\sqrt{2}}{2}\right)^n$$

$$\begin{cases} h[0]=C_1+C_2=1 \\ h[-1]=\dfrac{2C_1}{1+\sqrt{2}}+\dfrac{2C_2}{1-\sqrt{2}}=0 \end{cases} \Rightarrow C_1=\frac{2+\sqrt{2}}{4},C_2=\frac{2-\sqrt{2}}{4}$$

所以：$h[n]=\left[\dfrac{2+\sqrt{2}}{4}\left(\dfrac{1+\sqrt{2}}{2}\right)^n+\dfrac{2-\sqrt{2}}{4}\left(\dfrac{1-\sqrt{2}}{2}\right)^n\right]u[n]$

(c) $\lambda^2-0.2\lambda-0.15=0 \Rightarrow \lambda_1=0.5,\lambda_2=-0.3$

$$\hat{h}[n]=C_1(0.5)^n+C_2(-0.3)^n$$

$$\begin{cases} \hat{h}[0]=C_1+C_2=1 \\ \hat{h}[-1]=2C_1-\dfrac{10}{3}C_2=0 \end{cases} \Rightarrow C_1=\frac{5}{8},C_2=\frac{3}{8}$$

所以：$\hat{h}[n]=\left[\dfrac{5}{8}(0.5)^n+\dfrac{3}{8}(-0.3)^n\right]u[n]$

$$\begin{aligned} h[n]&=2\hat{h}[n]-3\hat{h}[n-2] \\ &=\left[\frac{5}{4}(0.5)^n+\frac{3}{4}(-0.3)^n\right]u[n]-\left[\frac{15}{8}(0.5)^{n-2}+\frac{9}{8}(-0.3)^{n-2}\right]u[n-2] \end{aligned}$$

3.4　已知一 LTI 离散时间系统的差分方程为

$$y[n]=x[n]-2x[n-2]+x[n-3]-3x[n-4]$$

(a) 试画出该系统框图；

(b) 求该系统的单位抽样响应，并画出图形。

解：(a) 该系统框图如图 3.1 所示。

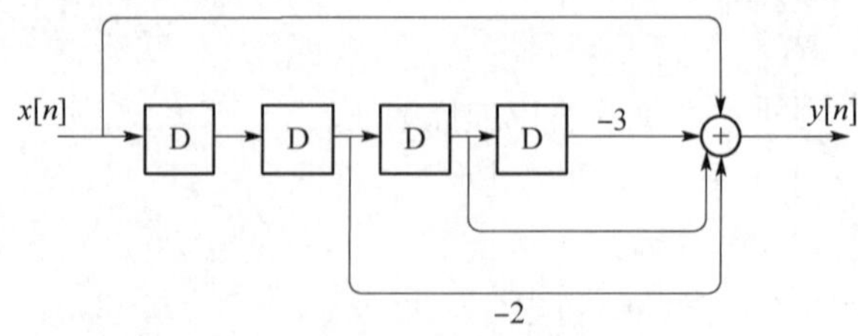

图 3.1　系统框图

(b) $h[n]=\delta[n]-2\delta[n-2]+\delta[n-3]-3\delta[n-4]$

系统的单位抽样响应如图 3.2 所示。

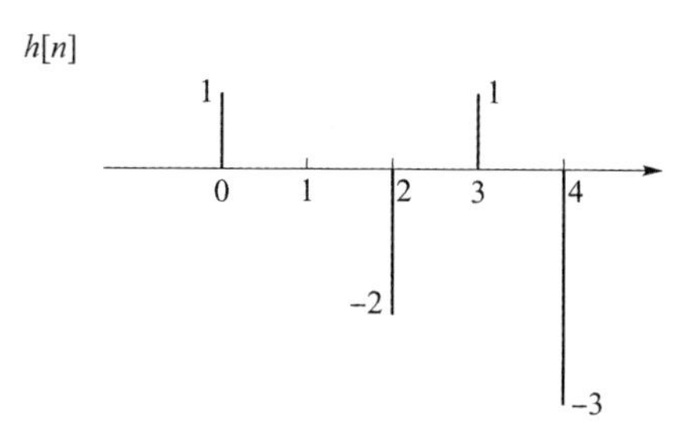

图 3.2　系统的单位抽样响应

3.5　试分别写出图 3.3(a)~(d) 所示系统的差分方程,求其单位抽样响应。

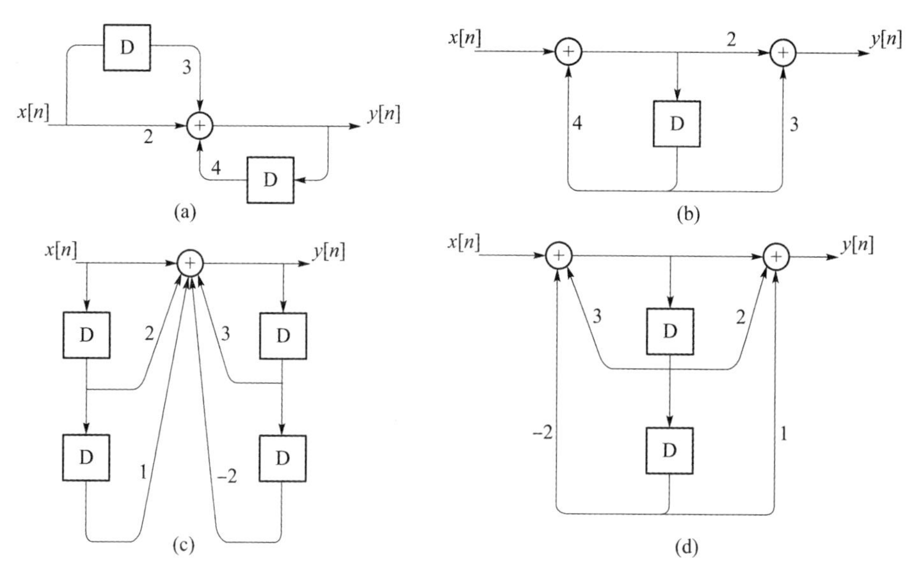

图 3.3　系统框图

解:差分方程:

(a) $y[n]-4y[n-1]=2x[n]+3x[n-1]$;

(b) $y[n]-4y[n-1]=2x[n]+3x[n-1]$;

(c) $y[n]-3y[n-1]+2y[n-2]=x[n]+2x[n-1]+x[n-2]$;

(d) $y[n]-3y[n-1]+2y[n-2]=x[n]+2x[n-1]+x[n-2]$。

单位抽样响应:

(a)、(b):

$$\lambda-4=0 \Rightarrow \lambda=4$$

$$\hat{h}[n]=C_1 4^n$$

$$\hat{h}[0]=1 \Rightarrow C_1=1$$

$$\hat{h}[n]=4^n u[n]$$

$$\begin{aligned} h[n] &= 2\hat{h}[n] + 3\hat{h}[n-1] \\ &= 2 \cdot 4^n u[n] + 3 \cdot 4^{n-1} u[n-1] \\ &= 2 \cdot 4^n (u[n-1] + \delta[n]) + 3 \cdot 4^{n-1} u[n-1] \\ &= 2\delta[n] + 11 \cdot 4^{n-1} u[n-1] \end{aligned}$$

(c)、(d)：

$$\lambda^2 - 3\lambda + 2 = 0 \Rightarrow \lambda_1 = 1, \quad \lambda_2 = 2$$

$$\hat{h}[n] = C_1 \cdot 1^n + C_2 \cdot 2^n$$

$$\begin{cases} \hat{h}[0] = C_1 + C_2 = 1 \\ \hat{h}[-1] = C_1 + \dfrac{1}{2} C_2 = 0 \end{cases} \Rightarrow C_1 = -1, C_2 = 2$$

$$\hat{h}[n] = (-1 + 2 \cdot 2^n) u[n]$$

$$\begin{aligned} h[n] &= \hat{h}[n] + 2\hat{h}[n-1] + \hat{h}[n-2] \\ &= (-1+2 \cdot 2^n) u[n] + 2 \cdot (-1 + 2 \cdot 2^{n-1}) u[n-1] + (-1 + 2 \cdot 2^{n-2}) u[n-2] \\ &= (-1+2 \cdot 2^n)(\delta[n] + u[n-1]) + 2(-1+2 \cdot 2^{n-1}) u[n-1] + \\ &\quad (-1+2 \cdot 2^{n-2})(u[n-1] - \delta[n-1]) \\ &= \delta[n] + (9 \cdot 2^{n-1} - 4) u[n-1] \end{aligned}$$

3.6 已知系统的差分方程为

$$y[n] - \frac{5}{6} y[n-1] + \frac{1}{6} y[n-2] = x[n]$$

输入 $x[n] = \left(\frac{1}{5}\right)^n u[n]$，初始条件 $y_0[-1] = 6, y_0[-2] = 25$。求：(a) 零输入响应；(b) 零状态响应；(c) 全响应。

解：$\lambda^2 - \frac{5}{6}\lambda + \frac{1}{6} = 0 \Rightarrow \lambda_1 = \frac{1}{2}, \lambda_2 = \frac{1}{3}$

(a) $y_0[n] = C_1 \left(\frac{1}{2}\right)^n + C_2 \left(\frac{1}{3}\right)^n$

$$\begin{cases} y_0[-1] = 2C_1 + 3C_2 = 6 \\ y_0[-2] = 4C_1 + 9C_2 = 25 \end{cases} \Rightarrow C_1 = -\frac{7}{2}, C_2 = \frac{13}{3}$$

所以：$y_0[n] = \left[-\frac{7}{2}\left(\frac{1}{2}\right)^n + \frac{13}{3}\left(\frac{1}{3}\right)^n \right] u[n]$

(b) $h[n] = A_1 \left(\frac{1}{2}\right)^n + A_2 \left(\frac{1}{3}\right)^n$

$$\begin{cases} h[0] = A_1 + A_2 = 1 \\ h[-1] = 2A_1 + 3A_2 = 0 \end{cases} \Rightarrow A_1 = 3, A_2 = -2$$

所以：$h[n] = \left[3 \cdot \left(\frac{1}{2}\right)^n - 2 \cdot \left(\frac{1}{3}\right)^n \right] u[n]$

$$
\begin{aligned}
y_x[n] &= x[n] * h[n] \\
&= \left(\frac{1}{5}\right)^n u[n] * \left[3 \cdot \left(\frac{1}{2}\right)^n - 2 \cdot \left(\frac{1}{3}\right)^n\right] u[n] \\
&= \left(\frac{1}{5}\right)^n u[n] * 3 \cdot \left(\frac{1}{2}\right)^n u[n] - \left(\frac{1}{5}\right)^n u[n] * 2 \cdot \left(\frac{1}{3}\right)^n u[n] \\
&= \sum_{k=0}^{n} \left(\frac{1}{5}\right)^k \cdot 3 \cdot \left(\frac{1}{2}\right)^{n-k} - \sum_{k=0}^{\infty} \left(\frac{1}{5}\right)^k \cdot 2 \cdot \left(\frac{1}{3}\right)^{n-k} \\
&= 3 \cdot \left(\frac{1}{2}\right)^n \cdot \frac{1 - \left(\frac{2}{5}\right)^{n+1}}{1 - \frac{2}{5}} - 2 \cdot \left(\frac{1}{3}\right)^n \cdot \frac{1 - \left(\frac{3}{5}\right)^{n+1}}{1 - \frac{3}{5}} \\
&= \left[5 \cdot \left(\frac{1}{2}\right)^n - 5 \cdot \left(\frac{1}{3}\right)^n + \left(\frac{1}{5}\right)^n\right] u[n]
\end{aligned}
$$

(c) $y[n] = y_0[n] + y_x[n]$

$$
= \left[\frac{3}{2}\left(\frac{1}{2}\right)^n - \frac{2}{3}\left(\frac{1}{3}\right)^n + \left(\frac{1}{5}\right)^n\right] u[n]
$$

3.7　在数字信号传输中,为减弱传输数码之间的串扰,常采用如图 3.4 所示的离散时间系统(通称为横向滤波器)。若输入

$$
x[n] = \frac{1}{4}\delta[n] + \delta[n-1] + \frac{1}{2}\delta[n-2]
$$

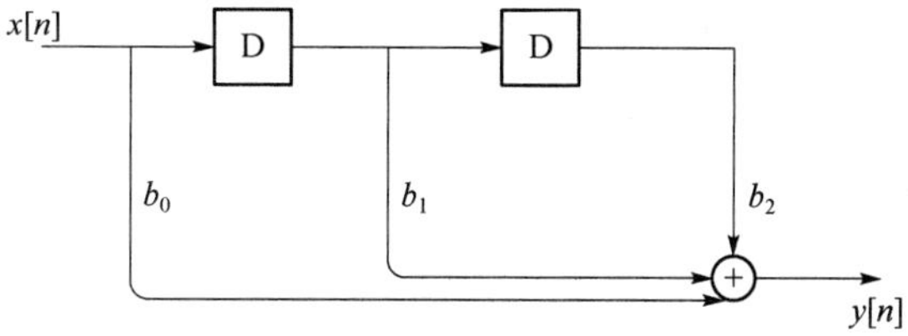

图 3.4　离散时间系统框图

要求输出 $y[n]$ 在 $n=1, n=3$ 时为零,即 $y[1]=0, y[3]=0$,且 $y[0]=1$,求加权系数 b_0、b_1、b_2。

解:由图 3.4 可知

$$
y[n] = b_0 x[n] + b_1 x[n-1] + b_2 x[n-2]
$$

因此 $h[n] = b_0\delta[n] + b_1\delta[n-1] + b_2\delta[n-2]$

$$
\begin{aligned}
y[n] &= x[n] * h[n] \\
&= \left(\frac{1}{4}\delta[n] + \delta[n-1] + \frac{1}{2}\delta[n-2]\right) * (b_0\delta[n] + b_1\delta[n-1] + b_2\delta[n-2]) \\
&= \frac{1}{4}b_0\delta[n] + \left(\frac{1}{4}b_1 + b_0\right)\delta[n-1] + \left(\frac{1}{4}b_2 + b_1 + \frac{1}{2}b_0\right)\delta[n-2] + \\
&\quad \left(\frac{1}{2}b_1 + b_2\right)\delta[n-3] + \frac{1}{2}b_2\delta[n-4]
\end{aligned}
$$

由已知条件 $y[1]=0, y[3]=0, y[0]=1$ 得

$$\begin{cases}\frac{1}{4}b_1+b_0=0\\ \frac{1}{2}b_1+b_2=0\\ \frac{1}{4}b_0=1\end{cases} \Rightarrow \begin{cases}b_0=4\\ b_1=-16\\ b_2=8\end{cases}$$

3.8 计算下列信号的卷积和 $y[n]=x[n]*h[n]$。

(a) $x[n]=\alpha^n u[n], h[n]=\beta^n u[n], \alpha\neq\beta$;

(b) $x[n]=h[n]=\alpha^n u[n]$;

(c) $x[n]=2^n u[-n], h[n]=u[n]$;

(d) $x[n]=\delta[n-n_1], h[n]=\delta[n-n_2]$, n_1 和 n_2 为常数。

解:(a)
$$\begin{aligned}y[n] &= \alpha^n u[n] * \beta^n u[n]\\ &= \sum_{k=0}^{n}\alpha^k\beta^{n-k}\\ &=\beta^n \cdot \frac{1-\left(\frac{\alpha}{\beta}\right)^{n+1}}{1-\frac{\alpha}{\beta}}\\ &=\frac{1}{\beta-\alpha}(\beta^{n+1}-\alpha^{n+1})u[n]\end{aligned}$$

(b)
$$\begin{aligned}y[n] &= x[n]*h[n]\\ &=\alpha^n u[n] * \alpha^n u[n]\\ &=\sum_{k=0}^{n}\alpha^k\cdot\alpha^{n-k}\\ &=\sum_{k=0}^{n}\alpha^n\\ &=(n+1)\alpha^n u[n]\end{aligned}$$

(c)
$$\begin{aligned}y[n] &= x[n]*h[n]\\ &=\sum_{k=-\infty}^{\infty}u[k]\cdot 2^{n-k}u[k-n]\\ &=\begin{cases}\sum_{k=0}^{\infty}2^n\cdot\left(\frac{1}{2}\right)^k, n\leqslant 0\\ \sum_{k=n}^{\infty}2^n\cdot\left(\frac{1}{2}\right)^k, n>0\end{cases}\\ &=\begin{cases}2^n\cdot\frac{1}{1-\frac{1}{2}}=2^{n+1}, n\leqslant 0\\ 2^n\cdot\frac{\left(\frac{1}{2}\right)^n}{1-\frac{1}{2}}=2, n>0\end{cases}\end{aligned}$$

(d) $y[n]=x[n]*h[n]$

$=\delta[n-n_1]*\delta[n-n_2]$

$=\delta[n-n_1-n_2]$

3.9　计算下列各对信号的卷积。

(a) $x[n]=(-1)^n\{u[-n]-u[-n-8]\}, h[n]=u[n]-u[n-8]$;

(b) $x[n]$和$h[n]$,如图3.5所示;

(c) $x[n]$和$h[n]$,如图3.6所示;

(d) $x[n]$和$h[n]$,如图3.7所示。

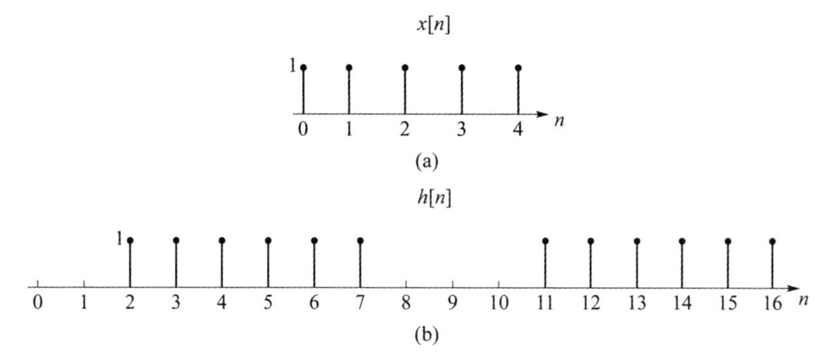

图3.5　习题3.9(b)用图

(a) $x[n]$;(b) $h[n]$

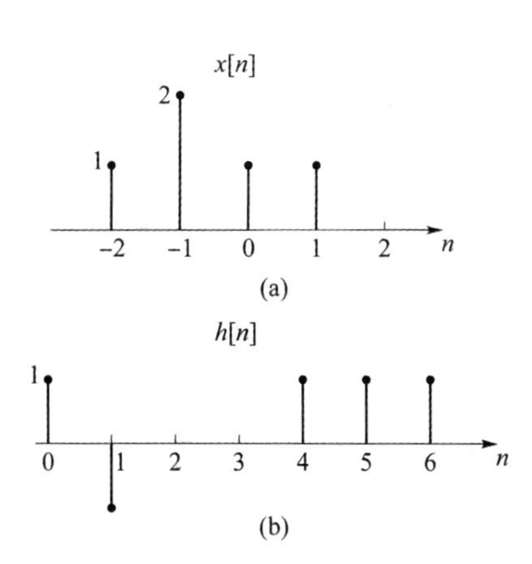

图3.6　习题3.9(c)用图

(a) $x[n]$;(b) $h[n]$

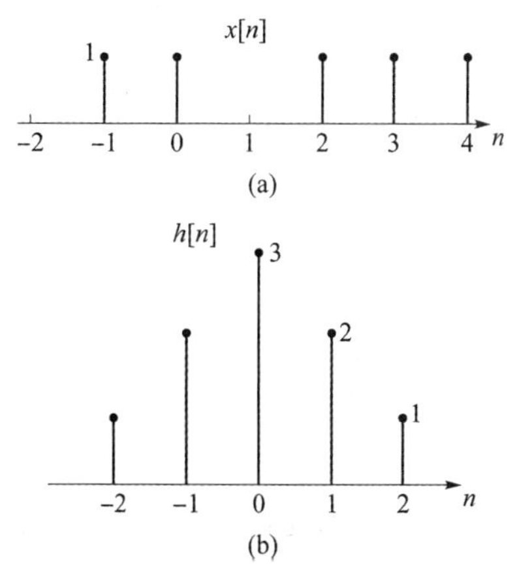

图3.7　习题3.9(d)用图

(a) $x[n]$;(b) $h[n]$

解:(a) $x[n]=\{-1,1,-1,1,-1,1,-1,\underset{\uparrow}{1}\}$

$h[n]=\{1,1,1,1,1,1,1,1\}$

用阵列法求卷积,如图3.8所示。

	-1	1	-1	1	-1	1	-1	↓ 1
→ 1	-1	1	-1	1	-1	1	-1	1
1	-1	1	-1	1	-1	1	-1	1
1	-1	1	-1	1	-1	1	-1	1
1	-1	1	-1	1	-1	1	-1	1
1	-1	1	-1	1	-1	1	-1	1
1	-1	1	-1	1	-1	1	-1	1
1	-1	1	-1	1	-1	1	-1	1
1	-1	1	-1	1	-1	1	-1	1

图 3.8　用阵列法求卷积(a)

$$x[n]*h[n]=\{-1,0,-1,0,-1,0,-1,0,1,\underset{\uparrow}{0},1,0,1,0,1\}$$

(b) 用阵列法求卷积,如图 3.9 所示。

	0	0	1	1	1	1	1	1	0	0	0	1	1	1	1	1	1
1	0	0	1	1	1	1	1	1	0	0	0	1	1	1	1	1	1
1	0	0	1	1	1	1	1	1	0	0	0	1	1	1	1	1	1
1	0	0	1	1	1	1	1	1	0	0	0	1	1	1	1	1	1
1	0	0	1	1	1	1	1	1	0	0	0	1	1	1	1	1	1
1	0	0	1	1	1	1	1	1	0	0	0	1	1	1	1	1	1

图 3.9　用阵列法求卷积(b)

$$x[n]*h[n]=\{0,0,1,2,3,4,5,5,4,3,2,2,2,3,4,5,5,4,3,2,1\}$$

(c) 用阵列法求卷积,如图 3.10 所示。

	↓ 1	-1	0	0	1	1
1	1	-1	0	0	1	1
2	2	-2	0	0	2	2
→ 1	1	-1	0	0	1	1
1	1	-1	0	0	1	1

图 3.10　用阵列法求卷积(c)

$$x[n]*h[n]=\{1,1,-1,0,0,3,3,2,1\}$$

(d) 用阵列法求卷积,如图 3.11 所示。

	1	2	↓ 3	2	1
1	1	2	3	2	1
→ 1	1	2	3	2	1
0	0	0	0	0	0
1	1	2	3	2	1
1	1	2	3	2	1

图 3.11　用阵列法求卷积(d)

$$x[n]*h[n]=\{1,3,5,6,6,6,5,3,1\}$$

3.10　已知序列 $x[n]$ 的一阶后向差分为

$$\nabla x[n]=x[n]-x[n-1]$$

求：(a) $\nabla^2 x[n]=\nabla(\nabla x[n])$；　(b) $\nabla^3 x[n]$；

(c) $\nabla u[n]$；　(d) $\nabla nu[n]$。

解：(a) $\nabla^2 x[n]=\nabla(\nabla x[n])$

$$=(x[n]-x[n-1])-(x[n-1]-x[n-2])$$

$$=x[n]-2x[n-1]+x[n-2]$$

(b) $\nabla^3 x[n]=\nabla(\nabla^2 x[n])$

$$=(x[n]-2x[n-1]+x[n-2])-(x[n-1]-2x[n-2]+x[n-3])$$

$$=x[n]-3x[n-1]+3x[n-2]-x[n-3]$$

(c) $\nabla u[n]=u[n]-u[n-1]=\delta[n]$

(d) $\nabla nu[n]=nu[n]-(n-1)u[n-1]$

$$=nu[n]-nu[n-1]+u[n-1]$$

$$=u[n-1]$$

3.11　在 LTI 离散时间系统中，

(a) 已知 $x[n]=u[n]$ 时的零状态响应（单位阶跃响应）为 $s[n]$，求单位抽样响应 $h[n]$；

(b) 已知 $h[n]$，求 $s[n]$。

解：(a) $s[n]=h[n]*u[n]$

$$s[n-1]=s[n]*\delta[n-1]=h[n]*u[n]*\delta[n-1]=h[n]*u[n-1]$$

$$s[n]-s[n-1]=h[n]*(u[n]-u[n-1])=h[n]*\delta[n]$$

所以：$h[n]=s[n]-s[n-1]$

(b) $u[n]=\sum\limits_{k=-\infty}^{n}\delta[k]$

所以：$s[n]=\sum\limits_{k=-\infty}^{n}h[k]$

3.12　已知 LTI 离散时间系统的差分方程为

$$y[n]-0.7y[n-1]+0.1y[n-2]=2x[n]-3x[n-2]$$

输入 $x[n]=u[n]$。初始状态 $y_0[-1]=-26$，$y_0[-2]=-202$，求：(a) 零响应输入；(b) 零状态响应；(c) 全响应，并指出其中的自由响应分量和受迫响应分量，以及暂态响应分量和稳态响应分量。

解：$\lambda^2-0.7\lambda+1=0\Rightarrow\lambda_1=\dfrac{1}{2},\lambda_2=\dfrac{1}{5}$

(a) $y_0[n]=C_1\cdot\left(\dfrac{1}{2}\right)^n+C_2\cdot\left(\dfrac{1}{5}\right)^n$

$$\begin{cases}y_0[-1]=2C_1+5C_2=-26\\y_0[-2]=4C_1+25C_2=-202\end{cases}\Rightarrow C_1=12,\quad C_2=-10$$

所以：$y_0[n]=\left[12\cdot\left(\dfrac{1}{2}\right)^n-10\cdot\left(\dfrac{1}{5}\right)^n\right]u[n]$

(b) $\hat{h}[n]=C_3\cdot\left(\frac{1}{2}\right)^n+C_4\cdot\left(\frac{1}{5}\right)^n$

$$\begin{cases}\hat{h}[0]=C_3+C_4=1\\ \hat{h}[-1]=2C_3+5C_4=0\end{cases}\Rightarrow C_3=\frac{5}{3},C_4=-\frac{2}{3}$$

$$\hat{h}[n]=\left[\frac{5}{3}\left(\frac{1}{2}\right)^n-\frac{2}{3}\left(\frac{1}{5}\right)^n\right]u[n]$$

$$\begin{aligned}h[n]&=2\hat{h}[n]-3\hat{h}[n-2]\\&=2\cdot\left[\frac{5}{3}\left(\frac{1}{2}\right)^n-\frac{2}{3}\left(\frac{1}{5}\right)^n\right]u[n]-3\cdot\left[\frac{5}{3}\left(\frac{1}{2}\right)^{n-2}-\frac{2}{3}\left(\frac{1}{5}\right)^{n-2}\right]u[n-2]\\&=\left[\frac{10}{3}\left(\frac{1}{2}\right)^n-\frac{4}{3}\left(\frac{1}{5}\right)^n\right]u[n]-\left[\frac{15}{3}\left(\frac{1}{2}\right)^{n-2}-2\left(\frac{1}{5}\right)^{n-2}\right]u[n-2]\end{aligned}$$

$$\begin{aligned}y_x[n]&=x[n]*h[n]\\&=u[n]*\left[\frac{10}{3}\left(\frac{1}{2}\right)^n-\frac{4}{3}\left(\frac{1}{5}\right)^n\right]u[n]-u[n]*\left[\frac{15}{3}\left(\frac{1}{2}\right)^{n-2}-2\left(\frac{1}{5}\right)^{n-2}\right]u[n-2]\\&=\frac{10}{3}\sum_{k=0}^{n}\left(\frac{1}{2}\right)^k u[n]-\frac{4}{3}\sum_{k=0}^{n}\left(\frac{1}{5}\right)^k u[n]-20\sum_{k=0}^{n}\left(\frac{1}{2}\right)^k u[n-2]+50\sum_{k=0}^{n}\left(\frac{1}{5}\right)^k u[n-2]\\&=\frac{10}{3}\frac{1-\left(\frac{1}{2}\right)^{n+1}}{1-\frac{1}{2}}u[n]-\frac{4}{3}\frac{1-\left(\frac{1}{5}\right)^{n+1}}{1-\frac{1}{5}}u[n]-20\times\frac{1-\left(\frac{1}{2}\right)^{n+1}}{1-\frac{1}{2}}u[n-2]+\\&\quad 50\times\frac{1-\left(\frac{1}{5}\right)^{n+1}}{1-\frac{1}{5}}u[n-2]\\&=\left\{\frac{20}{3}\left[1-\left(\frac{1}{2}\right)^{n+1}\right]-\frac{5}{3}\left[1-\left(\frac{1}{5}\right)^{n+1}\right]\right\}u[n]-\\&\quad\left\{40\left[1-\left(\frac{1}{2}\right)^{n+1}\right]-\frac{250}{4}\left[1-\left(\frac{1}{5}\right)^{n+1}\right]\right\}u[n-2]\end{aligned}$$

(c) $y[n]=y_0[n]+y_x[n]$

$$\begin{aligned}&=\left.\begin{aligned}&\left[12\cdot\left(\frac{1}{2}\right)^n-10\left(\frac{1}{5}\right)^n\right]u[n]-\frac{20}{3}\cdot\left(\frac{1}{2}\right)^{n+1}u[n]+\frac{5}{3}\cdot\left(\frac{1}{5}\right)^{n+1}u[n]+\\&40\left(\frac{1}{2}\right)^{n+1}u[n-2]-\frac{250}{4}\left(\frac{1}{5}\right)^{n+1}u[n-2]+\end{aligned}\right\}\text{自然响应（暂态响应）}\\&\underbrace{5u[n]-\frac{45}{2}u[n-2]}_{\text{受迫响应（稳态响应）}}\end{aligned}$$

3.13　图 3.12 所示的 LTI 离散时间系统包括两个级联的子系统，它们的单位抽样响应分别为

$$h_1[n]=\left(-\frac{1}{2}\right)^n u[n],h_2[n]=u[n]+\frac{1}{2}u[n-1]$$

设 $x[n]=u[n]$，计算 $y[n]$。

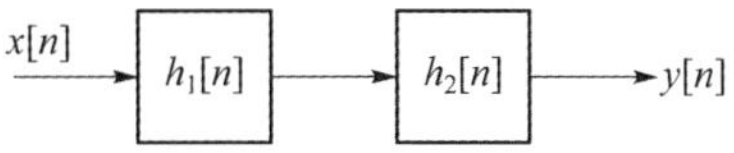

$x[n]$ → $h_1[n]$ → $h_2[n]$ → $y[n]$

图 3.12　离散时间系统

解：

$$\begin{aligned}
y[n]&=x[n]*h_1[n]*h_2[n]\\
&=u[n]*\left(-\frac{1}{2}\right)^n u[n]*\left(u[n]+\frac{1}{2}u[n-1]\right)\\
&=u[n]*u[n]*\left(-\frac{1}{2}\right)^n u[n]+u[n]*\frac{1}{2}u[n]*\left(-\frac{1}{2}\right)^n u[n]*\delta[n-1]\\
&=(n+1)u[n]*\left(-\frac{1}{2}\right)^n u[n]+\frac{1}{2}(n+1)u[n]*\left(-\frac{1}{2}\right)^n u[n]*\delta[n-1]\\
&=(n+1)u[n]*\left(\left(-\frac{1}{2}\right)^n u[n]+\frac{1}{2}\left(-\frac{1}{2}\right)^n u[n]*\delta[n-1]\right)\\
&=(n+1)u[n]*\left(\left(-\frac{1}{2}\right)^n u[n]+\frac{1}{2}\left(-\frac{1}{2}\right)^{n-1} u[n-1]\right)\\
&=(n+1)u[n]*\left(-\frac{1}{2}\right)^n (u[n]-u[n-1])\\
&=(n+1)u[n]*\delta[n]\\
&=(n+1)u[n]
\end{aligned}$$

3.14　在图 3.12 所示的 LTI 级联系统中，已知

$$h_1[n]=\sin 8n,\ h_2[n]=\alpha^n u[n],|\alpha|<1$$

输入为

$$x[n]=\delta[n]-\alpha\delta[n-1]$$

求输出 $y[n]$。

解：

$$\begin{aligned}
y[n]&=x[n]*h_1[n]*h_2[n]\\
&=h_1[n]*(x[n]*h_2[n])\\
&=h_1[n]*(\delta[n]-\alpha\delta[n-1])*\alpha^n u[n]\\
&=h_1[n]*(\alpha^n u[n]-\alpha^n u[n-1])\\
&=h_1[n]*\delta[n]\\
&=\sin 8n
\end{aligned}$$

3.15　图 3.13 描绘 LTI 系统的互联。

(a) 试用 $h_1[n]$、$h_2[n]$、$h_3[n]$、$h_4[n]$、$h_5[n]$ 表示系统单位抽样响应 $h[n]$；

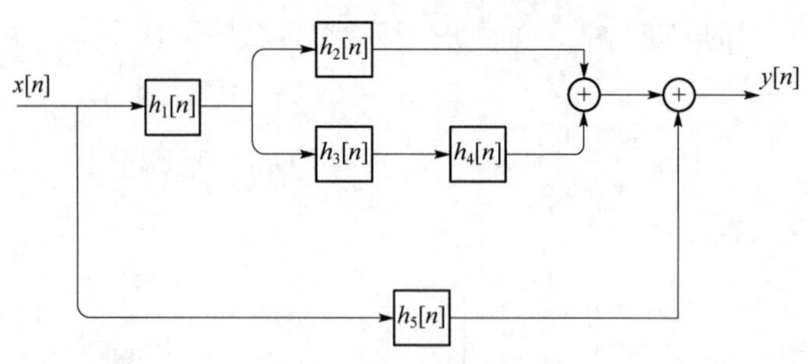

图 3.13　LTI 系统的互联

(b) 当 $h_1[n]=4\left(\frac{1}{2}\right)^n(u[n]-u[n-3])$，$h_2[n]=h_3[n]=(n+1)u[n]$；$h_4[n]=\delta[n-1]$，$h_5[n]=\delta[n]-4\delta[n-3]$时，求 $h[n]$；

(c) 若 $x[n]$如图 3.14 所示，求 $y[n]$。

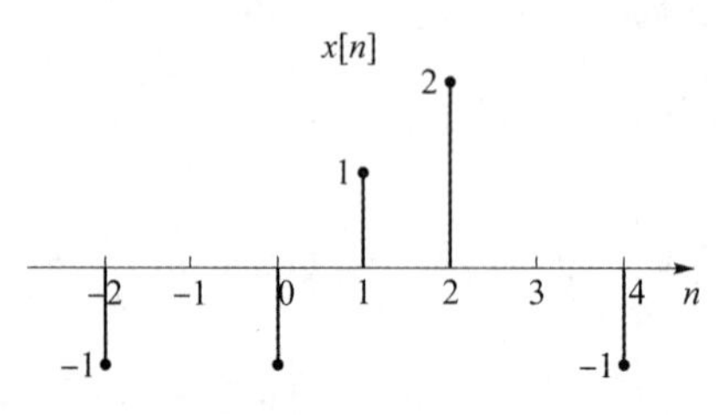

图 3.14　$x[n]$的波形

解：(a) $h[n]=h_1[n]*(h_2[n]-h_3[n]*h_4[n])+h_5[n]$

(b)
$$h[n]=4\left(\frac{1}{2}\right)^n(u[n]-u[n-3])*\{h_2[n]*(\delta[n]-\delta[n-1])\}+\delta[n]-4\delta[n-3]$$
$$=4\left(\frac{1}{2}\right)^n(\delta[n]+\delta[n-1]+\delta[n-2])*((n+1)u[n]-nu[n-1])+$$
$$\delta[n]-4\delta[n-3]$$
$$=\delta[n]-4\delta[n-3]+4u[n]+2u[n-1]+u[n-2]$$

(c)
$$h[n]=\delta[n]-4\delta[n-3]+4u[n]+2u[n-1]+u[n-2]$$
$$=5\delta[n]+6\delta[n-1]-4\delta[n-3]+7u[n-2]=\tilde{h}[n]+7u[n-2]$$

$$x[n]=\{-1,0,\underset{\uparrow}{-1},1,2,0,-1\}$$

$$y[n]=x[n]*h[n]=x[n]*(\tilde{h}[n]+7u[n-2])$$

$$x[n]*7u[n-2]=(-\delta[n+2]-\delta[n]+\delta[n-1]+2\delta[n-2]-\delta[n-4])*7u[n-2]$$
$$=-7u[n]-7u[n-2]+7u[n-3]+14u[n-4]-7u[n-6]$$
$$=-7(\delta[n]+\delta[n-1]+2\delta[n-2]+\delta[n-3]-\delta[n-4]-\delta[n-5])$$
$$=\{\underset{\uparrow}{-7},-7,-14,-7,7,7\}$$

用阵列法求卷积，$x[n]*\tilde{h}[n]$如图 3.15 所示。

	−1	0	↓ −1	1	2	0	−1
→5	−5	0	−5	5	10	0	−5
6	−6	0	−6	6	12	0	−6
0	0	0	0	0	0	0	0
−4	4	0	4	−4	−8	0	4

图 3.15　用阵列法求卷积

$$x[n]*\tilde{h}[n]=\{-5,-6,\underset{\uparrow}{-5},3,16,16,-9,-14,0,4\}$$

所以：$y[n]=x[n]*h[n]=\{-5,-6,-12,-4,2,9,-2,-7,0,4\}$

3.16　三个因果的 LTI 系统级联如图 3.16 所示，已知 $h_2[n]=u[n]-u[n-2]$，整个系统的单位抽样响应 $h[n]$ 如图 3.17 所示。

(a) 求 $h_1[n]$；

(b) 对输入 $x[n]=\delta[n]-\delta[n-1]$ 的响应。

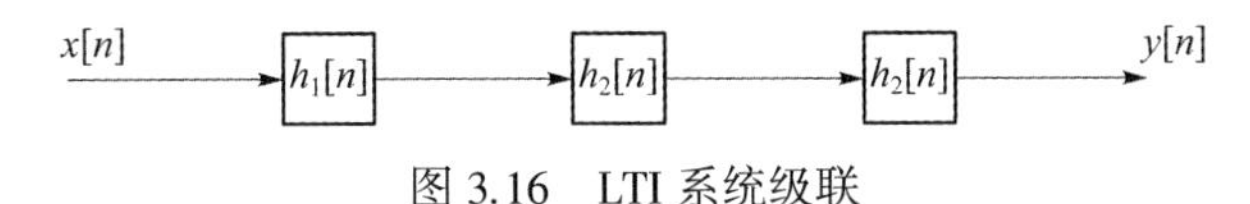

图 3.16　LTI 系统级联

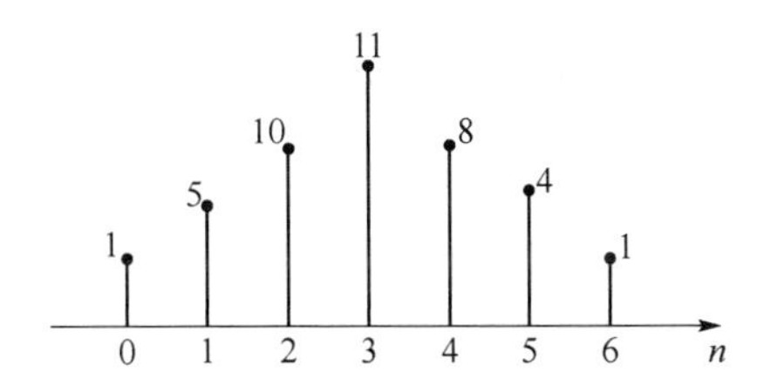

图 3.17　系统的单位抽样响应

解：(a) $h_2[n]=u[n]-u[n-2]=\delta[n]+\delta[n-1]$

$$h_2[n]*h_2[n]=(\delta[n]+\delta[n-1])*(\delta[n]+\delta[n-1])$$
$$=\delta[n]+2\delta[n-1]+\delta[n-2]$$
$$h[n]=h_1[n]*h_2[n]*h_2[n]$$
$$=h_1[n]*(\delta[n]+2\delta[n-1]+\delta[n-2])$$
$$=h_1[n]+2h_1[n-1]+h_1[n-2]$$

所以：$h_1[n]=h[n]-2h_1[n-1]-h_1[n-2]$

因为系统是因果的，所以 $h_1[n]=0,n<0$。

递推得：$h_1[0]=h[0]=1$

$$h_1[1]=h[1]-2h_1[0]=3$$
$$h_1[2]=h[2]-2h_1[1]-h_1[0]=3$$
$$h_1[3]=h[3]-2h_1[2]-h_1[1]=2$$
$$h_1[4]=h[4]-2h_1[3]-h_1[2]=1$$
$$h_1[5]=h[5]-2h_1[4]-h_1[3]=0\cdots n\geqslant 5$$

所以：$h_1[n]=\{1,3,3,2,1\}$

(b) $y[n]=x[n]*h[n]$

$=x[n]*(\delta[n]-\delta[n-1])$

$=h[n]-h[n-1]$

$=\{1,4,5,1,-3,-4,-3,-1\}$

3.17　计算下列卷积和

$$x_1[n]=x_2[n]=\begin{cases}1, & 0\leqslant n\leqslant 4\\ 0, & \text{其他}\end{cases}, y[n]=x_1[n]*x_2[n]$$

分别用下列两种方法求其卷积和和 $y[n]$，并画出 $y[n]$ 的图形。

(a) 图解法；(b) 阵列法。

解：(a) 图解法求卷积和，如图 3.18 所示。

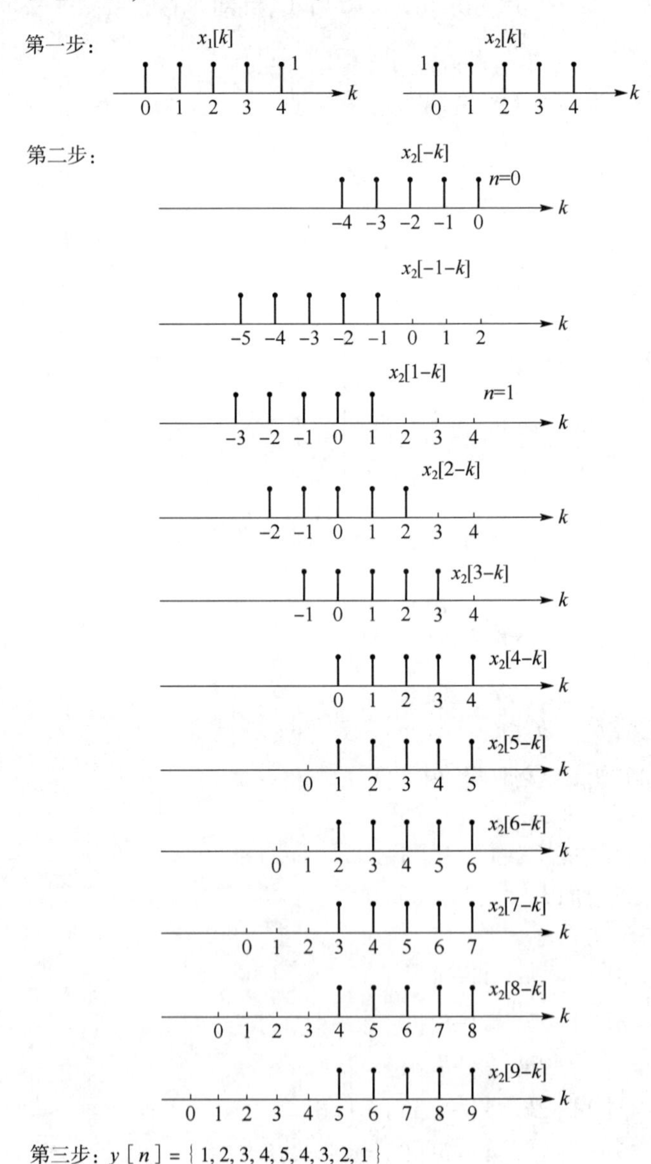

图 3.18　图解法求卷积和

(b) 由阵列法求卷积和,如图 3.19 所示。

1	1	1	1	1	1
1	1	1	1	1	1
1	1	1	1	1	1
1	1	1	1	1	1
1	1	1	1	1	1
1	1	1	1	1	1

图 3.19　用阵列法求卷积和

3.18　已知序列 $x_1[n]=\{3,1,3,\underset{\uparrow}{1},3,1,3\}$, $x_2[n]=\{1,2,1\}$,试用阵列法求其卷积和。

解:

用阵列法求卷积和,如图 3.20 所示。

	3	1	3	1 (↓)	3	1	3
→ 1	3	1	3	1	3	1	3
2	6	2	6	2	6	2	6
1	3	1	3	1	3	1	3

图 3.20　用阵列法求卷积和

$$x_1[n]*x_2[n]=\{3,7,\underset{\uparrow}{8},8,8,8,8,7,3\}$$

3.19　计算下列卷积和。

(a) $\{3,2,1,-3\}*\{4,8,-2\}$;

(b) $\{3,2,1,\underset{\uparrow}{-3}\}*\{4,8,-2\}$;

(c) $\{10,-3,6,8,4,0,1\}*\left\{\frac{1}{2},\underset{\uparrow}{\frac{1}{2}},\frac{1}{2},\frac{1}{2}\right\}$;

(d) $\left(\frac{1}{2}\right)^n u[n]*u[n]$。

解:(a) 用阵列法求卷积和,如图 3.21 所示。

	3	2	1	−3
4	12	8	4	−12
8	24	16	8	−24
−2	−6	−4	−2	6

图 3.21　用阵列法求卷积和(a)

$$x_1[n] * x_2[n] = \{12,32,14,-8,-26,6\}$$

(b) 用阵列法求卷积和,如图 3.22 所示。

	3	2	1	↓ -3
→ 4	12	8	4	-12
8	24	16	8	-24
-2	-6	-4	-2	6

图 3.22　用阵列法求卷积和(b)

$$y[n] = \{12,32,14,\underset{\uparrow}{-8},-26,6\}$$

(c) 用阵列法求卷积和,如图 3.23 所示。

	↓ 10	-3	6	8	4	0	1
$\frac{1}{2}$	5	$-\frac{3}{2}$	3	4	2	0	$\frac{1}{2}$
→ $\frac{1}{2}$	5	$-\frac{3}{2}$	3	4	2	0	$\frac{1}{2}$
$\frac{1}{2}$	5	$-\frac{3}{2}$	3	4	2	0	$\frac{1}{2}$
$\frac{1}{2}$	5	$-\frac{3}{2}$	3	4	2	0	$\frac{1}{2}$

图 3.23　用阵列法求卷积和(c)

$$x_1[n] * x_2[n] = \left\{5,\underset{\uparrow}{\frac{7}{2}},\frac{13}{2},\frac{21}{2},\frac{15}{2},9,\frac{13}{2},\frac{5}{2},\frac{1}{2},\frac{1}{2}\right\}$$

(d)

$$\left(\frac{1}{2}\right)^n u[n] * u[n] = \sum_{k=-\infty}^{\infty}\left(\frac{1}{2}\right)^k u[k]u[n-k]$$

$$= \sum_{k=0}^{n}\left(\frac{1}{2}\right)^k = \frac{1-\left(\frac{1}{2}\right)^{n+1}}{1-\frac{1}{2}} = 2\left[1-\left(\frac{1}{2}\right)^{n+1}\right]u[n]$$

3.20　各系统的单位抽样响应分别如下,讨论各系统的因果性和稳定性。

(a) $\delta[n]+\delta[n-2]$;　(b) $\delta[n+6]$;　(c) $u[n]$;　(d) $u[-n]$;

(e) $\frac{1}{n}u[n]$;　(f) $\frac{1}{n!}u[n]$;　(g) $u[n+4]-u[n-4]$;　(h) $\left(\frac{1}{2}\right)^n u[1-n]$。

解:(a)因果,稳定;(b)非因果,稳定;(c)因果,不稳定;(d)非因果,不稳定;(e)因果,不稳定;(f)因果,稳定;(g)非因果,稳定;(h)非因果,不稳定。

3.21　把下列序列表示成抽样序列的和。

(a) $\{3,\underset{\uparrow}{2},1,-3,4\}$；　　(b) $\{10,-3,6,\underset{\uparrow}{8},4,0,1,3\}$；

(c) $\{10,-3,\underset{\uparrow}{6},8,4,0,1,3\}$；　　(d) $\{1,0,2,0,3,0,4,0,5\}$。

解：(a) $x_1[n]=3\delta[n+1]+2\delta[n]+\delta[n-1]-3\delta[n-2]+4\delta[n-3]$

(b) $x_2[n]=10\delta[n+2]-3\delta[n+1]+6\delta[n]+8\delta[n-1]+4\delta[n-2]+\delta[n-4]+3\delta[n-5]$

(c) $x[n]=10\delta[n+2]-3\delta[n-1]+6\delta[n]+8\delta[n-1]+4\delta[n-2]+\delta[n-4]+3\delta[n-5]$

(d) $x[n]=\delta[n]+2\delta[n-2]+3\delta[n-4]+4\delta[n-6]+5\delta[n-8]$

3.22　用递推法求解差分方程，初始条件为零。

$$y[n]-\frac{1}{9}y[n-1]=u[n]$$

解：$y[n]=u[n]+\frac{1}{9}y[n-1]$

$$y[0]=u[0]+\frac{1}{9}y[-1]=1$$

$$y[1]=u[1]+\frac{1}{9}y[0]=1+\frac{1}{9}$$

$$y[2]=u[2]+\frac{1}{9}y[1]=1+\frac{1}{9}\left(1+\frac{1}{9}\right)=1+\frac{1}{9}+\frac{1}{9^2}$$

$$y[3]=u[3]+\frac{1}{9}y[2]=1+\frac{1}{9}\left[1+\frac{1}{9}\left(1+\frac{1}{9}\right)\right]=1+\frac{1}{9}+\frac{1}{9^2}+\frac{1}{9^3}$$

$$\vdots$$

$$y[n]=\frac{1-\left(\frac{1}{9}\right)^{n+1}}{1-\frac{1}{9}}=\frac{9}{8}\left[1-\left(\frac{1}{9}\right)^{n+1}\right]u[n]$$

3.23　已知某 LTI 系统的单位抽样响应

$$h[n]=\left(\frac{1}{2}\right)^n(u[n]+u[n-2])$$

(a) 若系统为零状态，试写出该系统的差分方程；

(b) 画出系统框图。

解：(a) 由 $h[n]$ 的形式可知方程形式为

$$y[n]-\frac{1}{2}y[n-1]=b_0x[n]+b_1x[n-1]+b_2x[n-2]$$

根据 $h[n]$ 的定义，有

$$h[n]-\frac{1}{2}h[n-1]=b_0\delta[n]+b_1\delta[n-1]+b_2\delta[n-2]$$

$n=0$ 时，$h[0]-\frac{1}{2}h[-1]=b_0=1$

$n=1$ 时，$h[1]-\frac{1}{2}h[0]=\frac{1}{2}-\frac{1}{2}=0=b_1$

$n=2$ 时，$h[2]-\frac{1}{2}h[1]=\frac{1}{2}-\frac{1}{2}\cdot\frac{1}{2}=\frac{1}{4}=b_2$

故差分方程为：$y[n]-\frac{1}{2}y[n-1]=x[n]+\frac{1}{4}x[n-2]$

(b) 画出的系统框图如图 3.24 所示。

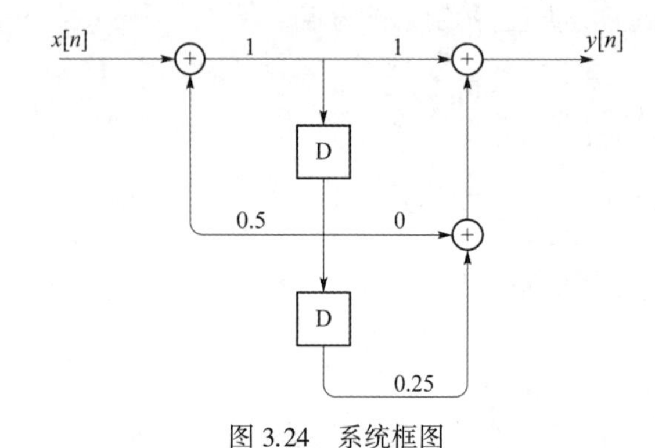

图 3.24　系统框图

3.24　已知序列 $x[n]=\{1,2,3,4,\cdots\}$，$y[n]=x[n]*h[n]=\delta[n]$，求 $h[n]$。

解：由阵列法求卷积和，如图 3.25 所示。由此可知：

$y[0]=h[0]=1$

$h[1]+2h[0]=0\Rightarrow h[1]=-2$

$h[2]+2h[1]+3h[0]=0\Rightarrow h[2]=1$

$h[3]+2h[2]+3h[1]+4h[0]=0\Rightarrow h[3]=0$

$\vdots$

所以：$h[n]=\{1,-2,1\}$

	1	2	3	4	…
h[0]	h[0]	2h[0]	3h[0]	4h[0]	
h[1]	h[1]	2h[1]	3h[1]	4h[1]	…
h[2]	h[2]	2h[2]	3h[2]	4h[2]	
h[3]	h[3]	2h[3]	3h[3]	4h[3]	

图 3.25　用阵列法求卷积

3.25　已知二阶 LTI 离散时间系统的单位阶跃响应为

$$s[n]=[2^n+3\cdot(5)^n+10]u[n]$$

(a) 若系统为零状态，试写出该系统的差分方程；

(b) 画出该系统的模拟框图。

解：(a) $h[n]=s[n]-s[n-1]$

$$=[2^n+3\cdot 5^n+10]u[n]-[2^{n-1}+3\cdot 5^{n-1}+10]u[n-1]$$

$$=\frac{1}{2}\cdot 2^n u[n]+\frac{12}{5}\cdot 5^n u[n]+\frac{111}{10}\delta[n]$$

特征方程为：$(\lambda-2)(\lambda-5)=\lambda^2-7\lambda+10$

可得差分方程形式为：

$$y[n]-7y[n-1]+10y[n-2]=b_0x[n]+b_1x[n-1]+b_2x[n-2]$$

由 $h[n]-7h[n-1]+10h[n-2]=b_0\delta[n]+b_1\delta[n-1]+b_2\delta[n-2]$得出：

$n=0$ 时，$h[0]-7h[-1]+10h[-2]=b_0=14$

$n=1$ 时，$h[1]-7h[0]+10h[-1]=b_1=13-7\times14=-85$

$n=2$ 时，$h[2]-7h[1]+10h[0]=62-7\times13+10\times14=b_2=111$

所以：$y[n]-7y[n-1]+10y[n-2]=14x[n]-85x[n-1]+111x[n-2]$

(b) 画出的系统框图如图 3.26 所示。

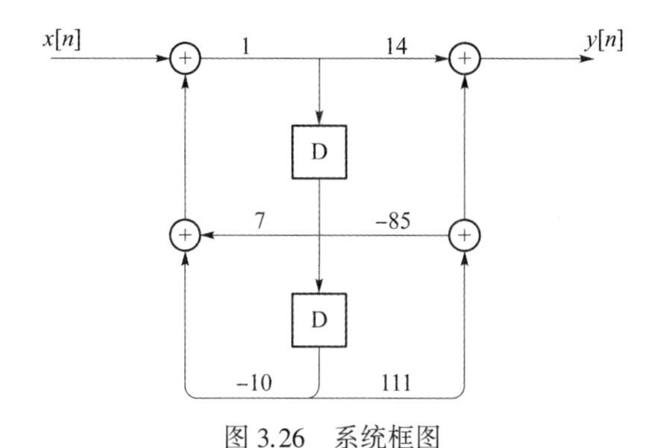

图 3.26　系统框图

3.26　已知二阶 LTI 离散时间系统的单位抽样响应

$$h[n]=2\left(\frac{\sqrt{2}}{2}\right)^n\sin\frac{\pi n}{4}u[n]$$

(a) 试写出该系统的差分方程；

(b) 画出该系统的模拟框图。

解：由 $h[n]$可知特征根为：$\lambda_1=\frac{\sqrt{2}}{2}e^{j\frac{\pi}{4}}$，$\lambda_2=\frac{\sqrt{2}}{2}e^{-j\frac{\pi}{4}}$

(a) 根据特征根可写出特征方程为：

$\left(\lambda-\frac{\sqrt{2}}{2}e^{j\frac{\pi}{4}}\right)\left(\lambda-\frac{\sqrt{2}}{2}e^{-j\frac{\pi}{4}}\right)=\lambda^2-\lambda+\frac{1}{2}$，则差分方程形式为：

$$y[n]-y[n-1]+\frac{1}{2}y[n-2]=b_0x[n]+b_1x[n-1]+b_2x[n-2]$$

$$h[n]-h[n-1]+\frac{1}{2}h[n-2]=b_0\delta[n]+b_1\delta[n-1]+b_2\delta[n-2]$$

$n=0$ 时，$h[0]-h[-1]+\frac{1}{2}h[-2]=0=b_0$

$n=1$ 时，$h[1]-h[0]+\frac{1}{2}h[-1]=\sqrt{2}\times\frac{\sqrt{2}}{2}=1=b_1$

$n=2$ 时，$h[2]-h[1]+\frac{1}{2}h[0]=1-1=0=b_2$

所以差分方程为：$y[n]-y[n-1]+\frac{1}{2}y[n-2]=x[n-1]$

(b) 画出的系统模拟框图如图 3.27 所示。

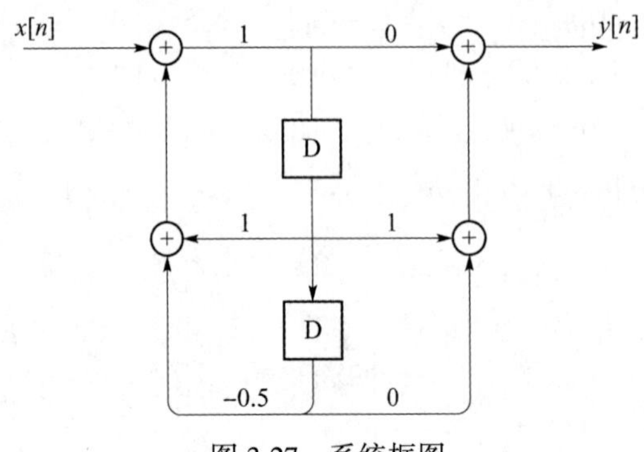

图 3.27　系统框图

第四章　连续时间信号的谱分析

一、基本要求

① 掌握周期信号的傅里叶级数、频谱及特点，会画频谱图；

② 掌握非周期信号的傅里叶变换，以及傅里叶变换与傅里叶级数的关系；

③ 掌握典型信号的傅里叶变换，灵活运用傅里叶变换的性质；

④ 掌握功率信号与功率谱、能量信号与能量谱的概念，会在时域与频域中求解信号的功率与能量。

二、知识要点

1. 周期信号的频谱分析

以 T_0 为周期的满足狄里赫利条件的周期信号 $x(t)$，可以表示成傅里叶级数，包括复指数形式和三角形式。

（1）复指数形式的傅里叶级数

$$x(t)=\sum_{k=-\infty}^{\infty}C_k e^{jk\omega_0 t},\omega_0=\frac{2\pi}{T_0}$$

$$C_k=\frac{1}{T_0}\int_{T_0}x(t)e^{-jk\omega_0 t}dt,k=0,\ \pm 1,\cdots,\ \pm\infty$$

对于实信号 $x(t)$，C_k 满足共轭对称性：$C_{-k}=C_k^*$。

（2）三角形式的傅里叶级数

① 直角坐标形式：

$$x(t)=C_0+\sum_{k=1}^{\infty}(2B_k\cos k\omega_0 t-2D_k\sin k\omega_0 t)$$

$$2B_k=\frac{2}{T_0}\int_{T_0}x(t)\cos k\omega_0 t dt$$

$$-2D_k=\frac{2}{T_0}\int_{T_0}x(t)\sin k\omega_0 t dt$$

② 极坐标形式：

$$x(t)=C_0+\sum_{k=1}^{\infty}2A_k\cos(k\omega_0 t+\theta_k)$$

$$C_k=A_k e^{j\theta_k}=B_k+jD_k$$

在将周期信号展开为傅里叶级数时，遵循以下三个步骤：

① 明确信号周期 T_0，求出基波频率 $\omega_0=\dfrac{2\pi}{T_0}$；

② 利用相应公式计算出傅里叶系数；

③ 将傅里叶系数代入对应的级数表达式中，写出级数形式。

在求解傅里叶系数的过程中，可有三种简便方法：

① 根据傅里叶系数与波形对称性的关系，如表 4.1 所示。

表 4.1　傅里叶系数与波形对称性

<table>
<tr><th>对称性</th><th>傅里叶级数中
所含分量</th><th>系数 $2B_k$</th><th>系数 $-2D_k$</th></tr>
<tr><td>偶对称
$x(t)=x(-t)$</td><td>cos 项</td><td>$\frac{4}{T}\int_0^{\frac{T}{2}}x(t)\cos k\omega_0 t\mathrm{d}t$</td><td>0</td></tr>
<tr><td>奇对称
$x(t)=-x(-t)$</td><td>sin 项</td><td>0</td><td>$\frac{4}{T}\int_0^{\frac{T}{2}}x(t)\sin k\omega_0 t\mathrm{d}t$</td></tr>
<tr><td>偶半波对称
$x(t)=x\left(t\pm\frac{T}{2}\right)$</td><td>偶次谐波</td><td rowspan="2">$\frac{4}{T}\int_0^{\frac{T}{2}}x(t)\cos k\omega_0 t\mathrm{d}t$</td><td rowspan="2">$\frac{4}{T}\int_0^{\frac{T}{2}}x(t)\sin k\omega_0 t\mathrm{d}t$</td></tr>
<tr><td>奇半波对称
$x(t)=-x\left(t\pm\frac{T}{2}\right)$</td><td>奇次谐波</td></tr>
</table>

② 利用傅里叶级数与傅里叶变换的关系：

$$C_k=\frac{1}{T_0}X(\omega)\Big|_{\omega=k\omega_0},\quad \omega_0=\frac{2\pi}{T_0}$$

先求一个周期内信号的傅里叶变换 $X(\omega)$，然后利用上式求出 C_k。

③ 运用傅里叶级数的性质。

2. 周期信号的频谱

周期信号可通过傅里叶级数展开将其分解为频率成谐波关系的一组正弦信号之和。以正弦分量的振幅为纵坐标，谐波频率 $k\omega_0$ 为横坐标绘制成一个线状图形，即为信号的幅度谱；以正弦分量的相位为纵坐标，谐波频率 $k\omega_0$ 为横坐标绘制成的线状图形，即为信号的相位谱。幅度谱和相位谱合在一起称为信号的频谱，幅度谱和相位谱均分为单边谱和双边谱。

(1) 幅度谱

① 单边幅度谱：$2A_k$ 为纵坐标，$k\omega_0$ 为横坐标，$2A_k-k\omega_0, k=0,1,2,\cdots,\infty$。

② 双边幅度谱：$|C_k|$ 为纵坐标，$k\omega_0$ 为横坐标，$|C_k|-k\omega_0, k=0,\pm1,\pm2,\cdots,\pm\infty$。

$|C_{-k}|=|C_k|$，双边幅度谱呈偶函数特性，且 $|C_{-k}|+|C_k|=2A_k$。

(2) 相位谱

① 单边相位谱：$\arg C_k=\theta_k$ 为纵坐标，$k\omega_0$ 为横坐标，$\arg C_k-k\omega_0, k=0,1,2,\cdots,\infty$。

② 双边相位谱：按 $\theta_{-k}=-\theta_k$ 对称关系同时绘出 $k=-1,-2,\cdots,-\infty$ 的负频率范围图形，得到双边相位谱。

$$\arg C_k - k\omega_0, k=0,\pm1,\pm2,\cdots,\pm\infty$$

双边相位谱呈奇函数特性。

(3) 功率谱

以各正弦分量的平均功率 $|C_k|^2$ 为纵坐标，$k\omega_0$ 为横坐标，绘制的线状图。其仅与振幅有关，与相位无关。

① 双边功率谱：$|C_k|^2 - k\omega_0, k=0,\pm1,\pm2,\cdots,\pm\infty$；

② 单边功率谱：$\dfrac{|2A_k|^2}{2} - k\omega_0, k=0,1,2,\cdots,\infty$。

无论单边、双边功率谱，直流分量的平均功率都是 $|C_0|^2$。

周期信号的频谱具有离散性、谐波性、收敛性。信号功率主要集中于低频范围，因此存在信号的有效带宽。以周期矩形信号为例，其有效带宽为 $0\sim\dfrac{2\pi}{T_1}$，其中 T_1 是矩形波的脉冲宽度。

3. 非周期信号的傅里叶变换

满足狄里赫利条件的非周期信号都可以表示为傅里叶变换：

$$x(t)=\frac{1}{2\pi}\int_{-\infty}^{\infty}X(\omega)e^{j\omega t}d\omega$$

$$X(\omega)=\int_{-\infty}^{\infty}x(t)e^{-j\omega t}dt$$

其中 $X(\omega)$ 为频谱密度函数，简称频谱密度或频谱函数。同样，与周期信号频谱分析类似，$x(t)$ 的傅里叶变换 $X(\omega)$ 是 ω 的复函数，由此可绘出三种频谱函数图：幅度谱、相位谱和能量谱。这些谱图也分为单边谱和双边谱，但与周期信号的频谱的主要区别在于 C_k 是离散谱，$X(\omega)$ 是连续谱。

4. 常用信号傅里叶变换

如表 4.2 所示为常用傅里叶变换对。

表 4.2　常用傅里叶变换对

时间函数 $x(t)$		傅里叶变换 $X(\omega)$
1. 复指数信号	$e^{j\omega_0 t}$	$2\pi\delta(\omega-\omega_0)$
	$e^{j\omega_0 t}$	$2\pi\delta(\omega+\omega_0)$
2. 余弦波	$\cos\omega_0 t$	$\pi[\delta(\omega-\omega_0)+\delta(\omega+\omega_0)]$
3. 正弦波	$\sin\omega_0 t$	$-j\pi[\delta(\omega-\omega_0)-\delta(\omega+\omega_0)]$
4. 常数	1	$2\pi\delta(\omega)$
5. 周期波	$\sum_{k=-\infty}^{\infty}C_k e^{jk\omega_0 t}$	$2\pi\sum_{k=-\infty}^{\infty}C_k\delta(\omega-k\omega_0)$

续表

时间函数 $x(t)$		傅里叶变换 $X(\omega)$
6. 周期矩形脉冲	$\begin{cases}1, & \lvert t\rvert<T_1/2 \\ 0, & T_1/2<\lvert t\rvert<T_0/2\end{cases}$	$\sum\limits_{k=-\infty}^{\infty}\frac{2A\sin(k\omega_0 T_1/2)}{k}\delta(\omega-k\omega_0)$
7. 冲激串	$\sum\limits_{n=-\infty}^{\infty}\delta(t-nT)$	$\frac{2\pi}{T}\sum\limits_{k=-\infty}^{\infty}\delta\left(\omega-\frac{2\pi k}{T}\right)$
8. 门函数	$G_{T_1}(t)=\begin{cases}1, & \lvert t\rvert<T_1/2 \\ 0, & \lvert t\rvert>T_1/2\end{cases}$	$T_1\mathrm{sinc}\left(\frac{\omega T_1}{2}\right)$
9. 抽样函数	$\frac{\omega_c}{\pi}\mathrm{sinc}(\omega_c t)$	$G_{2\omega_c}(\omega)=\begin{cases}1, & \lvert\omega\rvert<\omega_c \\ 0, & \lvert\omega\rvert>\omega_c\end{cases}$
10. 单位冲激	$\delta(t)$	1
11. 延迟冲激	$\delta(t-t_0)$	$e^{-j\omega t_0}$
12. 正负号函数	$\mathrm{sgn}(t)$	$\frac{j\omega}{2}$
13. 单位阶跃	$u(t)$	$\frac{1}{j\omega}+\pi\delta(\omega)$
14. 单位斜坡	$tu(t)$	$j\pi\delta'(\omega)-\frac{1}{\omega^2}$
15. 单边指数脉冲	$e^{-at}u(t),\mathrm{Re}\{a\}>0$	$\frac{1}{a+j\omega}$
16. 双边指数脉冲	$e^{-a\lvert t\rvert},\mathrm{Re}\{a\}>0$	$\frac{2a}{a^2+\omega^2}$
17. 高斯脉冲	$e^{-(at)^2}$	$\frac{\sqrt{\pi}}{a}e^{-(\omega/2a)^2}$
18. 三角脉冲	$x(t)=\begin{cases}1-\frac{\lvert t\rvert}{T_1}, & \lvert t\rvert<T_1 \\ 0, & \text{其他}\end{cases}$	$T_1\left[\mathrm{sinc}\left(\frac{\omega T_1}{2}\right)\right]^2$
19.	$te^{-at}u(t),\mathrm{Re}\{a\}>0$	$\frac{1}{(a+j\omega)^2}$
20.	$\frac{t^{n-1}}{(n-1)!}e^{-at}u(t),\mathrm{Re}\{a\}>0$	$\frac{1}{(a+j\omega)^n}$
21. 减幅余弦	$e^{-at}\cos\omega_0 tu(t)$	$\frac{a+j\omega}{(a+j\omega)^2+\omega_0^2}$
22. 减幅正弦	$e^{-at}\sin\omega_0 tu(t)$	$\frac{\omega_0}{(a+j\omega)^2+\omega_0^2}$

续表

时间函数 $x(t)$		傅里叶变换 $X(\omega)$
23.	$\frac{1}{a^2+t^2}$	$\frac{\pi}{a}e^{-a\|\omega\|}$
24. 余弦脉冲	$G_{T_1}(t)\cos\omega_0 t$	$T_1\{\mathrm{sinc}[(\omega-\omega_0)T_1/2]+\mathrm{sinc}[(\omega+\omega_0)T_1/2]\}/2$

5. 傅里叶变换的性质

傅里叶变换的性质如表 4.3 所示。

表 4.3　傅里叶变换的性质

性质	时域 $x(t)$	频域 $X(\omega)$
1. 线性	$ax_1(t)+bx_2(t)$	$aX_1(\omega)+bX_2(\omega)$
2. 共轭对称性	$x(t)$为实函数	$X(-\omega)=X^*(\omega)$
3. 时移性	$x(t-t_0)$	$X(\omega)e^{-j\omega t_0}$
4. 频移性	$x(t)e^{j\omega_0 t}$	$X(\omega-\omega_0)$
5. 尺度变换	$x(at)$	$(1/\|a\|)X(\omega/a)$
6. 反转	$x(-t)$	$X(-\omega)$
7. 对偶性	$X(t)$	$2\pi x(-\omega)$
8. 时域微分	$\frac{dx(t)}{dt}$	$j\omega X(\omega)$
9. 频域微分	$-jtx(t)$	$\frac{dX(\omega)}{d\omega}$
10. 时域卷积	$x_1(t)*x_2(t)$	$X_1(\omega)X_2(\omega)$
11. 频域卷积	$x_1(t)x_2(t)$	$[X_1(\omega)*X_2(\omega)]/2\pi$
12. 时域积分	$\int_{-\infty}^{t}x(\tau)d\tau$	$X(\omega)/j\omega+\pi X(0)\delta(\omega)$
13. 频域积分	$(-1/jt)x(t)+\pi x(0)\delta(t)$	$\int_{-\infty}^{\omega}x(\eta)d\eta$
14. 相关定理	$x_1(t)\circ x_2(t)$	$X_1(\omega)X_2^*(\omega)$
15. 函数下面积	$\int_{-\infty}^{\infty}x(t)dt$	$=X(0)$
	$2\pi x(0)$	$=\int_{-\infty}^{\infty}x(\omega)d\omega$
16. 帕色伐尔定理	$\int_{-\infty}^{\infty}x^2(t)dt$	$=\frac{1}{2\pi}\int_{-\infty}^{\infty}\|x(\omega)\|^2d\omega$

6. 傅里叶级数与傅里叶变换的关系

① 非周期信号 $x(t)$ 延拓成周期信号，其傅里叶级数的系数 C_k 与 $X(\omega)$ 的关系为：

$$C_k=\frac{1}{T_0}X(\omega)\bigg|_{\omega=k\omega_0},\quad \omega_0=\frac{2\pi}{T_0}$$

其中 T_0 是延拓后周期信号的周期。

② 周期信号的傅里叶变换

$$X(\omega)=\sum_{k=-\infty}^{\infty}2\pi C_k\delta(\omega-k\omega_0)$$

周期信号的傅里叶变换可以看成是出现在谐波频率上的一串冲激函数。

三、习题解答

4.1 求下列信号的基波频率、周期及其傅里叶级数表示。

(a) e^{j100t}；　(b) $\cos\frac{\pi}{4}(t-1)$；　(c) $\cos 4t+\sin 8t$；

(d) $x(t)$是周期为 2 的周期信号，且 $x(t)=e^{-t}$，$-1<t<1$；

(e) 如图 4.1 所示的信号 $x(t)$；

(f) 如图 4.2 所示的信号 $x(t)$。

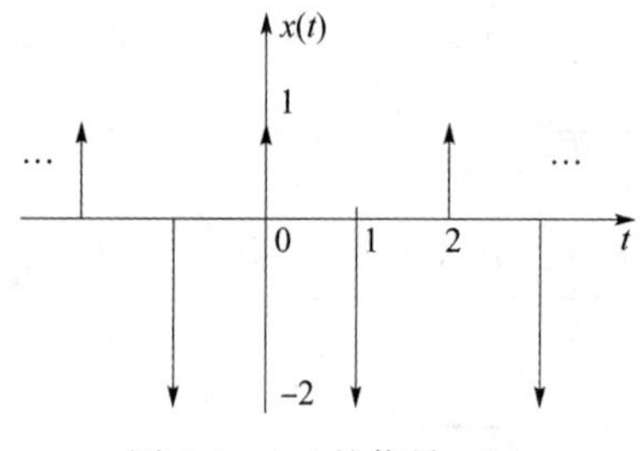

图 4.1　(e)的信号 $x(t)$

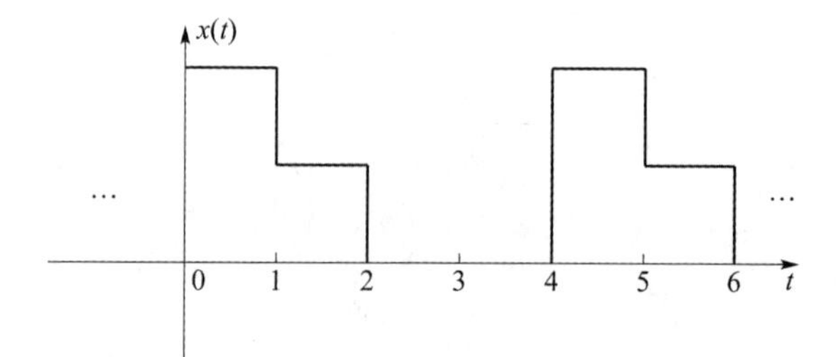

图 4.2　(f)的信号 $x(t)$

解：(a) $\omega_0=100, T_0=\frac{2\pi}{100}=\frac{\pi}{50}, C_1=1, C_k=0, k\neq 1$

(b) $\omega_0=\frac{\pi}{4}, T_0=\frac{2\pi}{\frac{\pi}{4}}=8$，根据欧拉公式，可将 $\cos\frac{\pi}{4}(t-1)$展开成如下形式：

$$\cos\frac{\pi}{4}(t-1)=\frac{1}{2}e^{j\frac{\pi}{4}(t-1)}+\frac{1}{2}e^{-j\frac{\pi}{4}(t-1)}$$

可得：

$$C_1=\frac{1}{2}e^{-j\frac{\pi}{4}}, C_{-1}=\frac{1}{2}e^{j\frac{\pi}{4}}, C_k=0, k\neq\pm 1$$

(c) 根据欧拉公式，$\cos 4t+\sin 8t=\frac{1}{2}(e^{j4t}+e^{-j4t})+\frac{1}{2j}(e^{j8t}-e^{-j8t})$，显然

$$\omega_0=4, T_0=\frac{2\pi}{\omega_0}=\frac{\pi}{2}$$

可得：

$$C_1=C_{-1}=\frac{1}{2},C_2=\frac{1}{2\mathrm{j}},C_{-2}=-\frac{1}{2\mathrm{j}},\quad C_k=0,k\neq\pm1,\pm2$$

(d) 首先求出 C_0，然后求 C_k：$C_0=\frac{1}{2}\int_{-1}^{1}x(t)\mathrm{d}t=\frac{1}{2}\int_{-1}^{1}\mathrm{e}^{-t}\mathrm{d}t=\frac{1}{2}(\mathrm{e}-\mathrm{e}^{-1})$

$$T_0=2,\omega_0=\frac{2\pi}{T_0}=\pi$$

$$\begin{aligned}C_k&=\frac{1}{2}\int_{-1}^{1}x(t)\mathrm{e}^{-\mathrm{j}k\omega_0 t}\mathrm{d}t\\&=\frac{1}{2}\int_{-1}^{1}\mathrm{e}^{-t}\cdot\mathrm{e}^{-\mathrm{j}k\pi t}\mathrm{d}t=\frac{1}{2}\int_{-1}^{1}\mathrm{e}^{-(1+\mathrm{j}k\pi)t}\mathrm{d}t\\&=-\frac{1}{2(1+\mathrm{j}k\pi)}\mathrm{e}^{-(1+\mathrm{j}k\pi)t}\Big|_{-1}^{1}\\&=\frac{(-1)^k}{2(1+\mathrm{j}k\pi)}(\mathrm{e}-\mathrm{e}^{-1})\end{aligned}$$

(e) 根据图 4.1 所示，可写出信号 $x(t)$ 在一个周期内的表达式：$x(t)=\delta(t)-2\delta(t-1)$，$T_0=2,\omega_0=\pi$，根据 C_k 的求解公式可得：

$$\begin{aligned}C_k&=\frac{1}{2}\int_{0}^{2}[\delta(t)-2\delta(t-1)]\mathrm{e}^{-\mathrm{j}k\pi t}\mathrm{d}t\\&=\frac{1}{2}-\mathrm{e}^{-\mathrm{j}k\pi}=\frac{1}{2}-(-1)^k\end{aligned}$$

当 $k=0$ 时，　　$C_0=-\frac{1}{2}$

(f) 根据图 4.2 所示，可将 $x(t)$ 看作是信号 $x_1(t)$ 和 $x_2(t)$ 的组合，$x(t)=x_1(t)+x_2(t)$，$T_0=2,\omega_0=\frac{\pi}{2}$。信号 $x_1(t)$ 如图 4.3(a) 所示，信号 $x_2(t)$ 如图 4.3(b) 所示。

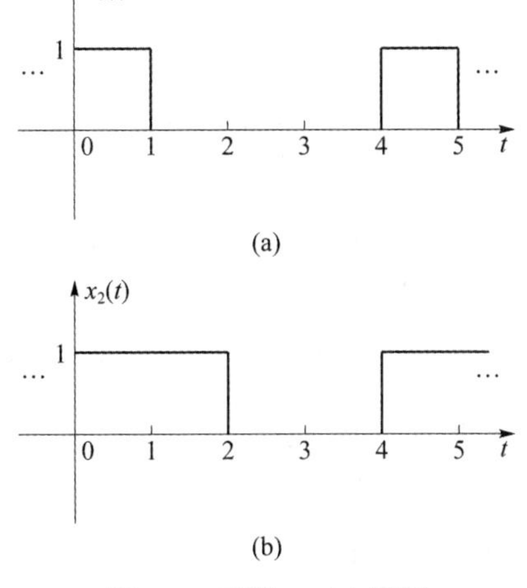

图 4.3　习题 4.1(f) 用图

(a) $x_1(t)$ 的波形；(b) $x_2(t)$ 的波形

根据傅里叶级数的线性性质及时移性可知：

$$
\begin{aligned}
C_k &= \hat{C}_k+\tilde{C}_k \\
&= \frac{\sin\left(\frac{k\pi}{4}\right)\mathrm{e}^{-\mathrm{j}\frac{k\pi}{2}\cdot\frac{1}{2}}}{k\pi}+\frac{\sin\left(\frac{k\pi}{2}\right)\mathrm{e}^{-\mathrm{j}\frac{k\pi}{2}\cdot 1}}{k\pi} \\
&= \frac{\sin\left(\frac{k\pi}{4}\right)\mathrm{e}^{-\mathrm{j}\frac{k\pi}{4}}+\sin\left(\frac{k\pi}{2}\right)\mathrm{e}^{-\mathrm{j}\frac{k\pi}{2}}}{k\pi}
\end{aligned}
$$

4.2　求出图 4.4 所示周期函数的傅里叶级数。

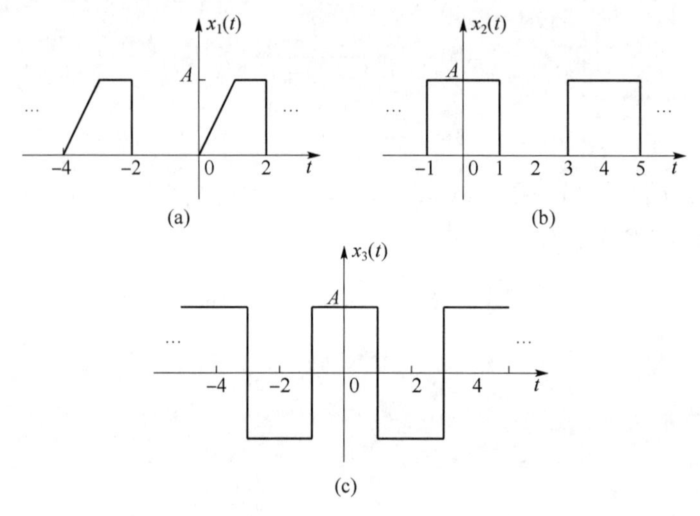

图 4.4　习题 4.2 用图

(a) $x_1(t)$的波形；(b) $x_2(t)$的波形；(a) $x_3(t)$的波形

解：(a)

$$
\begin{aligned}
C_k &= \frac{1}{4}\left[\int_0^1 At\mathrm{e}^{-\mathrm{j}k\omega_0 t}\mathrm{d}t+\int_1^2 A\mathrm{e}^{-\mathrm{j}k\omega_0 t}\mathrm{d}t\right] \\
&= \frac{A}{4}\left[-\frac{t}{\mathrm{j}k\omega_0}\mathrm{e}^{-\mathrm{j}k\omega_0 t}\Big|_0^1+\int_0^1\frac{1}{\mathrm{j}k\omega_0}\mathrm{e}^{-\mathrm{j}k\omega_0 t}\mathrm{d}t+\left(-\frac{1}{\mathrm{j}k\omega_0}\right)\mathrm{e}^{-\mathrm{j}k\omega_0 t}\Big|_1^2\right] \\
&= \frac{A}{4}\left[-\frac{1}{\mathrm{j}k\omega_0}\mathrm{e}^{-\mathrm{j}k\omega_0}+\frac{1}{\mathrm{j}k\omega_0}\cdot\left(-\frac{1}{\mathrm{j}k\omega_0}\right)\mathrm{e}^{-\mathrm{j}k\omega_0 t}\Big|_0^1-\frac{1}{\mathrm{j}k\omega_0}\mathrm{e}^{-\mathrm{j}k\omega_0 2}+\frac{1}{\mathrm{j}k\omega_0}\mathrm{e}^{-\mathrm{j}k\omega_0}\right] \\
&= \frac{A}{4}\left[-\frac{1}{\mathrm{j}k\omega_0}\mathrm{e}^{-\mathrm{j}k\omega_0}-\frac{1}{\mathrm{j}k\omega_0}\mathrm{e}^{-\mathrm{j}2k\omega_0}+\frac{1}{\mathrm{j}k\omega_0}\mathrm{e}^{-\mathrm{j}k\omega_0}+\frac{1}{(k\omega_0)^2}(\mathrm{e}^{-\mathrm{j}k\omega_0}-1)\right] \\
&\qquad \left(T_0=4,\omega_0=\frac{2\pi}{T_0}=\frac{\pi}{2}\right) \\
&= \frac{A}{k^2\pi^2}\left(\mathrm{e}^{-\mathrm{j}\frac{k\pi}{2}}+\frac{\mathrm{j}k\pi}{2}\mathrm{e}^{-\mathrm{j}k\pi}-1\right)
\end{aligned}
$$

$$
C_0=\frac{1}{4}\int_0^4 x(t)\,\mathrm{d}t=\frac{1}{4}\left[\int_0^1 At\mathrm{d}t+\int_1^2 A\mathrm{d}t\right]=\frac{1}{4}\left(\frac{A}{2}+A\right)=\frac{3}{8}A
$$

(b)

$$C_k = \frac{1}{T_0}\int_{T_0} x_2(t)\mathrm{e}^{-\mathrm{j}k\omega_0 t}\mathrm{d}t = \frac{1}{4}\int_{-1}^{1} A\mathrm{e}^{-\mathrm{j}k\omega_0 t}\mathrm{d}t$$
$$= \frac{A}{4}\left(-\frac{1}{\mathrm{j}k\omega_0}\right)\mathrm{e}^{-\mathrm{j}k\omega_0 t}\Big|_{-1}^{1} = \frac{A}{4}\left(-\frac{1}{\mathrm{j}k\omega_0}\right)(\mathrm{e}^{-\mathrm{j}k\omega_0} - \mathrm{e}^{\mathrm{j}k\omega_0})$$
$$= \frac{A}{4}\left(-\frac{1}{\mathrm{j}k\omega_0}\right)\cdot(-2\mathrm{j}\sin k\omega_0) \qquad \left(T_0 = 4, \omega_0 = \frac{2\pi}{T_0} = \frac{\pi}{2}\right)$$
$$= \frac{A}{k\pi}\sin\frac{k\pi}{2}$$
$$C_0 = \frac{1}{4}\int_{-1}^{1} A\mathrm{d}t = \frac{A}{2}$$

(c)

$$C_k = \frac{1}{T_0}\int_{T_0} x_3(t)\mathrm{e}^{-\mathrm{j}k\omega_0 t}\mathrm{d}t$$
$$= \frac{1}{4}\left[\int_{-1}^{1} A\mathrm{e}^{-\mathrm{j}k\omega_0 t}\mathrm{d}t + \int_{1}^{3}(-A)\mathrm{e}^{-\mathrm{j}k\omega_0 t}\mathrm{d}t\right]$$
$$= \frac{1}{4}\left(A\cdot\frac{1}{-\mathrm{j}k\omega_0}\mathrm{e}^{-\mathrm{j}k\omega_0 t}\Big|_{-1}^{1} - A\cdot\frac{1}{-\mathrm{j}k\omega_0}\mathrm{e}^{-\mathrm{j}k\omega_0 t}\Big|_{1}^{3}\right)$$
$$= \frac{A}{4}\,\frac{1}{-\mathrm{j}k\omega_0}(\mathrm{e}^{-\mathrm{j}k\omega_0} - \mathrm{e}^{\mathrm{j}k\omega_0} - \mathrm{e}^{-\mathrm{j}3k\omega_0} + \mathrm{e}^{-\mathrm{j}k\omega_0})$$
$$= \frac{2A}{k\pi}\sin\frac{k\pi}{2}$$
$$C_0 = \frac{1}{4}\left[\int_{-1}^{1} A\mathrm{d}t + \int_{1}^{3}(-A)\mathrm{d}t\right] = 2A - 2A = 0$$

4.3　图 4.5 所示仅为某信号在$\frac{1}{4}$周期时的波形,试根据下列情况分别绘出整个周期的波形。

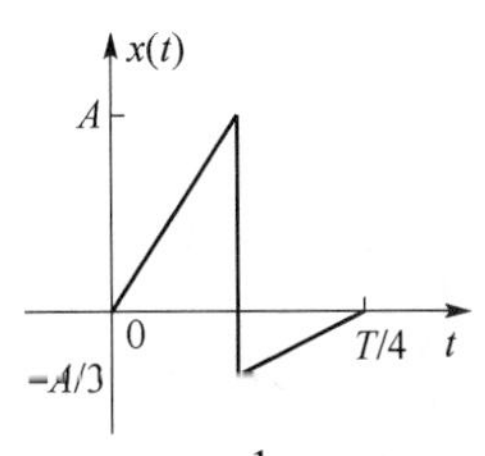

图 4.5　信号在$\frac{1}{4}$周期时的波形

(a) $x(t)$为偶函数,且仅含偶次谐波(见图 4.6);
(b) $x(t)$为偶函数,且仅含奇次谐波(见图 4.7);
(c) $x(t)$为偶函数,含有偶次、奇次谐波(见图 4.8);
(d) $x(t)$为奇函数,含有偶次、奇次谐波(见图 4.9);
(e) $x(t)$为奇函数,且仅含奇次谐波(见图 4.10);

(f) $x(t)$为奇函数，且仅含偶次谐波(见图 4.11)。

解：各情况的一个周期的波形如图 4.6~图 4.11 所示。

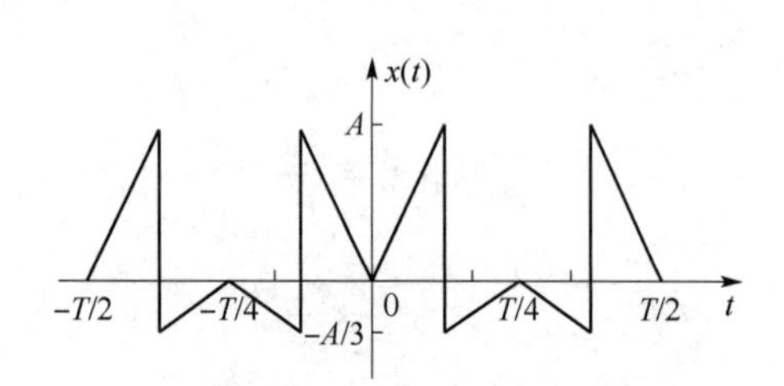

图 4.6　偶函数且仅含偶次谐波的整个波形

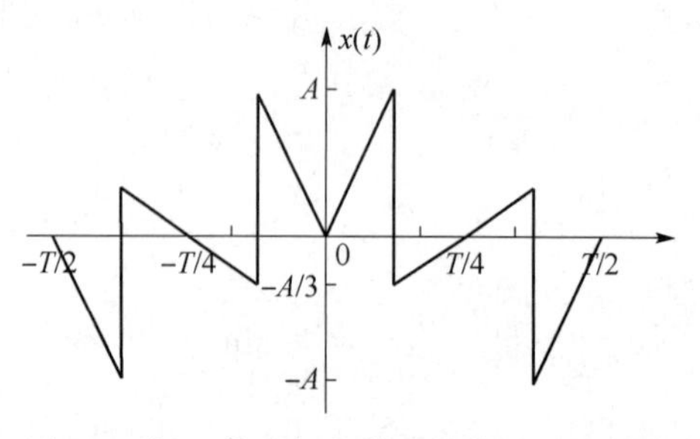

图 4.7　偶函数且仅含奇次谐波的整个波形

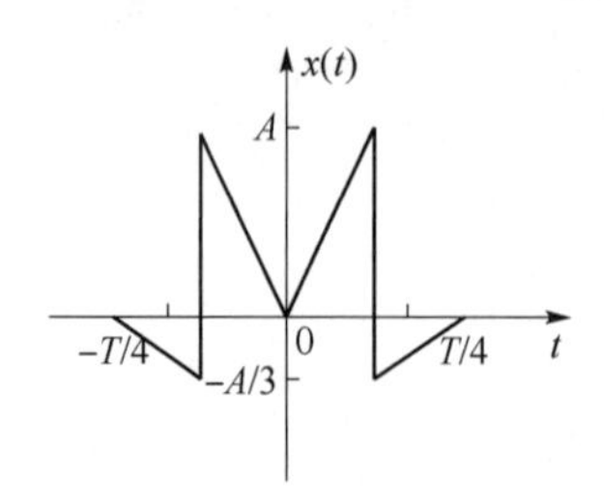

图 4.8　偶函数且含有偶次、奇次谐波的整个波形

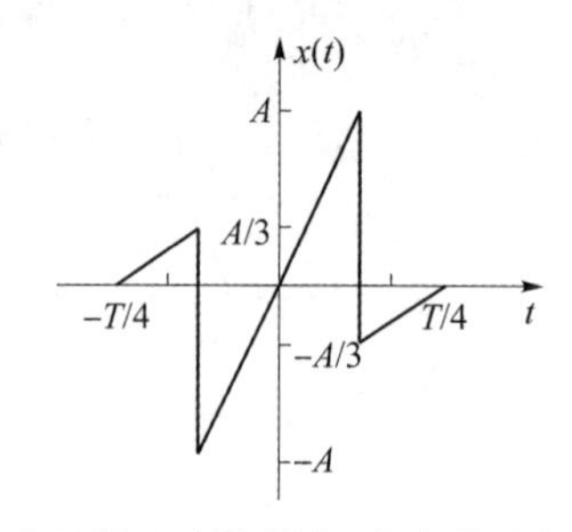

图 4.9　奇函数且含有偶次、奇次谐波的整个波形

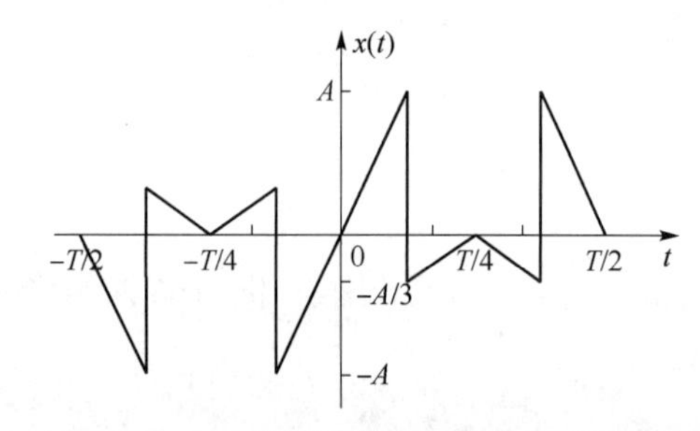

图 4.10　奇函数且仅含奇次谐波的整个波形

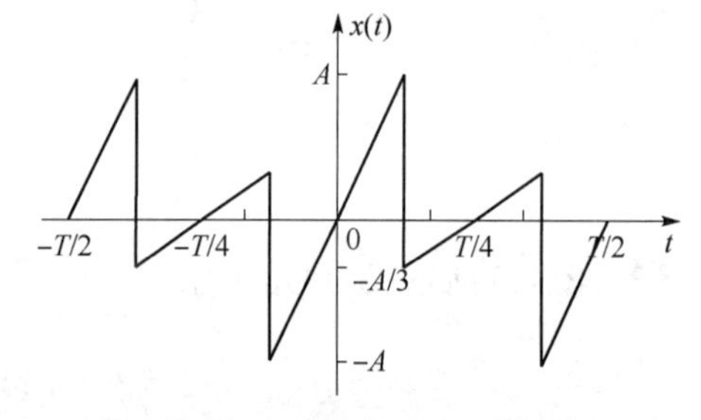

图 4.11　奇函数且仅含偶次谐波的整个波形

4.4　说明图 4.12 所示波形的傅里叶级数中只含有直流分量、奇次余弦项和偶次正弦项。

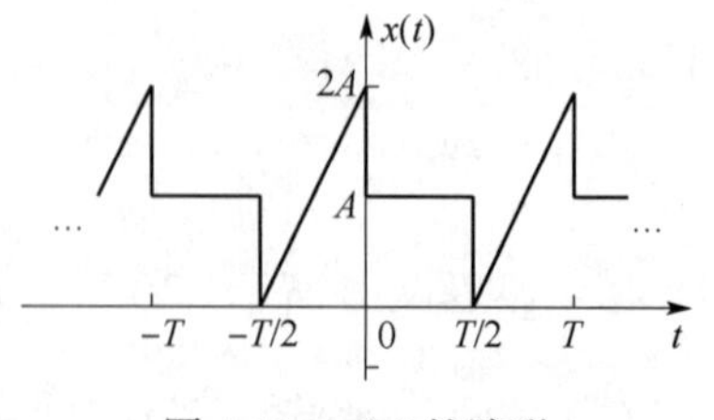

图 4.12　$x(t)$的波形

解：$x(t)$波形本身不具有对称关系，但我们可以根据对任意信号进行奇偶分解，得到具有对称关系的波形，进而对其所含分量进行判断。

$$x(t)=x_e(t)+x_o(t)$$

$$x_e(t)=\frac{1}{2}[x(t)+x(-t)]\text{（见图 4.13）}$$

$$x_o(t)=\frac{1}{2}[x(t)-x(-t)]\text{（见图 4.14）}$$

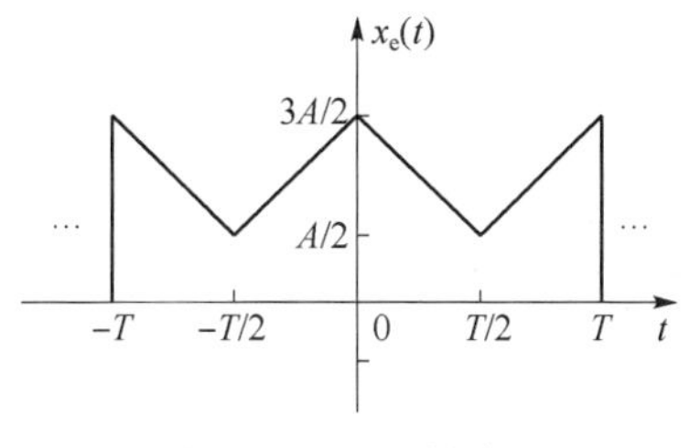

图 4.13　$x_e(t)$的波形

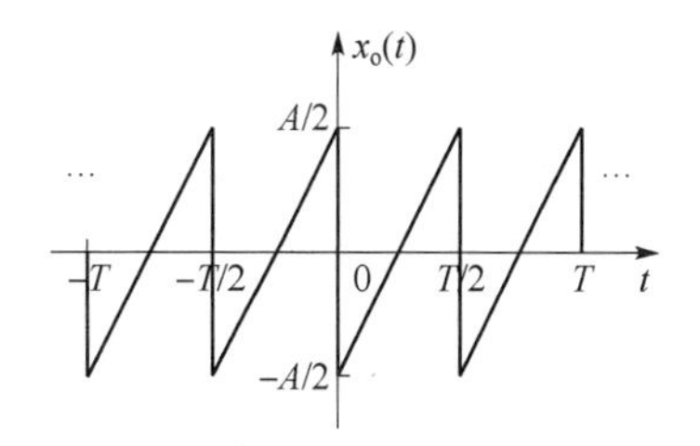

图 4.14　$x_o(t)$的波形

如图 4.13、图 4.14 所示，其中 $x_e(t)$ 为奇半波偶对称，$x_o(t)$ 为偶半波奇对称，因此 $x(t)$ 含直流项、奇次余弦项和偶次正弦项。

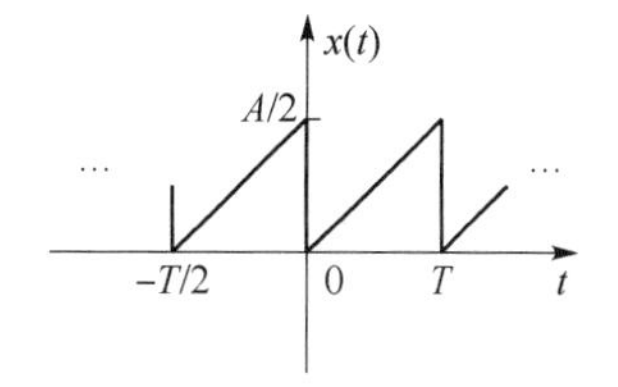

图 4.15　$x(t)$的波形

4.5　求图 4.15 所示波形的复指数形式的傅里叶级数，并将此级数变成三角函数形式的傅里叶级数。

解：利用傅里叶级数公式直接求解。

$$\begin{aligned}
C_k &= \frac{1}{T_0}\int_{T_0} x(t)\mathrm{e}^{-\mathrm{j}k\omega_0 t}\mathrm{d}t \\
&= \frac{1}{T}\int_0^T \frac{A}{T}t\mathrm{e}^{-\mathrm{j}k\omega_0 t}\mathrm{d}t \\
&= \frac{1}{T}\cdot\frac{A}{T}\left(-\frac{t}{\mathrm{j}k\omega_0}\mathrm{e}^{-\mathrm{j}k\omega_0 t}\Big|_0^T + \int_0^T \frac{1}{\mathrm{j}k\omega_0}\mathrm{e}^{-\mathrm{j}k\omega_0 t}\mathrm{d}t\right) \\
&= \frac{1}{T}\cdot\frac{A}{T}\left[-\frac{T}{\mathrm{j}k\omega_0}\mathrm{e}^{-\mathrm{j}k\omega_0 T} + \frac{1}{(k\omega_0)^2}\mathrm{e}^{-\mathrm{j}k\omega_0 t}\Big|_0^T\right] \\
&= \frac{1}{T}\cdot\frac{A}{T}\left[-\frac{T}{\mathrm{j}k\omega_0}\mathrm{e}^{-\mathrm{j}k\omega_0 T} + \frac{1}{(k\omega_0)^2}(\mathrm{e}^{-\mathrm{j}k\omega_0 T} - 1)\right] \\
&= \frac{A}{2k\pi}\mathrm{j}
\end{aligned}$$

$$C_0 = \frac{1}{T}\int_0^T \frac{A}{T}t\mathrm{d}t = \frac{A}{2}$$

$$-2D_k = -\frac{A}{k\pi}, k \neq 0$$

$$x(t) = \frac{A}{2} - \frac{A}{\pi}\left(\sin\omega_0 t + \frac{1}{2}\sin 2\omega_0 t + \frac{1}{3}\sin 3\omega_0 t + \cdots\right)$$

4.6　如图 4.16 所示信号为周期函数的一个周期，试指出这些波形的傅里叶级数包括什么样的谐波成分。

解：(a) 直流项，偶次余弦项；

(b) 直流项，奇次、偶次余弦项；

(c) 奇次正弦项；

(d) 奇次余弦项；

(e) 奇次、偶次正弦项；

(f) 偶次正弦项。

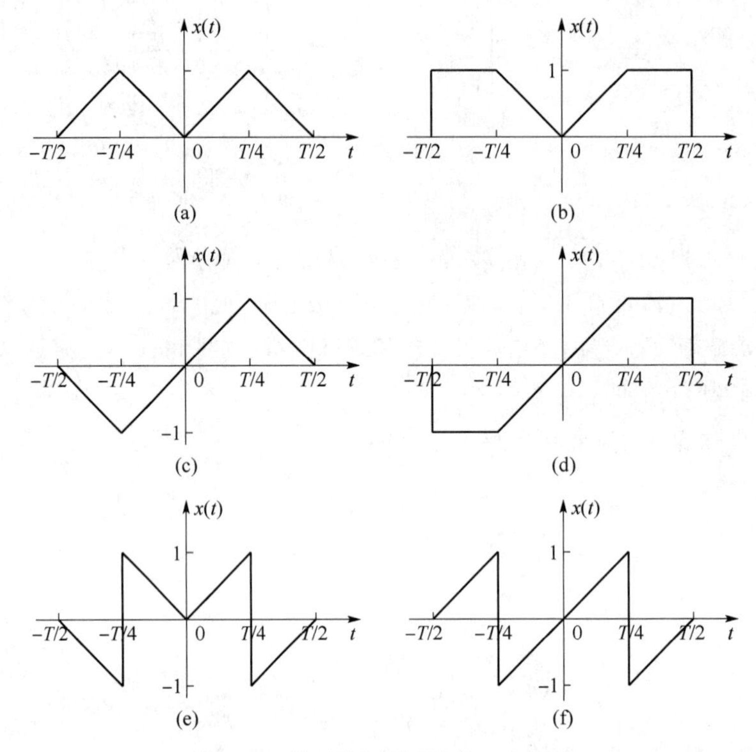

图 4.16　信号为周期函数的一个周期

4.7　求图 4.17 所示函数的傅里叶变换。

解：

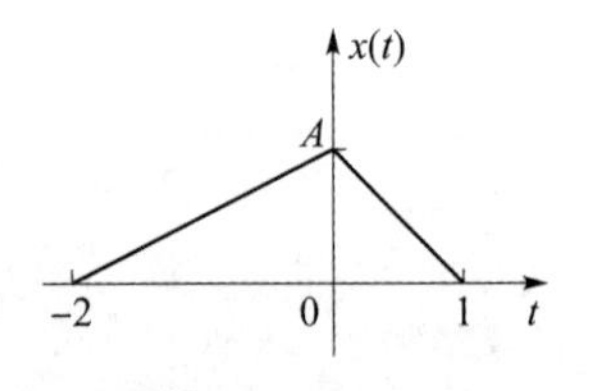

图 4.17　$x(t)$的波形

$$
\begin{aligned}
X(\omega) &= \int_{-\infty}^{\infty} x(t)\mathrm{e}^{-\mathrm{j}\omega t}\mathrm{d}t \\
&= \int_{-2}^{0} \frac{A}{2}(t+2)\mathrm{e}^{-\mathrm{j}\omega t}\mathrm{d}t + \int_{0}^{1} -A(t-1)\mathrm{e}^{-\mathrm{j}\omega t}\mathrm{d}t \\
&= \int_{-2}^{0} \frac{A}{2}t\mathrm{e}^{-\mathrm{j}\omega t}\mathrm{d}t + \int_{-2}^{0} A\mathrm{e}^{-\mathrm{j}\omega t}\mathrm{d}t - \int_{0}^{1} At\mathrm{e}^{-\mathrm{j}\omega t}\mathrm{d}t + \int_{0}^{1} A\mathrm{e}^{-\mathrm{j}\omega t}\mathrm{d}t \\
&= \frac{3A}{2\omega^2}\left(1 - \frac{1}{3}\mathrm{e}^{-\mathrm{j}2\omega} - \frac{2}{3}\mathrm{e}^{-\mathrm{j}\omega}\right)
\end{aligned}
$$

4.8　求图 4.18 所示函数的傅里叶反变换。

解：(a) $G_{2\omega_c}(\omega) \leftrightarrow \frac{\omega_c}{\pi}\mathrm{sinc}(\omega_c t)$

利用时移性，　　$X(\omega) \leftrightarrow x(t) = \frac{\omega_c A}{\pi}\mathrm{sinc}[\omega_c(t-t_0)]$

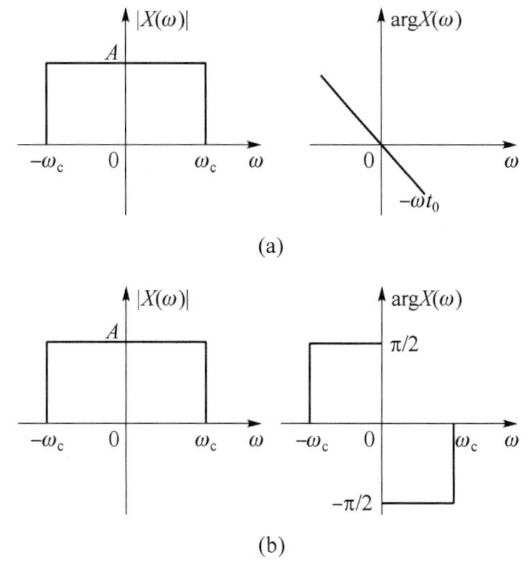

图 4.18　习题 4.8 用图

(b) $x(t)=\dfrac{1}{2\pi}\displaystyle\int_{-\omega_c}^{0}A\mathrm{e}^{\mathrm{j}\frac{\pi}{2}}\cdot\mathrm{e}^{\mathrm{j}\omega t}\mathrm{d}\omega+\dfrac{1}{2\pi}\int_{0}^{\omega_c}A\mathrm{e}^{-\mathrm{j}\frac{\pi}{2}}\cdot\mathrm{e}^{\mathrm{j}\omega t}\mathrm{d}\omega$

$$=\frac{A}{2\pi}\mathrm{e}^{\mathrm{j}\frac{\pi}{2}}\cdot\frac{1}{\mathrm{j}t}\mathrm{e}^{\mathrm{j}\omega t}\Big|_{-\omega_c}^{0}+\frac{A}{2\pi}\mathrm{e}^{-\mathrm{j}\frac{\pi}{2}}\cdot\frac{1}{\mathrm{j}t}\mathrm{e}^{\mathrm{j}\omega t}\Big|_{0}^{\omega_c}$$

$$=\frac{A}{2\pi}\mathrm{e}^{\mathrm{j}\frac{\pi}{2}}\cdot\frac{1}{\mathrm{j}t}(1-\mathrm{e}^{\mathrm{j}\omega_c t})+\frac{A}{2\pi}\mathrm{e}^{-\mathrm{j}\frac{\pi}{2}}\cdot\frac{1}{\mathrm{j}t}(\mathrm{e}^{\mathrm{j}\omega_c t}-1)$$

$$=\frac{A}{\pi t}\left[\sin\left(\omega_c t-\frac{\pi}{2}\right)+1\right]$$

$$=\frac{A}{\pi t}(1-\cos\omega_c t)$$

4.9　试求 $\mathrm{e}^{at}u(-t)$ 在 $a>0$ 时的傅里叶变换。

解：$\mathrm{e}^{-at}u(t)\leftrightarrow\dfrac{1}{a+\mathrm{j}\omega},a>0$

利用反转性质，$\mathrm{e}^{at}u(-t)=x(-t)\leftrightarrow\dfrac{1}{a-\mathrm{j}\omega},a>0$

4.10　求出图 4.19 所示信号的傅里叶变换。

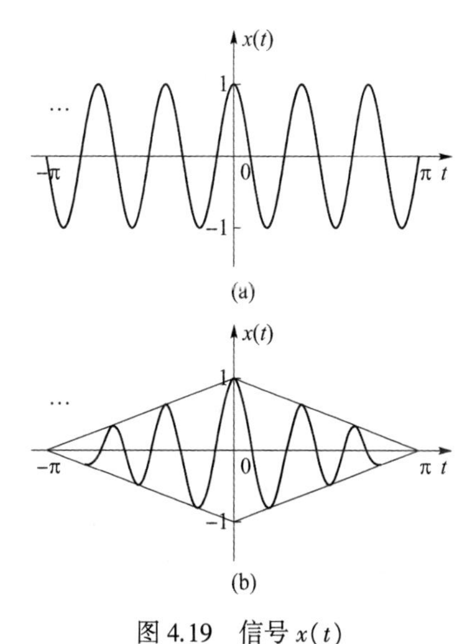

图 4.19　信号 $x(t)$

解：(a) $x(t)=G_{2\pi}(t)\cdot\cos\dfrac{11}{2}t$

$$G_{2\pi}(t)\leftrightarrow2\pi\mathrm{sinc}\frac{\omega\cdot2\pi}{2}=2\pi\mathrm{sinc}(\omega\pi)$$

利用频域卷积定理：

$$X(\omega)=\frac{1}{2\pi}\cdot2\pi\mathrm{sinc}(\omega\pi)*\pi\left[\delta\left(\omega+\frac{11}{2}\right)+\delta\left(\omega-\frac{11}{2}\right)\right]$$

$$=\pi\mathrm{sinc}\left[\pi\left(\omega+\frac{11}{2}\right)\right]+\pi\mathrm{sinc}\left[\pi\left(\omega-\frac{11}{2}\right)\right]$$

(b) $x(t)=\left(1-\frac{|t|}{\pi}\right)\cos\frac{11}{2}t=x_1(t)\cdot\cos\frac{11}{2}t$

$$x_1(t)\leftrightarrow\pi\text{sinc}^2\left(\frac{\omega\pi}{2}\right)$$

$$X(\omega)=\frac{1}{2\pi}\cdot X_1(\omega)*\pi\left[\delta\left(\omega+\frac{11}{2}\right)+\delta\left(\omega-\frac{11}{2}\right)\right]$$

$$=\frac{\pi}{2}\text{sinc}^2\left[\frac{\pi}{2}\left(\omega+\frac{11}{2}\right)\right]+\frac{\pi}{2}\text{sinc}^2\left[\frac{\pi}{2}\left(\omega-\frac{11}{2}\right)\right]$$

4.11 将 $x(t)=A\cos\frac{2\pi}{T}t$ 在 $0<t<\frac{T}{2}$ 范围内展开为正弦级数。

解:

$$-2D_k=\frac{4}{T_0}\int_0^{\frac{T_0}{2}}x(t)\sin k\omega_0 t\mathrm{d}t$$

$$=\frac{4}{T}\int_0^{\frac{T}{2}}A\cos\frac{2\pi}{T}t\cdot\sin k\omega_0 t\mathrm{d}t$$

$$=\frac{4}{T}\cdot\frac{A}{2}\left[\int_0^{\frac{T}{2}}\sin(k+1)\omega_0 t\mathrm{d}t+\int_0^{\frac{T}{2}}\sin(k-1)\omega_0 t\mathrm{d}t\right]$$

$$=\frac{2A}{T}\left[\frac{-\cos(k+1)\omega_0\frac{T}{2}+1}{(k+1)\omega_0}+\frac{-\cos(k-1)\omega_0\frac{T}{2}+1}{(k-1)\omega_0}\right]$$

$$=\frac{2A}{T}\left[\frac{2}{(k+1)\omega_0}+\frac{2}{(k-1)\omega_0}\right]$$

$$=\frac{A}{\pi}\cdot\frac{4k}{k^2-1}\quad(k\text{ 为偶数})$$

$$x(t)=\frac{4A}{\pi}\sum_{k=1}^{\infty}\frac{k}{k^2-1}\sin\frac{k\cdot 2\pi}{T}t\quad(k\text{ 为偶数})$$

4.12 求图 4.20 所示信号的傅里叶级数。

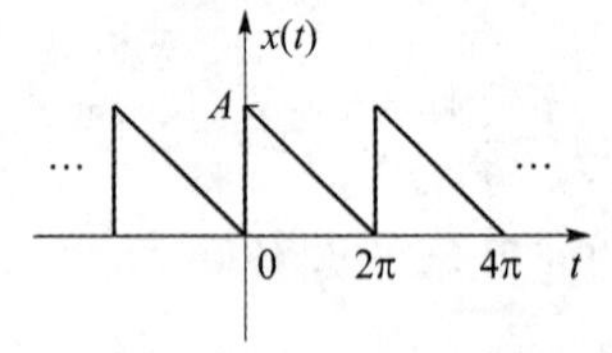

图 4.20 信号 $x(t)$ 的波形

解:利用时域积分性质,先求出 $x'(t)$ 与 $x''(t)$。记 $x_2(t)=x''(t)$,$x_1(t)=x'(t)$,$x'(t)$、$x''(t)$ 的波形如图 4.21 所示。

$$x_2(t)=x''(t)=-\frac{A}{2\pi}\delta(t)+A\delta'(t)+\frac{A}{2\pi}\delta(t-2\pi)$$

$$X_2(\omega)=-\frac{A}{2\pi}+A\mathrm{j}\omega+\frac{A}{2\pi}\mathrm{e}^{-\mathrm{j}2\pi}=A\mathrm{j}\omega$$

$$x_1(t)=x'(t)=\int_{-\infty}^{t}x_2(\tau)\,\mathrm{d}\tau$$

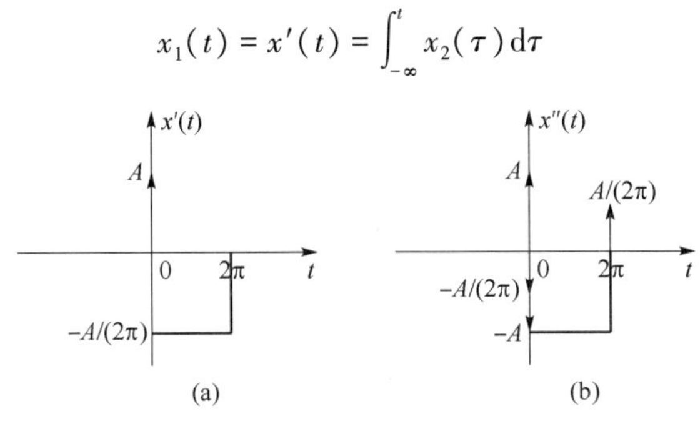

图 4.21 $x'(t)$、$x''(t)$的波形

(a) 信号 $x'(t)$的波形;(b) 信号 $x''(t)$的波形

$$X_1(\omega)=\frac{X_2(\omega)}{\mathrm{j}\omega}$$

$$x(t)=\int_{-\infty}^{t}x_1(\tau)\,\mathrm{d}\tau$$

$$X(\omega)=\frac{X_1(\omega)}{\mathrm{j}\omega}=\frac{A\mathrm{j}\omega}{(\mathrm{j}\omega)^2}=-\frac{A}{\omega}\mathrm{j}$$

所以
$$C_0=\frac{1}{T_0}\int_{T_0}x(t)\,\mathrm{d}t=\frac{1}{2\pi}\cdot\frac{1}{2}\cdot 2\pi\cdot A=\frac{A}{2}$$

$$C_k=\frac{1}{2\pi}X(k\omega_0)=\frac{-\mathrm{j}A}{2k\pi}$$

4.13 一周期梯形波 $x(t)$如图 4.22 所示。

(a) 求 $x(t)$的傅里叶级数;

(b) 说明只有奇次谐波时,波形有何特点;只有奇次正弦波时,波形有何特点。

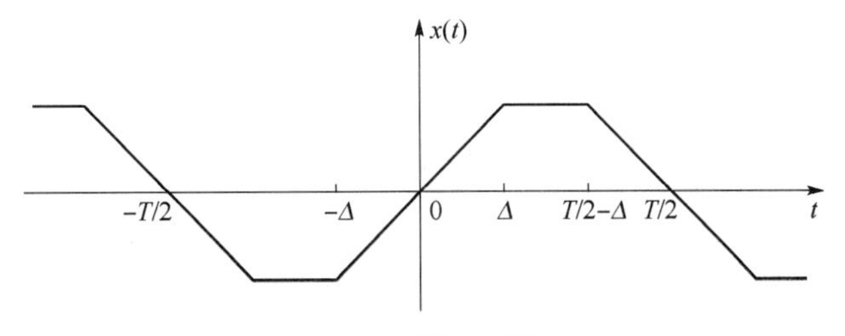

图 4.22 一周期梯形波 $x(t)$

解:根据时域积分性质,先求出 $x'(t)$与 $x''(t)$,$x'(t)$、$x''(t)$如图 4.23 所示。

$$\begin{aligned}x_2(t)&=x''(t)\\&=-\frac{A}{\Delta}\delta\left(t+\frac{T}{2}\right)+\frac{A}{\Delta}\delta\left(t+\frac{T}{2}-\Delta\right)+\frac{A}{\Delta}\delta(t+\Delta)-\\&\quad\frac{A}{\Delta}\delta(t-\Delta)-\frac{A}{\Delta}\delta\left(t-\frac{T}{2}+\Delta\right)+\frac{A}{\Delta}\delta\left(t-\frac{T}{2}\right)\end{aligned}$$

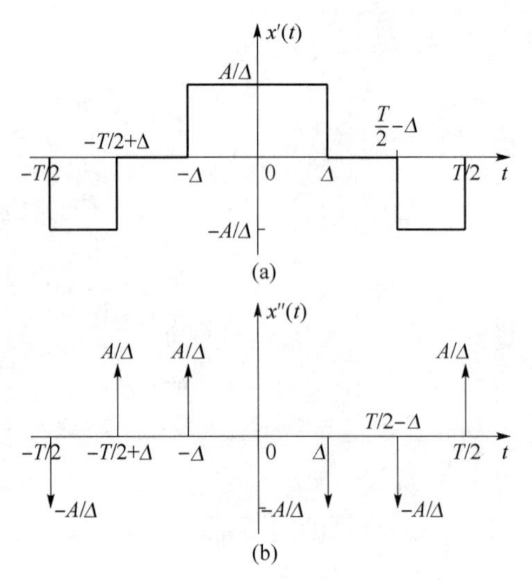

图 4.23　$x'(t)$、$x''(t)$的波形

(a) 信号 $x'(t)$的波形;(b) 信号 $x''(t)$的波形

$$X_2(\omega)=-\frac{A}{\Delta}\left(e^{j\frac{T}{2}\omega}-e^{j\left(\frac{T}{2}-\Delta\right)\omega}-e^{j\Delta\omega}+e^{-j\Delta\omega}+e^{-j\left(\frac{T}{2}-\Delta\right)\omega}-e^{-j\frac{T}{2}\omega}\right)$$

$$=-\frac{A}{\Delta}\left[2j\sin\frac{T\omega}{2}-2j\sin\left(\frac{T}{2}-\Delta\right)\omega-2j\sin\Delta\omega\right]$$

$$=\frac{2Aj}{\Delta}\left[-\sin\frac{T\omega}{2}+\sin\left(\frac{T}{2}-\Delta\right)\omega+\sin\Delta\omega\right]$$

$$x_1(t)=\int_{-\infty}^{t}x_2(\tau)\,d\tau$$

$$X_1(\omega)=\frac{X_2(\omega)}{j\omega}$$

$$x(t)=\int_{-\infty}^{t}x_1(\tau)\,d\tau$$

$$X(\omega)=\frac{X_1(\omega)}{j\omega}=\frac{X_2(\omega)}{(j\omega)^2}=\frac{2Aj}{\omega^2\Delta}\left[\sin\frac{T\omega}{2}-\sin\left(\frac{T}{2}-\Delta\right)\omega-\sin\Delta\omega\right]$$

$$C_k=\frac{1}{T}X(k\omega_0)=\frac{1\cdot 2Aj}{T\cdot\left(k\frac{2\pi}{T}\right)^2\Delta}\left(\sin\frac{T\cdot k\frac{2\pi}{T}}{2}-\sin\left(\frac{T}{2}-\Delta\right)\cdot\frac{k2\pi}{T}-\sin\Delta k\frac{2\pi}{T}\right)$$

$$=\frac{AT}{2k^2\pi^2\Delta}j\left(-2\sin\frac{2k\pi\Delta}{T}\right)\quad(k\text{ 为奇数})$$

(a) $x(t)$的傅里叶级数为: $x(t)=-\sum_{k=1}^{\infty}\frac{AT}{k^2\pi^2\Delta}\sin\frac{2k\pi\Delta}{T}\sin k\omega_0 t$　(k 为奇数)

(b) 含奇次谐波时,波形为奇半波对称;只含奇次正弦波时,波形为奇半波且奇对称。

4.14　已知信号频谱如图 4.24 所示,写出信号表达式 $x(t)$。

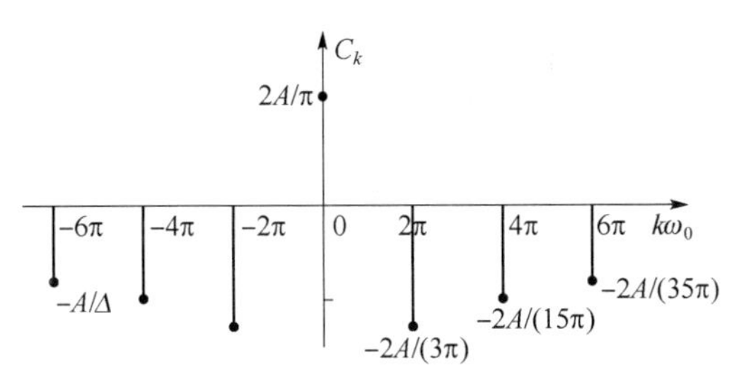

图 4.24　信号 $x(t)$ 频谱

解:

$$
\begin{aligned}
x(t) &= \sum_{k=-\infty}^{\infty} C_k \mathrm{e}^{\mathrm{j}k\omega_0 t} \\
&= \frac{2A}{\pi} - \frac{2A}{3\pi}(\mathrm{e}^{-\mathrm{j}2\pi t} + \mathrm{e}^{\mathrm{j}2\pi t}) - \frac{2A}{15\pi}(\mathrm{e}^{-\mathrm{j}4\pi t} + \mathrm{e}^{\mathrm{j}4\pi t}) - \frac{2A}{35\pi}(\mathrm{e}^{-\mathrm{j}6\pi t} + \mathrm{e}^{\mathrm{j}6\pi t}) \\
&= \frac{2A}{\pi} - \frac{4A}{3\pi}\cos 2\pi t - \frac{4A}{15\pi}\cos 4\pi t - \frac{4A}{35\pi}\cos 6\pi t
\end{aligned}
$$

4.15　分别写出下列情况时的信号表达式 $x(t)$，并绘出信号波形。

(a) 幅度谱和相位谱如图 4.25 和图 4.26 所示；

(b) 幅度谱和相位谱如图 4.25 和图 4.27 所示。

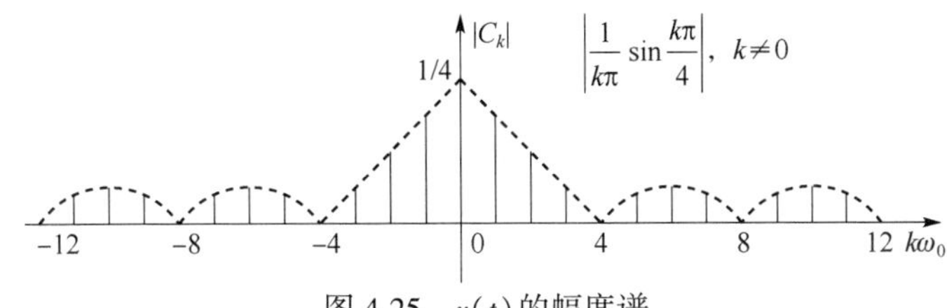

图 4.25　$x(t)$ 的幅度谱

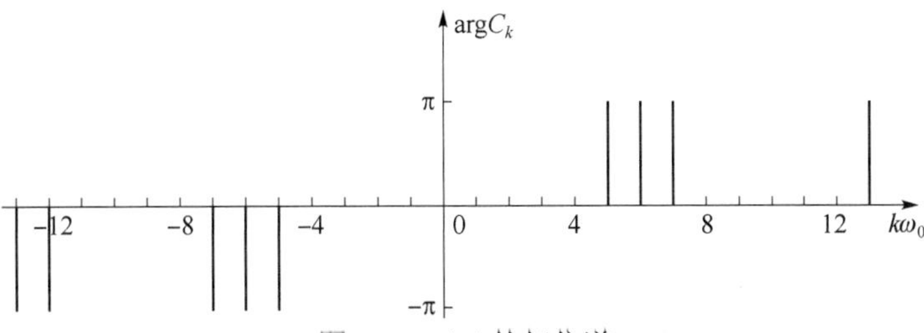

图 4.26　(a) 的相位谱

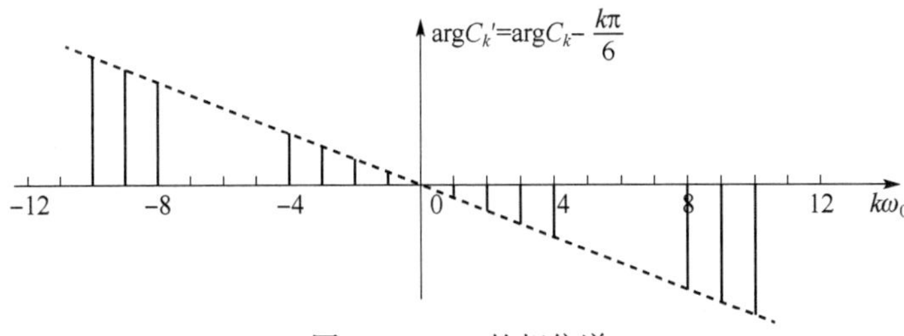

图 4.27　(b) 的相位谱

解：(a)

$$C_k=\frac{A}{k\pi}\sin\frac{k\omega_0T_1}{2}=\frac{1}{k\pi}\sin\frac{k\pi}{4}\Rightarrow A=1$$

$$\frac{2\pi}{T_1}=4\Rightarrow T_1=\frac{\pi}{2}$$

$$C_0=A\frac{T_1}{T_0}=\frac{1}{4}\Rightarrow T_0=2\pi(\text{或 }\omega_0=1\Rightarrow T_0=2\pi)$$

$$x_1(t)=G_{\frac{\pi}{2}}(t)=\sum_{k=-\infty}^{\infty}G_{\frac{\pi}{2}}(t+k\cdot 2\pi)$$

$x_1(t)$的波形如图 4.28 所示。

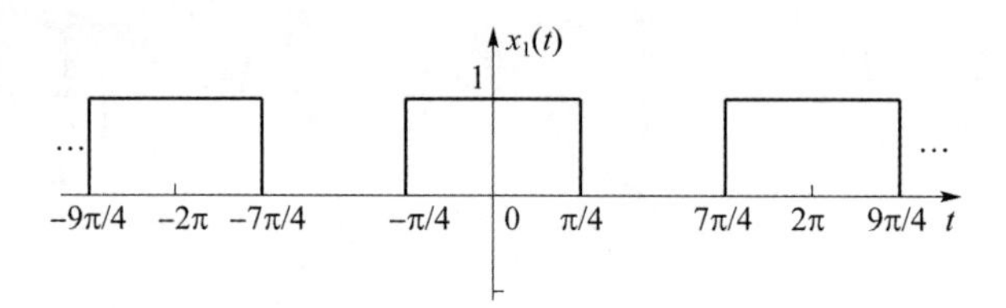

图 4.28　$x_1(t)$的波形

(b)

$$C_k=|C_k|e^{j\theta_k}=|C_k|e^{-j\frac{k\pi}{6}},\quad \omega_0t_0=\frac{\pi}{6}\Rightarrow t_0=\frac{\pi}{6}$$

$$x_2(t)=x_1\left(t-\frac{\pi}{6}\right)=\sum_{k=-\infty}^{\infty}G_{\frac{\pi}{2}}\left(t-\frac{\pi}{6}+k\cdot 2\pi\right)$$

$x_2(t)$的波形如图 4.29 所示。

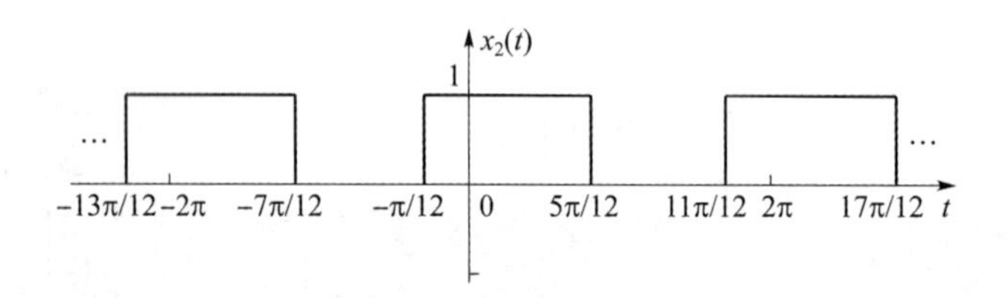

图 4.29　$x_2(t)$的波形

4.16　求图 4.30、图 4.31 所示的非周期函数的傅里叶变换。

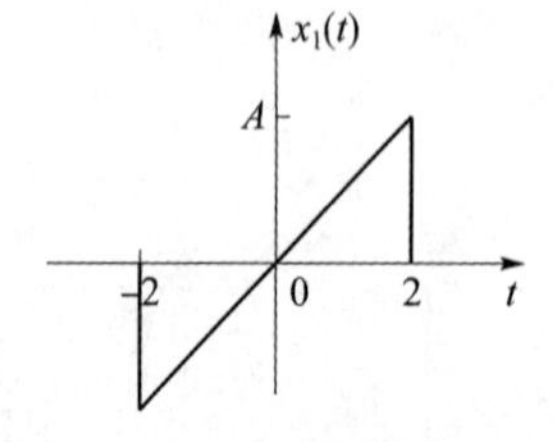

图 4.30　非周期函数 $x_1(t)$

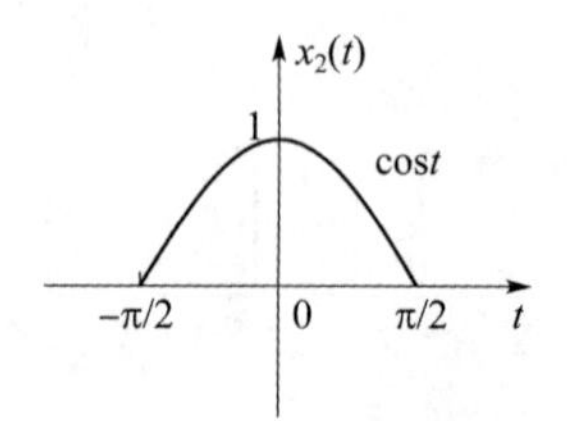

图 4.31　非周期函数 $x_2(t)$

解:(a) 利用时域积分性质求解。

$$x_1'(t)=-A\delta(t+2)+\frac{A}{2}[u(t+2)-u(t-2)]-A\delta(t-2)$$

$$=-A\delta(t+2)+\frac{A}{2}G_4(t)-A\delta(t-2)$$

$$x_1'(t)\leftrightarrow\tilde{X}_1(\omega)=-Ae^{j2\omega}+\frac{A}{2}\cdot4\text{sinc}\frac{\omega\cdot4}{2}-Ae^{-j2\omega}$$

$$=-A\cos2\omega+2A\text{sinc}2\omega$$

$$X_1(\omega)=\frac{\tilde{X}_1(\omega)}{j\omega}+\pi\tilde{X}_1(0)\delta(\omega)=\frac{2A[\text{sinc}(2\omega)-\cos(2\omega)]}{j\omega}$$

(b) $x_2(t)=G_\pi(t)\cdot\cos t$,利用频域卷积定理求解。

$$X_2(\omega)=\frac{1}{2\pi}X(\omega)*\pi[\delta(\omega+1)+\delta(\omega-1)]$$

$$=\frac{1}{2}\left[\pi\text{sinc}\frac{(\omega+1)\pi}{2}+\pi\text{sinc}\frac{(\omega-1)\pi}{2}\right]$$

$$=\frac{2\cos\frac{\omega\pi}{2}}{1-\omega^2}$$

4.17　求图 4.32 所示频谱函数 $X(\omega)$ 对应的时间函数 $x(t)$。

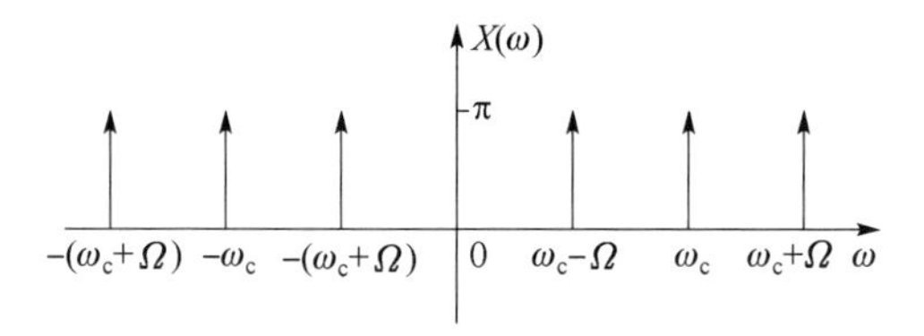

图 4.32　频谱函数

解:$X(\omega)=\pi[\delta(\omega+\omega_c)+\delta(\omega-\omega_c)]+\pi[\delta(\omega+\omega_c+\Omega)+\delta(\omega-\omega_c-\Omega)]+$
$\pi[\delta(\omega+\omega_c-\Omega)+\delta(\omega-\omega_c+\Omega)]$

$x(t)=\cos\omega_c t+\cos(\omega_c+\Omega)t+\cos(\omega_c-\Omega)t=(1+2\cos\Omega t)\cos\omega_c t$

4.18　已知信号 $x_0(t)=\begin{cases}e^{-t}, & 0\leqslant t\leqslant1\\0, & \text{其他}\end{cases}$。

(1) 求 $x_0(t)$ 的傅里叶变换 $X_0(\omega)$;

(2) 利用傅里叶变换的性质求图 4.33 所示信号的傅里叶变换(用 $X_0(\omega)$ 表示即可)。

解:(1) $X_0(\omega)=\int_0^1 e^{-t}e^{-j\omega t}dt=\frac{1-e^{-(j\omega+1)}}{1+j\omega}$

(2) (a) $x_1(t)=x_0(t)+x_0(-t)$, $X_1(\omega)=X_0(\omega)+X_0(-\omega)$

(b) $x_2(t)=x_0(t)-x_0(-t)$, $X_2(\omega)=X_0(\omega)-X_0(-\omega)$

(c) $x_3(t)=x_0(t)+x_0(t+1)$, $X_3(\omega)=X_0(\omega)+X_0(\omega)e^{j\omega}$

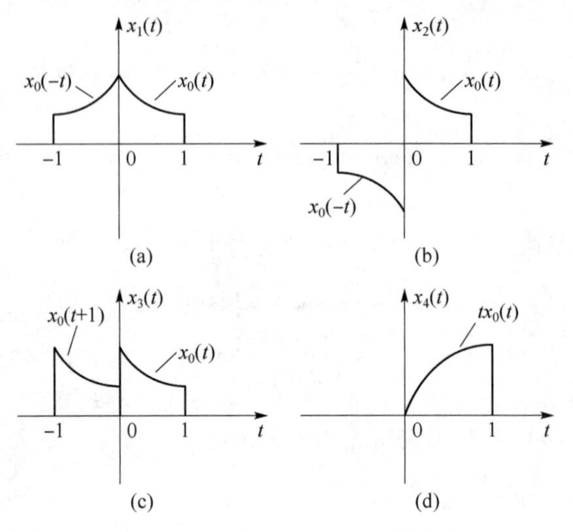

图 4.33　信号 $x_1(t) \sim x_4(t)$ 的波形

(d) $x_4(t)=tx_0(t)$，$X_4(\omega)=\mathrm{j}\dfrac{\mathrm{d}X_0(\omega)}{\mathrm{d}\omega}$

4.19　求图 4.34 所示信号的傅里叶变换

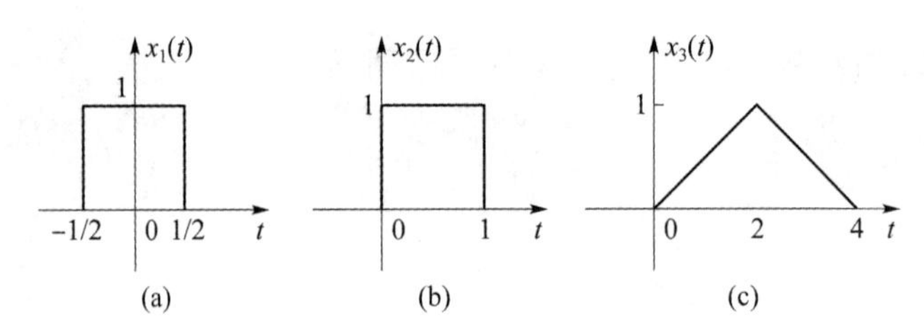

图 4.34　信号 $x_1(t)$、$x_2(t)$、$x_3(t)$ 的波形

解：(a) $x_1(t)=G_1(t)\leftrightarrow X_1(\omega)=\mathrm{sinc}\,\dfrac{\omega}{2}$

(b) $x_2(t)=x_1\left(t-\dfrac{1}{2}\right)\leftrightarrow X_2(\omega)=\mathrm{sinc}\,\dfrac{\omega}{2}\mathrm{e}^{-\mathrm{j}\frac{\omega}{2}}$

(c) $x_3(t)=\dfrac{1}{2}G_2(t)*G_2(t)*\delta(t-2)\leftrightarrow X_3(\omega)=\dfrac{1}{2}\cdot\left(2\mathrm{sinc}\,\dfrac{\omega\cdot 2}{2}\right)^2\mathrm{e}^{-\mathrm{j}2\omega}$

$$=2\mathrm{sinc}^2\omega\cdot\mathrm{e}^{-\mathrm{j}2\omega}$$

4.20　若 $x(t)\leftrightarrow X(\omega)$，求下列函数的傅里叶变换。

(a) $x(-t+3)$；　(b) $x(2+3t)$；　(c) $x\left(\dfrac{t}{2}-3\right)$；　(d) $x(3t-2)$；

(e) $tx(2t)$；　(f) $(t-2)x(t)$；　(g) $tx'(t)$；　(h) $(t-2)x(-2t)$。

解：(a) $x(-t+3)\leftrightarrow X(-\omega)\mathrm{e}^{-\mathrm{j}3\omega}$

(b) $x(2+3t)\leftrightarrow\dfrac{1}{3}X\left(\dfrac{\omega}{3}\right)\mathrm{e}^{\mathrm{j}\frac{2}{3}\omega}$

(c) $x\left(\frac{t}{2}-3\right)\leftrightarrow 2X(2\omega)\mathrm{e}^{-\mathrm{j}6\omega}$

(d) $x(3t-2)\leftrightarrow \frac{1}{3}X\left(\frac{\omega}{3}\right)\mathrm{e}^{-\mathrm{j}\frac{2}{3}\omega}$

(e) $tx(2t)\leftrightarrow \mathrm{j}\frac{\mathrm{d}\left[\frac{1}{2}X\left(\frac{\omega}{2}\right)\right]}{\mathrm{d}\omega}$

(f) $(t-2)x(t)=tx(t)-2x(t)\leftrightarrow \mathrm{j}\frac{\mathrm{d}[X(\omega)]}{\mathrm{d}\omega}-2X(\omega)$

(g) $tx'(t)\leftrightarrow \mathrm{j}\frac{\mathrm{d}[\mathrm{j}\omega X(\omega)]}{\mathrm{d}\omega}$

(h) $(t-2)x(-2t)=tx(-2t)-2x(-2t)\leftrightarrow \mathrm{j}\frac{\mathrm{d}\left[\frac{1}{2}X\left(-\frac{\omega}{2}\right)\right]}{\mathrm{d}\omega}-X\left(-\frac{\omega}{2}\right)$

4.21　应用卷积定理求下列时间函数的傅里叶变换。

(a) $x(t)=\cos\omega_0 tu(t)$;　　(b) $x(t)=\sin\omega_0 tu(t)$;

(c) $x(t)=G_{T_1}(t)\sum_{n=-\infty}^{\infty}\delta(t-nT_0),T_0=4T_1$。

解:(a) $X(\omega)=\frac{1}{2\pi}[\pi\delta(\omega+\omega_0)+\pi\delta(\omega-\omega_0)]*\left[\frac{1}{\mathrm{j}\omega}+\pi\delta(\omega)\right]$

$$=\frac{1}{2}\left[\frac{1}{\mathrm{j}(\omega+\omega_0)}+\frac{1}{\mathrm{j}(\omega-\omega_0)}\right]+\frac{\pi}{2}[\delta(\omega+\omega_0)+\delta(\omega-\omega_0)]$$

$$=-\frac{\mathrm{j}\omega}{\omega^2-\omega_0^2}+\frac{\pi}{2}[\delta(\omega+\omega_0)+\delta(\omega-\omega_0)]$$

(b) $X(\omega)=\frac{1}{2\pi}[\mathrm{j}\pi(\delta(\omega+\omega_0)-\delta(\omega-\omega_0))]*\left[\frac{1}{\mathrm{j}\omega}+\pi\delta(\omega)\right]$

$$=\frac{\mathrm{j}\pi}{2}[\delta(\omega+\omega_0)-\delta(\omega-\omega_0)]+\frac{\mathrm{j}}{2}\left[\frac{1}{\mathrm{j}(\omega+\omega_0)}-\frac{1}{\mathrm{j}(\omega-\omega_0)}\right]$$

$$=\frac{\mathrm{j}\pi}{2}[\delta(\omega+\omega_0)-\delta(\omega-\omega_0)]-\frac{\omega_0}{\omega^2-\omega_0^2}$$

(c) $X(\omega)=\frac{1}{2\pi}\left[T_1\mathrm{sinc}\,\frac{\omega T_1}{2}*\frac{2\pi}{T_0}\sum_{k=-\infty}^{\infty}\delta\left(\omega-k\frac{2\pi}{T_0}\right)\right]$

$$=\frac{1}{4}\sum_{k=-\infty}^{\infty}\mathrm{sinc}\left(\frac{\omega T_1}{2}-\frac{k\pi}{4}\right)$$

4.22　应用对偶性证明:

(a) $\mathcal{F}\left\{\frac{1}{t}\right\}=-\mathrm{j}\pi\mathrm{sgn}(\omega)$;　　(b) $\mathcal{F}\left\{\frac{2a}{t^2+a^2}\right\}=2\pi\mathrm{e}^{-a|\omega|}$;

(c) $\mathcal{F}[a\mathrm{sinc}(at)]=\pi[u(\omega+a)-u(\omega-a)]$。

证明:(a) $\mathrm{sgn}(t)\leftrightarrow\frac{2}{\mathrm{j}\omega}$

$$\frac{\mathrm{j}}{2}\mathrm{sgn}(t)\leftrightarrow\frac{1}{\omega}$$

$$2\pi\cdot\frac{\mathrm{j}}{2}\mathrm{sgn}(-\omega)\leftrightarrow\frac{1}{t}$$

因此 $\mathcal{F}\left\{\frac{1}{t}\right\}=-\mathrm{j}\pi\mathrm{sgn}(\omega)$

(b) $\mathrm{e}^{-a|t|}\leftrightarrow\frac{2a}{\omega^2+a^2}$

$$2\pi\mathrm{e}^{-a|-\omega|}\leftrightarrow\frac{2a}{t^2+a^2}$$

因此 $\mathscr{F}\left\{\frac{2a}{t^2+a^2}\right\}=2\pi\mathrm{e}^{-a|\omega|}$

(c) $u(t+a)-u(t-a)\leftrightarrow2a\mathrm{sinc}\frac{\omega\cdot2a}{2}=2a\mathrm{sinc}(a\omega)$

$$\frac{1}{2}[u(t+a)-u(t-a)]\leftrightarrow a\mathrm{sinc}(a\omega)$$

$$2\pi\cdot\frac{1}{2}[u(-\omega+a)-u(-\omega-a)]\leftrightarrow a\mathrm{sinc}(at)$$

因此 $\mathcal{F}\{a\mathrm{sinc}(at)\}=\pi[u(\omega+a)-u(\omega-a)]$

4.23　已知 $\mathcal{F}\left\{\frac{1}{t}\right\}=-\mathrm{j}\pi\mathrm{sgn}(\omega)$。

(a) 应用时间微分特性,证明 $\mathcal{F}\left\{-\frac{1}{\pi t^2}\right\}=|\omega|$;

(b) 应用频率微分特性,证明 $\mathcal{F}\left\{t\cdot\frac{1}{t}\right\}=\mathcal{F}\{1\}=2\pi\delta(\omega)$。

证明:(a) $\frac{\mathrm{d}\left(\frac{1}{t}\right)}{t}=-\frac{1}{t^2}\leftrightarrow\mathrm{j}\omega(-\mathrm{j}\pi\mathrm{sgn}(\omega))=\pi\omega\mathrm{sgn}(\omega)$

因此:$-\frac{1}{\pi t^2}\leftrightarrow\omega\cdot\mathrm{sgn}(\omega)=|\omega|$

(b) $t\cdot\frac{1}{t}\leftrightarrow\mathrm{j}\frac{\mathrm{d}(-\mathrm{j}\pi\mathrm{sgn}(\omega))}{\mathrm{d}\omega}=\pi\cdot2\delta(\omega)=2\pi\delta(\omega)$

4.24　试用频率微分特性求下列频谱函数的傅里叶反变换。

(a) $X(\omega)=\frac{1}{(a+\mathrm{j}\omega)^2}$;　　　　(b) $X(\omega)=-\frac{2}{\omega^2}$。

解:(a) $\mathrm{e}^{-at}u(t)\leftrightarrow\frac{1}{a+\mathrm{j}\omega}$

$$-\mathrm{j}t\mathrm{e}^{-at}u(t)\leftrightarrow\frac{\mathrm{d}\left(\frac{1}{a+\mathrm{j}\omega}\right)}{\mathrm{d}\omega}=\frac{-\mathrm{j}}{(a+\mathrm{j}\omega)^2}$$

因此:$t\mathrm{e}^{-at}u(t)\leftrightarrow\frac{1}{(a+\mathrm{j}\omega)^2}$,即 $x(t)=t\mathrm{e}^{-at}u(t)$

(b) $\operatorname{sgn}(t) \leftrightarrow \dfrac{2}{j\omega}$

$$-jt \cdot \operatorname{sgn}(t) \leftrightarrow \frac{d\left(\dfrac{2}{j\omega}\right)}{d\omega} = \frac{-2j}{(j\omega)^2} = -\frac{-2j}{\omega^2}$$

因此：$t \cdot \operatorname{sgn}(t) \leftrightarrow \dfrac{-2}{\omega^2}$，即 $x(t) = t \cdot \operatorname{sgn}(t)$

4.25　利用时域与频域间的对偶性质，求下列傅里叶变换的时间函数。

(a) $X(\omega) = \delta(\omega - \omega_0)$；

(b) $X(\omega) = u(\omega + \omega_0) - u(\omega - \omega_0)$。

解：(a) $\delta(t - t_0) \leftrightarrow e^{-j\omega t_0}$，　$\delta(\omega - \omega_0) \leftrightarrow \dfrac{1}{2\pi} e^{j\omega_0 t}$

(b) $u(t + t_0) - u(t - t_0) \leftrightarrow 2t_0 \operatorname{sinc} \dfrac{\omega \cdot 2t_0}{2} = 2t_0 \operatorname{sinc}(t_0 \omega)$

$$u(\omega + \omega_0) - u(\omega - \omega_0) \leftrightarrow \frac{1}{2\pi} \cdot 2\omega_0 \operatorname{sinc}(\omega_0 t) = \frac{\omega_0}{\pi} \operatorname{sinc}(\omega_0 t)$$

4.26　已知函数

$$x_1(t) = \begin{cases} \dfrac{1}{2}\left(1 + \cos \dfrac{\pi}{T_1} t\right), & |t| \leqslant T_1 \\ 0, & \text{其他} \end{cases}$$

$$x_2(t) = \sum_{n=-\infty}^{\infty} \delta(t - nT), T = 4T_1, n = 0, \pm 1, \pm 2, \cdots, \pm \infty$$

(a) 画出 $x_1(t)$ 的波形，求 $x_1(t)$ 的傅里叶变换；

(b) 求 $x_1(t) * x_2(t)$ 的傅里叶变换。

解：(a) 画出的 $x_1(t)$ 波形如图 4.35 所示。

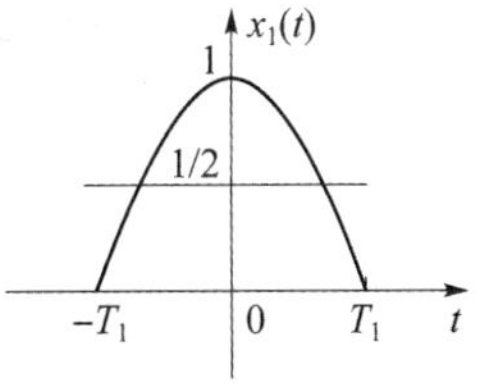

$x_1(t)$
1
1/2
$-T_1$
0
T_1
t

图 4.35　$x_1(t)$ 的波形

$$\begin{aligned} X_1(\omega) &= \int_{-T_1}^{T_1} x(t) e^{-j\omega t} dt = \int_{-T_1}^{T_1} \frac{1}{2}\left(1 + \cos \frac{\pi}{T_1} t\right) e^{-j\omega t} dt \\ &= \frac{1}{2}\int_{-T_1}^{T_1} e^{-j\omega t} dt + \frac{1}{4}\int_{-T_1}^{T_1} e^{j\frac{\pi}{T_1}t} e^{-j\omega t} dt + \frac{1}{4}\int_{-T_1}^{T_1} e^{-j\frac{\pi}{T_1}t} e^{-j\omega t} dt \\ &= T_1 \operatorname{sinc}(\omega T_1) + \frac{T_1}{2} \operatorname{sinc}\left[\left(\omega - \frac{\pi}{T_1}\right) T_1\right] + \frac{T_1}{2} \operatorname{sinc}\left[\left(\omega + \frac{\pi}{T_1}\right) T_1\right] \\ &= \frac{\sin \omega T_1}{\omega} + \frac{1}{2} \frac{\sin(\omega T_1 - \pi)}{\omega - \dfrac{\pi}{T_1}} + \frac{1}{2} \frac{\sin(\omega T_1 + \pi)}{\omega + \dfrac{\pi}{T_1}} \\ &= \sin \omega T_1 \left[\frac{1}{\omega} - \frac{1}{2} \frac{1}{\omega - \dfrac{\pi}{T_1}} - \frac{1}{2} \frac{1}{\omega + \dfrac{\pi}{T_1}}\right] \\ &= \frac{\sin \omega T_1}{\omega\left[1 - \left(\dfrac{\pi}{T_1}\right)^2\right]} \end{aligned}$$

(b)

$$x_1(t) * x_2(t) \to X_1(\omega) \cdot X_2(\omega)$$

$$= \frac{\sin \omega T_1}{\omega\left[1-\left(\frac{\pi}{T_1}\right)^2\right]} \cdot \frac{2\pi}{4T_1}\sum_{k=-\infty}^{\infty} \delta\left(\omega - k\frac{2\pi}{4T_1}\right)$$

$$= \sum_{k=-\infty}^{\infty} \frac{\sin k\frac{2\pi}{4T_1} \cdot T_1}{k\frac{2\pi}{4T_1}\left[1-\left(\frac{\pi}{T_1}\right)^2\right]} \cdot \frac{2\pi}{4T_1} \cdot \delta\left(\omega - k\frac{\pi}{2T_1}\right)$$

$$= \sum_{k=-\infty}^{\infty} \frac{\sin \frac{k\pi}{2}}{k\left[1-\left(\frac{\pi}{T_1}\right)^2\right]}\delta\left(\omega - k\frac{2\pi}{T_1}\right)$$

4.27　已知 $x_T(t)$ 为 $x(t)$ 的周期性延拓(见图 4.36、图 4.37)。

(a) 求 $X(\omega)$;

(b) 由 $X(\omega)$ 求 $x_T(t)$ 的复指数傅里叶级数的系数 C_k。

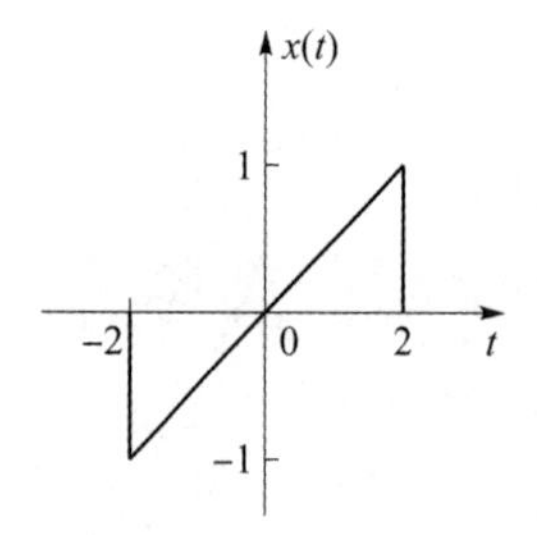

图 4.36　$x(t)$ 的波形

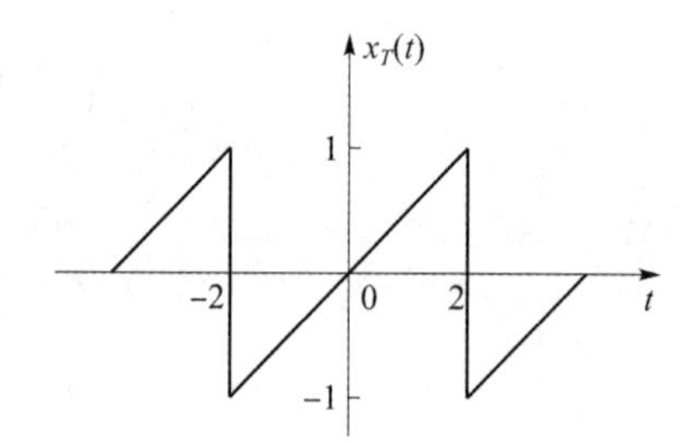

图 4.37　$x(t)$ 的周期性延拓

解:(a) 利用时域积分性质求 $X(\omega)$。

$$x'(t) = -\delta(t+2) + \frac{1}{2}[u(t+2) - u(t-2)] - \delta(t-2)$$

$$= -\delta(t+2) + \frac{1}{2}G_4(t) - \delta(t-2)$$

$$x'(t) \leftrightarrow \tilde{X}(\omega) = -e^{j2\omega} + \frac{1}{2} \cdot 4 \cdot \text{sinc}\frac{\omega \cdot 4}{2} - e^{-j2\omega}$$

$$= -2\cos 2\omega + 2\text{sinc}(2\omega)$$

$$X(\omega) = \frac{\tilde{X}(\omega)}{j\omega} = \frac{2[\text{sinc}(2\omega) - \cos(2\omega)]}{j\omega}$$

(b) $$C_k = \frac{1}{T}X(k\omega_0) = \frac{1}{4} \cdot \frac{2\left[\text{sinc}\left(2k\frac{2\pi}{4}\right) - \cos\left(2k\frac{2\pi}{4}\right)\right]}{jk\frac{2\pi}{4}} = j\frac{(-1)^k}{k\pi}$$

4.28　在图 4.38 中,已知 $\mathcal{F}\{x_1(t)\}=X_1(\omega)$,求 $\mathcal{F}\{x_2(t)\}$、$\mathcal{F}\{x_3(t)\}$ 和 $\mathcal{F}\{x_4(t)\}$。

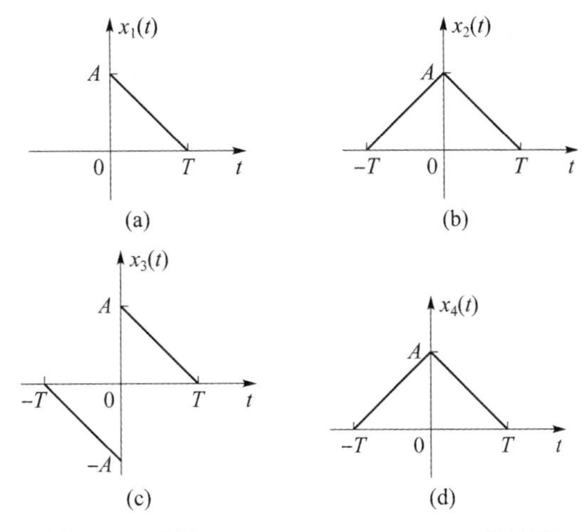

图 4.38　信号 $x_1(t)$、$x_2(t)$、$x_3(t)$、$x_4(t)$ 的波形

解:分别写出图中(b)、(c)、(d)对应的三个信号与 $x_1(t)$ 的关系,然后求解。

(b) $x_2(t)=x_1(t)+x_1(-t)$,$X_2(\omega)=X_1(\omega)+X_1(-\omega)$

(c) $x_3(t)=x_1(t)-x_1(-t)$,$X_3(\omega)=X_1(\omega)-X_1(-\omega)$

(d) $x_4(t)=x_1(t+T)-x_1(-t+T)$,$X_4(\omega)=X_1(\omega)\mathrm{e}^{\mathrm{j}\omega T}+X_1(-\omega)\mathrm{e}^{-\mathrm{j}\omega T}$

4.29　利用积分特性,求图 4.39 所示脉冲信号的傅里叶变换。

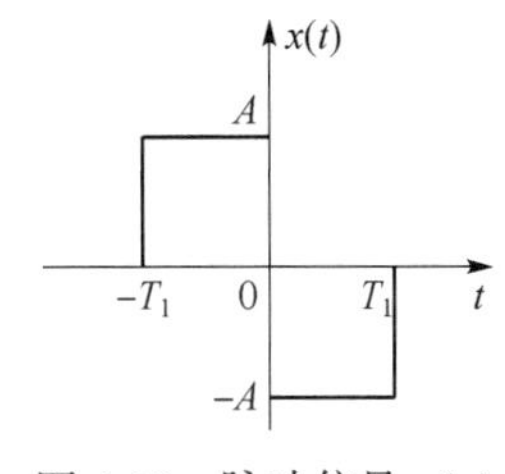

图 4.39　脉冲信号 $x(t)$

解:$x'(t)=A\delta(t+T_1)-2A\delta(t)+A\delta(t-T_1)$

$$\tilde{X}(\omega)=A\mathrm{e}^{\mathrm{j}\omega T_1}-2A+2A\mathrm{e}^{-\mathrm{j}\omega T_1}=2A\cos\omega T_1-2A$$

$$X(\omega)=\frac{\tilde{X}(\omega)}{\mathrm{j}\omega}=\frac{2A\cos\omega T_1-2A}{\mathrm{j}\omega}=\mathrm{j}AT_1^2\omega\,\mathrm{sinc}^2\left(\frac{\omega T_1}{2}\right)$$

4.30　已知函数

$$x(t)=\begin{cases}\mathrm{e}^{-at}\cos\omega_{\mathrm{c}}t, & a>0,t\geqslant 0\\ 0, & t<0\end{cases}$$

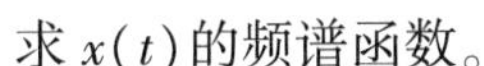

求 $x(t)$ 的频谱函数。

解:$x(t)=\mathrm{e}^{-at}\cos\omega_{\mathrm{c}}t\cdot u(t)=\mathrm{e}^{-at}u(t)\cdot\cos\omega_{\mathrm{c}}t$

利用频域卷积定理:

$$X(\omega)=\frac{1}{2\pi}\cdot\frac{1}{a+\mathrm{j}\omega}*\pi[\delta(\omega+\omega_{\mathrm{c}})+\delta(\omega-\omega_{\mathrm{c}})]$$

$$=\frac{1}{2}\cdot\left[\frac{1}{a+\mathrm{j}(\omega+\omega_{\mathrm{c}})}+\frac{1}{a+\mathrm{j}(\omega-\omega_{\mathrm{c}})}\right]$$

$$=\frac{a+\mathrm{j}\omega}{(a+\mathrm{j}\omega)^2+\omega_{\mathrm{c}}^2}$$

4.31　已知图 4.40 所示信号 $x(t)$ 的傅里叶变换

$$\mathcal{F}\{x(t)\}=X(\omega)=|X(\omega)|\mathrm{e}^{\mathrm{j}\varphi(\omega)}$$

试根据傅里叶变换的性质(不作积分运算),求

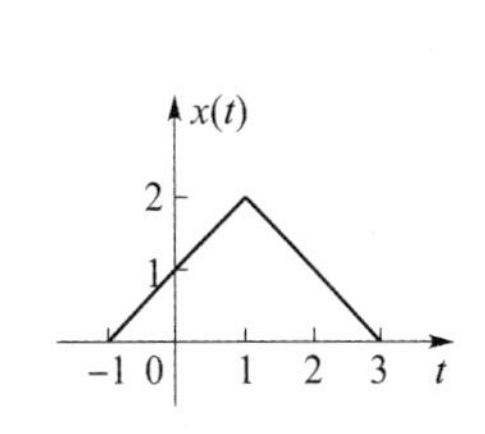

图 4.40　信号 $x(t)$

(a) $\varphi(\omega)$；　　(b) $X(0)$；　　(c) $\int_{-\infty}^{\infty} X(\omega)\mathrm{d}\omega$；

(d) $\mathcal{F}^{-1}\{\mathrm{Re}[X(\omega)]\}$的图形。

解：(a) $x(t+1) \leftrightarrow X(\omega)\mathrm{e}^{\mathrm{j}\omega}$

$$= |X(\omega)|\mathrm{e}^{\mathrm{j}\varphi(\omega)} \cdot \mathrm{e}^{\mathrm{j}\omega}$$

$$= |X(\omega)|\mathrm{e}^{\mathrm{j}(\varphi(\omega)+\omega)}$$

由于$x(t+1)$偶对称，根据共轭对称性可得$\varphi(\omega)+\omega=0$

因此$\varphi(\omega)=-\omega$

(b) $X(0)=\int_{-\infty}^{\infty} x(t)\mathrm{d}t = 4 \times 2 \times \dfrac{1}{2} = 4$

(c) $\int_{-\infty}^{\infty} X(\omega)\mathrm{d}\omega = 2\pi x(0) = 2\pi$

(d) $\mathcal{F}^{-1}\{\mathrm{Re}[X(\omega)]\} = x_e(t) = \dfrac{x(t)+x(-t)}{2}$

$\mathcal{F}^{-1}\{\mathrm{Re}[X(\omega)]\}$的图形如图 4.41 所示。

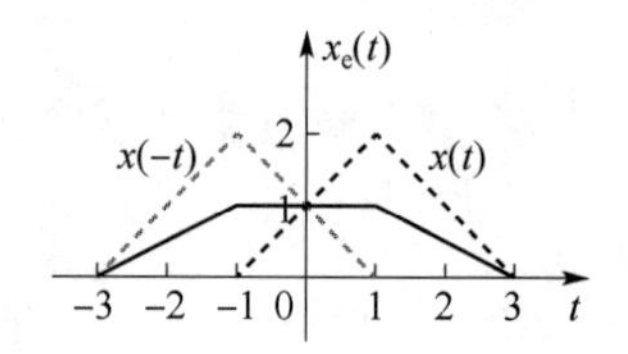

图 4.41　$\mathcal{F}^{-1}\{\mathrm{Re}[X(\omega)]\}$的图形

4.32　图 4.42 表示一调制和解调系统，已知调制信号$x_1(t)=\sin \Omega t+\dfrac{1}{3}\sin 3\Omega t$，载波信号$x_2(t)$为周期性矩形脉冲，周期$T=\dfrac{2\pi}{10\Omega}$(见图 4.43)，滤波器Ⅰ的通带范围是$5\Omega \sim 15\Omega$。

(a) 求出$x_3(t)$和$x_4(t)$的频谱；

(b) 为正确完成解调，求出$x_5(t)$的表达式，并说明滤波器Ⅱ通带范围如何决定。

(c) 在正确回答(b)之后，求出$x_6(t)$、$x_7(t)$及频谱函数。

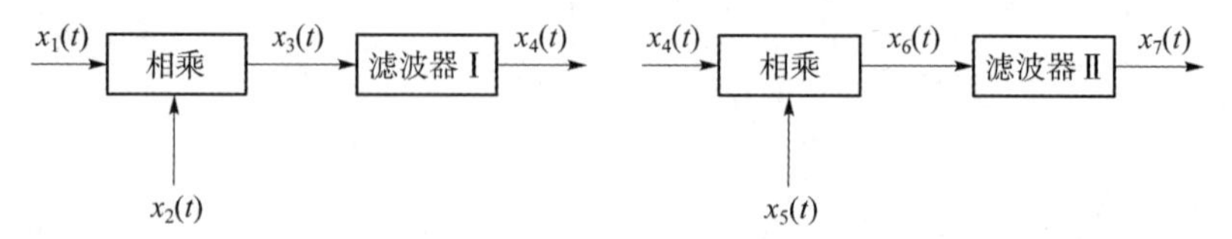

图 4.42　调制和解调系统

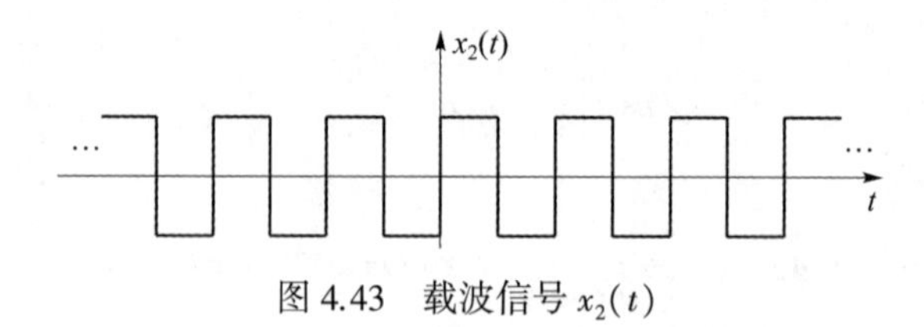

图 4.43　载波信号$x_2(t)$

解：(a) $x_1(t)=\sin \Omega t+\dfrac{1}{3}\sin 3\Omega t$

$$X_1(\omega)=\mathrm{j}\pi[\delta(\omega+\Omega)-\delta(\omega-\Omega)]+\frac{\mathrm{j}\pi}{3}[\delta(\omega+3\Omega)-\delta(\omega-3\Omega)]$$

$x_2(t)$：利用傅里叶级数和系数公式可直接求得$C_k=\dfrac{-2\mathrm{j}}{k\pi}$，$k$为奇数

$$X_2(\omega)=\sum_{k=-\infty}^{\infty}2\pi C_k\delta(\omega-k\omega_0)=\sum_{k=-\infty}^{\infty}\frac{-4\mathrm{j}}{k}\delta(\omega-k\cdot 10\Omega)$$

$$x_3(t)=x_1(t)\cdot x_2(t)$$

$$X_3(\omega)=\frac{1}{2\pi}X_1(\omega)*X_2(\omega)$$

$$=\frac{1}{2\pi}\cdot \mathrm{j}\pi\left\{\delta(\omega+\Omega)-\delta(\omega-\Omega)+\frac{1}{3}\delta(\omega+3\Omega)-\frac{1}{3}\delta(\omega-3\Omega)\right\}*$$

$$(-4\mathrm{j})\left\{[\delta(\omega-10\Omega)-\delta(\omega+10\Omega)]+\frac{1}{3}[\delta(\omega-30\Omega)-\delta(\omega+30\Omega)]+\cdots\right\}$$

$$=-2\left\{\delta(\omega-11\Omega)-\delta(\omega+9\Omega)+\frac{1}{3}\delta(\omega-31\Omega)-\frac{1}{3}\delta(\omega+29\Omega)-\right.$$

$$\delta(\omega-9\Omega)+\delta(\omega+11\Omega)+\frac{1}{3}\delta(\omega-29\Omega)+\frac{1}{3}\delta(\omega+31\Omega)+$$

$$\frac{1}{3}\delta(\omega-13\Omega)-\frac{1}{3}\delta(\omega+7\Omega)+\frac{1}{9}\delta(\omega-33\Omega)-\frac{1}{9}\delta(\omega+27\Omega)-$$

$$\left.\frac{1}{3}\delta(\omega-7\Omega)+\frac{1}{3}\delta(\omega+13\Omega)+\frac{1}{9}\delta(\omega+33\Omega)-\frac{1}{9}\delta(\omega-27\Omega)+\cdots\right\}$$

$$X_4(\omega)=X_3(\omega)\cdot H_1(\omega)$$

$$=-2\left\{\delta(\omega-11\Omega)-\delta(\omega+9\Omega)-\delta(\omega-9\Omega)+\delta(\omega+11\Omega)+\right.$$

$$\left.\frac{1}{3}\delta(\omega+13\Omega)+\frac{1}{3}\delta(\omega-13\Omega)-\frac{1}{3}\delta(\omega+7\Omega)-\frac{1}{3}\delta(\omega-7\Omega)\right\}$$

$$x_4(t)=\frac{2}{\pi}\left\{\frac{1}{3}\cos 7\Omega+\cos 9\Omega-\cos 11\Omega-\frac{1}{3}\cos 13\Omega\right\}$$

(b) $x_6(t)=x_4(t)\cdot x_5(t)$

$$x_5(t)=A\sin k\Omega t=A\sin 10\Omega t$$

$$X_5(\omega)=A\mathrm{j}\pi[\delta(\omega+10\Omega)-\delta(\omega-10\Omega)]$$

$$X_6(\omega)=\frac{1}{2\pi}X_4(\omega)*X_5(\omega)$$

$$=\frac{1}{2\pi}X_4(\omega)*A\mathrm{j}\pi[\delta(\omega+10\Omega)-\delta(\omega-10\Omega)]$$

$$=\mathrm{j}A\left(-\frac{1}{3}\right)[\delta(\omega-3\Omega)+\delta(\omega-17\Omega)-\delta(\omega+17\Omega)-\delta(\omega+3\Omega)]-$$

$$[\delta(\omega-19\Omega)+\delta(\omega-\Omega)-\delta(\omega+\Omega)-\delta(\omega+19\Omega)]+[\delta(\omega-21\Omega)+\delta(\omega+\Omega)-$$

$$\delta(\omega-\Omega)-\delta(\omega+21\Omega)]+\frac{1}{3}[\delta(\omega+3\Omega)+\delta(\omega-23\Omega)-\delta(\omega+23\Omega)-\delta(\omega-3\Omega)]$$

$$x_6(t)=\frac{A}{\pi}\left(\frac{1}{3}\sin 3\Omega+\frac{1}{3}\sin 17\Omega+\sin 19\Omega+\sin\Omega-\sin 21\Omega+\right.$$

$$\left.\sin\Omega+\frac{1}{3}\sin 3\Omega-\frac{1}{3}\sin 23\Omega\right)$$

$$=\frac{2A}{\pi}[x_1(t)-x_1(t)\cos 20\Omega t]$$

恢复 $x_1(t)$，幅值为 1，$\frac{2A}{\pi}=1$，$A=\frac{\pi}{2}$；

因此 $x_5(t)=\frac{\pi}{2}\sin 10\Omega t$；

滤波器Ⅱ的通带范围为：$0\sim4\Omega$。

(c) $x_6(t)$在(b)中已求出；$x_7(t)=x_1(t)$。

4.33　如图 4.44 所示，已知 $x(t)$的频谱密度函数为 $X(\omega)$，试根据傅里叶变换的性质(不作积分运算)，求

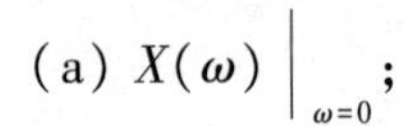

(a) $X(\omega)\big|_{\omega=0}$；

(b) $\int_{-\infty}^{\infty}X(\omega)\mathrm{d}\omega$；

(c) $\int_{-\infty}^{\infty}|X(\omega)|^2\mathrm{d}\omega$。

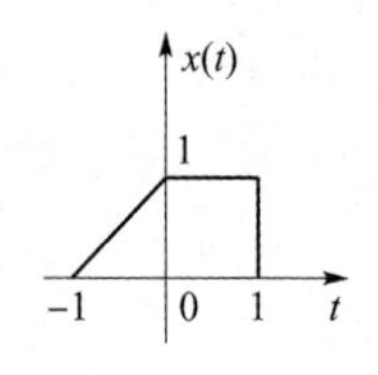

图 4.44　信号 $x(t)$

解：(a) $X(\omega)\big|_{\omega=0}=\int_{-\infty}^{\infty}x(t)\mathrm{d}t=\frac{1}{2}+1=\frac{3}{2}$

(b) $\int_{-\infty}^{\infty}X(\omega)\mathrm{d}\omega=2\pi x(0)=2\pi$

(c)
$$\begin{aligned}\int_{-\infty}^{\infty}|X(\omega)|^2\mathrm{d}\omega&=2\pi\int_{-\infty}^{\infty}x^2(t)\mathrm{d}t\\&=2\pi\left[\int_{-1}^{0}(t+1)^2\mathrm{d}t+\int_0^1\mathrm{d}t\right]\\&=2\pi\left[\left(\frac{1}{3}t^3+t^2+t\right)\Big|_{-1}^{0}+t\Big|_0^1\right]\\&=2\pi\left(\frac{1}{3}+1\right)=\frac{8\pi}{3}\end{aligned}$$

4.34　应用傅里叶变换的性质求 $\int_{-\infty}^{\infty}|\mathrm{sinc}(t)|^2\mathrm{d}t$。

解：
$$\begin{aligned}\int_{-\infty}^{\infty}|\mathrm{sinc}(t)|^2\mathrm{d}t&=\frac{1}{2\pi}\int_{-\infty}^{\infty}|\pi G_2(\omega)*\pi G_2(\omega)|\mathrm{d}\omega\\&=\frac{\pi}{2}\cdot\int_{-\infty}^{\infty}|G_2(\omega)*G_2(\omega)|\mathrm{d}\omega\\&=\pi\end{aligned}$$

4.35　已知信号 $x(t)$的功率谱密度 $P_X(\omega)$，试证明$\frac{\mathrm{d}x(t)}{\mathrm{d}t}$的功率谱密度为 $\omega^2P_X(\omega)$。

证明：$P_X(\omega)=\lim\limits_{T\to\infty}\frac{|X(\omega)|^2}{T}$

$$\frac{\mathrm{d}x(t)}{\mathrm{d}t}\leftrightarrow \mathrm{j}\omega X(\omega)$$

$$P_{X^{(1)}}(\omega)=\lim_{T\to\infty}\frac{|\mathrm{j}\omega X(\omega)|^2}{T}=\omega^2P_X(\omega)$$

4.36　试分别求图 4.45(a)、(b)、(c)所示信号的占有频带宽度。

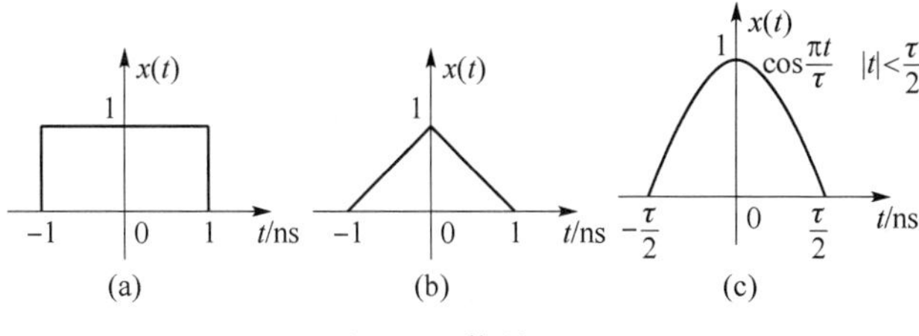

图 4.45　信号 $x(t)$

解：(a) $x(t)\leftrightarrow X(\omega)=2\text{sinc}\omega$

其频谱图如图 4.46 所示。

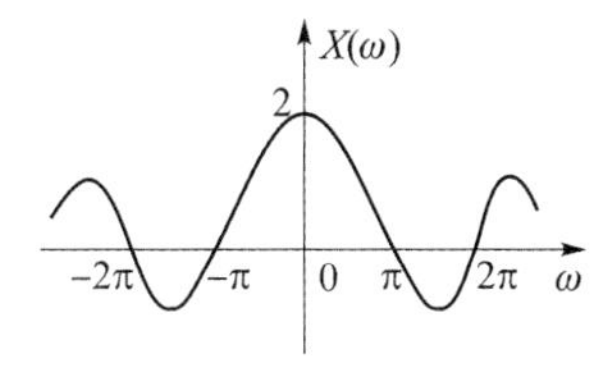

图 4.46　信号 $x(t)$的频谱

占有频带宽度：$\dfrac{2\pi}{T_1}=\pi\times10^9(\text{rad/s})$

(b) $x(t)=G(t)*G(t)\leftrightarrow X(\omega)=\left(\dfrac{1}{2}\text{sinc}\,\dfrac{\omega}{2}\right)^2=\dfrac{1}{4}\text{sinc}^2\,\dfrac{\omega}{2}$

其频谱图如图 4.47 所示。

占有频带宽度：$\dfrac{2\pi}{T_1}=\pi\times10^9(\text{rad/s})$

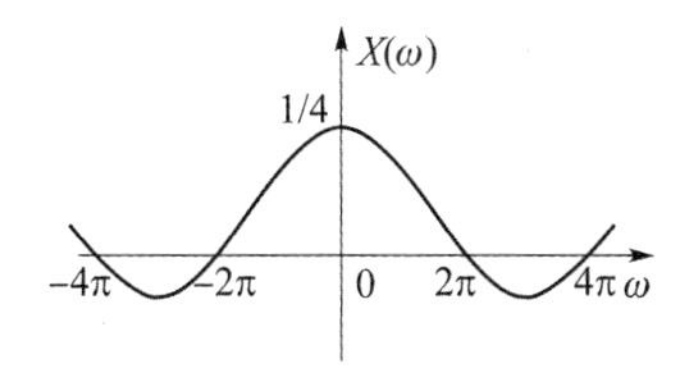

图 4.47　信号 $x(t)$的频谱

(c) $x(t)=G_\tau(t)\cdot\cos\dfrac{\pi t}{\tau}$

$$x(t)\leftrightarrow X(\omega)=\frac{1}{2\pi}\left\{\tau\text{sinc}\,\frac{\omega\tau}{2}*\pi\left[\delta\left(\omega+\frac{\pi}{\tau}\right)+\delta\left(\omega-\frac{\pi}{\tau}\right)\right]\right\}$$

$$=\frac{\tau}{2}\left[\text{sinc}\,\frac{\left(\omega+\dfrac{\pi}{\tau}\right)\tau}{2}+\text{sinc}\,\frac{\left(\omega-\dfrac{\pi}{\tau}\right)\tau}{2}\right]$$

其频谱图如图 4.48 所示。

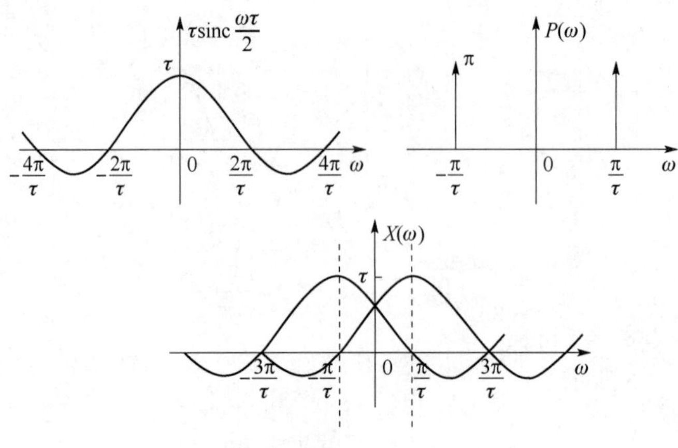

图 4.48　信号 $x(t)$ 的频谱

占有频带宽度：$\left(\frac{2\pi}{T_1}+\frac{\pi}{\tau}\right)\times10^9=\frac{3\pi}{\tau}\times10^9(\mathrm{rad/s})$

第五章　离散时间信号的谱分析

一、基本要求

① 掌握连续时间信号的离散化及时域的抽样定理。
② 掌握周期离散信号的傅里叶级数。
③ 掌握非周期离散信号的离散时间傅里叶变换。
④ 掌握傅里叶级数与离散时间傅里叶变换的关系。
⑤ 掌握典型离散信号的傅里叶变换,灵活运用离散时间傅里叶变换的性质。

二、知识要点

1. 抽样定理

(1)抽样信号

抽样是利用抽样脉冲 $p(t)$ 从连续时间信号 $x(t)$ 中抽取一系列离散样值的过程。经抽样后的信号称为抽样信号,以 $x_p(t)$ 表示。

(2)时域抽样定理

从抽样信号 $x_p(t)$ 中恢复出原信号,需满足两个条件:

① 被抽样信号 $x_p(t)$ 是带限信号,最高频率为 ω_m;

② 抽样频率 ω_s 需大于 $2\omega_m$,即 $\omega_s \geqslant 2\omega_m$,抽样间隔 $T \leqslant \frac{\pi}{\omega_m} \leqslant \frac{1}{2f_m}$。

通常把允许的最大抽样间隔 $T=\frac{\pi}{\omega_m}$称为奈奎斯特抽样间隔,而将最低抽样频率 $2\omega_m$ 称为奈奎斯特抽样率,把抽样频率 ω_s 称为奈奎斯特频率。

2. 离散傅里叶级数

以 N 为周期的离散信号可以表示成离散傅里叶级数形式:

$$x[n] = \sum_{k=\langle N\rangle} C_k e^{jk\frac{2\pi}{N}n}$$

$$C_k = \frac{1}{N}\sum_{n=\langle N\rangle} x[n] e^{-jk\frac{2\pi}{N}n}$$

其中,$\Omega_0=\frac{2\pi}{N}$是基波频率,C_k 是各次谐波的系数,C_k 的求取还可以应用联立方程法。即若取 $x[n]$的N 个值为 $x[0]$、$x[1]$、…、$x[N-1]$,则 N 个方程为

$$x[0] = \sum_{k=\langle N\rangle} C_k = C_0 + C_1 + \cdots + C_{N-1}$$

$$x[1]=\sum_{k=<N>}C_k e^{jk\left(\frac{2\pi}{N}\right)}$$
$$=C_0+C_1e^{j\frac{2\pi}{N}}+\cdots+C_{N-1}e^{j(N-1)\frac{2\pi}{N}}$$
$$\vdots$$
$$x[N-1]=\sum_{k=<N>}C_k e^{jk\left(\frac{2\pi}{N}\right)(N-1)}$$
$$=C_0+C_1e^{j\frac{2\pi}{N}(N-1)}+\cdots+C_{N-1}e^{j(N-1)\frac{2\pi}{N}(N-1)}$$

联立求解,即可得 C_k。

3. 离散时间傅里叶变换

非周期离散时间序列表示为离散时间傅里叶变换:

$$x[n]=\frac{1}{2\pi}\int_{2\pi}X(e^{j\Omega})e^{j\Omega n}d\Omega$$

$$X(e^{j\Omega})=\sum_{n=-\infty}^{\infty}x[n]e^{-j\Omega n}$$

4. 傅里叶级数与离散时间傅里叶变换的关系

① 非周期离散序列 $x[n]$ 延拓成周期信号的离散时间傅里叶级数的系数 C_k 与 $X(e^{j\Omega})$ 的关系为:

$$C_k=\frac{1}{N}X(e^{j\Omega})\Big|_{\Omega=k\Omega_0}$$

其中,N 是延拓周期序列的周期。

② 离散周期序列的离散时间傅里叶变换:

$$X(e^{j\Omega})=\sum_{k=-\infty}^{\infty}2\pi C_k\delta(\Omega-k\Omega_0),\ \Omega_0=\frac{2\pi}{N}$$

$X(e^{j\Omega})$ 是一个以 2π 为周期重复的周期性冲激序列。

5. 常用离散序列的离散时间傅里叶变换(见表 5.1)

表 5.1　常用离散序列的离散时间傅里叶变换

常用离散序列	DTFT
$\delta[n]$	1
1	$2\pi\sum_{k=-\infty}^{\infty}\delta(\Omega-2k\pi)$
$u[n]$	$\frac{1}{1-e^{-j\Omega}}+\pi\sum_{k=-\infty}^{\infty}\delta(\Omega-2k\pi)$
$a^n u[n]$	$\frac{1}{1-ae^{-j\Omega}},\ \lvert a\rvert<1$
$a^{\lvert n\rvert}$	$\frac{1-a^2}{1-2a\cos\Omega+a^2}$

续表

常用离散序列	DTFT
$u[n+M]-u[n-M]$	$\dfrac{\sin\left(\frac{\Omega}{2}(2M+1)\right)}{\sin\left(\frac{\Omega}{2}\right)}$
$\dfrac{\sin\Omega_c n}{\pi n}=\dfrac{\Omega_c}{\pi}\mathrm{sinc}(\Omega_c n)$	$\sum_{k=-\infty}^{\infty}[u(\Omega+\Omega_c-2k\pi)-u(\Omega-\Omega_c-2k\pi)]$
$e^{j\Omega_0 n}$	$2\pi\sum_{k=-\infty}^{\infty}\delta(\Omega-\Omega_0-2k\pi)$
$\sin\Omega_0 n$	$\dfrac{\pi}{j}\sum_{k=-\infty}^{\infty}[\delta(\Omega-\Omega_0-2k\pi)-\delta(\Omega+\Omega_0-2k\pi)]$
$\cos\Omega_0 n$	$\pi\sum_{k=-\infty}^{\infty}[\delta(\Omega-\Omega_0-2k\pi)-\delta(\Omega+\Omega_0-2k\pi)]$
$\sum_{k=-\infty}^{\infty}\delta[n-kN]$	$\Omega_0\sum_{k=-\infty}^{\infty}\delta(\Omega-k\Omega_0),\Omega_0=\dfrac{2\pi}{N}$
$(n+1)\alpha^n u[n]$	$\dfrac{1}{(1-\alpha e^{-j\Omega})^2},\lvert\alpha\rvert<1$

6. 离散时间傅里叶变换的性质(见表 5.2)

表 5.2　离散时间傅里叶变换的性质

性质	时域 $x[n]$	频域 $X(e^{j\Omega})$
1. 周期性	非周期、离散	周期、连续,周期 2π
2. 线性	$ax_1[n]+bx_2[n]$	$aX_1(e^{j\Omega})+bX_2(e^{j\Omega})$
3. 共轭对称性	$x[n]$为实数序列	$X(e^{-j\Omega})=X^*(e^{j\Omega})$
4. 位移性	$x[n-m]$	$X(e^{j\Omega})e^{-j\Omega m}$
5. 频移性	$x[n]e^{j\Omega_0 n}$	$X(e^{j(\Omega-\Omega_0)})$
6. 尺度变换	$x_{(k)}[n]=\begin{cases}x\left(\frac{n}{k}\right), & n\text{ 是 }k\text{ 的倍数}\\ 0, & n\text{ 不是 }k\text{ 的倍数}\end{cases}$	$X(e^{jk\Omega})$
7. 反转性	$x[-n]$	$X(e^{-j\Omega})$
8. 时域差分	$x[n]-x[n-1]$	$(1-e^{-j\Omega})X(e^{j\Omega})$
9. 时域求和	$\sum_{m=-\infty}^{\infty}x[m]$	$\dfrac{X(e^{j\Omega})}{1-e^{-j\Omega}}+\pi X(e^{j0})\sum_{k=-\infty}^{\infty}\delta(\Omega-2\pi k)$

续表

性质	时域 $x[n]$	频域 $X(e^{j\Omega})$
10. 频域微分	$nx[n]$	$j\frac{dX(e^{j\Omega})}{d\Omega}$
11.时域卷积	$x_1[n]*x_2[n]$	$X_1(e^{j\Omega})X_2(e^{j\Omega})$
12. 频域卷积	$x_1[n]x_2[n]$	$\frac{1}{2\pi}[X_1(e^{j\Omega})*X_2(e^{j\Omega})]$
13. 时域相关	$x_1[n]\circ x_2[n]$	$X_1(e^{j\Omega})X_2^*(e^{j\Omega})$
14. 非周期序列帕色伐尔定理	$\sum_{n=-\infty}^{\infty}[x[n]]^2=\frac{1}{2\pi}\int_{2\pi}\lvert X(e^{j\Omega})\rvert^2 d\Omega$	

7. **离散性与周期性**

傅里叶分析在时域与频域中离散性与周期性的对应关系如表 5.3。

表 5.3　离散性与周期性的对应关系

时域	频域
离散	周期
周期	离散
连续	非周期
非周期	连续

三、习题解答

5.1　求下列周期序列的数字频率、周期和离散傅里叶系数。

(a) $x[n]=\sin\frac{\pi}{4}(n-1)$;

(b) $x[n]=\cos\frac{2\pi}{3}n+\sin\frac{2\pi}{7}n$;

(c) $x[n]$以 4 为周期，且 $x[n]=1-\sin\frac{\pi}{4}n, 0\leqslant n\leqslant 3$;

(d) $x[n]$周期序列的图形如图 5.1 所示。

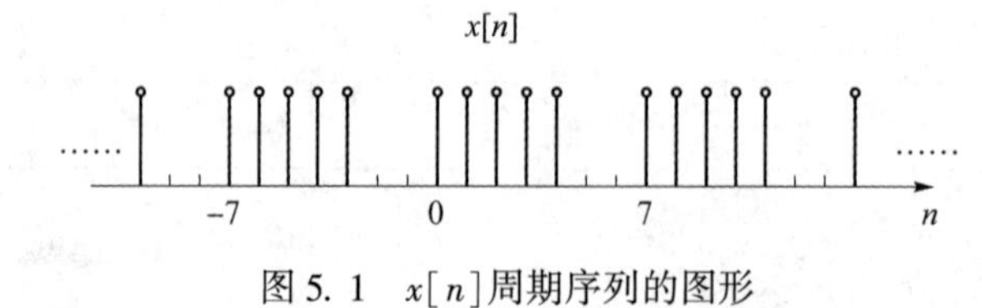

图 5. 1　$x[n]$周期序列的图形

解：

(a) $\Omega=\frac{\pi}{4},N=\frac{2\pi}{\Omega}=8$

$$x[n]=\frac{1}{2\mathrm{j}}[\mathrm{e}^{\mathrm{j}\frac{\pi}{4}(n-1)}-\mathrm{e}^{-\mathrm{j}\frac{\pi}{4}(n-1)}]$$

$$=\frac{1}{2\mathrm{j}}\mathrm{e}^{-\mathrm{j}\frac{\pi}{4}}\cdot\mathrm{e}^{\mathrm{j}\frac{\pi}{4}n}-\frac{1}{2\mathrm{j}}\mathrm{e}^{\mathrm{j}\frac{\pi}{4}}\cdot\mathrm{e}^{-\mathrm{j}\frac{\pi}{4}n}$$

$$C_1=\frac{1}{2\mathrm{j}}\mathrm{e}^{-\mathrm{j}\frac{\pi}{4}},C_{-1}=-\frac{1}{2\mathrm{j}}\mathrm{e}^{\mathrm{j}\frac{\pi}{4}}$$

(b) $\frac{\Omega_1}{2\pi}=\frac{\frac{2\pi}{3}}{2\pi}=\frac{1}{3},\frac{\Omega_2}{2\pi}=\frac{\frac{2\pi}{7}}{2\pi}=\frac{1}{7}$

所以 $N=21,\Omega=\frac{2\pi}{N}=\frac{2\pi}{21}$

$$x[n]=\frac{1}{2}(\mathrm{e}^{\mathrm{j}\frac{2\pi}{3}n}+\mathrm{e}^{-\mathrm{j}\frac{2\pi}{3}n})+\frac{1}{2\mathrm{j}}(\mathrm{e}^{\mathrm{j}\frac{2\pi}{7}n}-\mathrm{e}^{-\mathrm{j}\frac{2\pi}{7}n})$$

$$C_3=\frac{1}{2\mathrm{j}},C_{-3}=-\frac{1}{2\mathrm{j}},C_7=\frac{1}{2},C_{-7}=\frac{1}{2}$$

(c) $x[n]=1-\sin\frac{\pi}{4}n=1-\frac{1}{2\mathrm{j}}(\mathrm{e}^{\mathrm{j}\frac{\pi}{4}n}-\mathrm{e}^{-\mathrm{j}\frac{\pi}{4}n})$

$$\Omega=\frac{2\pi}{N}=\frac{\pi}{2}$$

$$C_k=\frac{1}{4}\sum_{n=0}^{3}\mathrm{e}^{-\mathrm{j}k\frac{\pi}{2}n}-\frac{1}{8\mathrm{j}}\sum_{n=0}^{3}\mathrm{e}^{-\mathrm{j}k\frac{\pi}{2}n(k-\frac{1}{2})}+\frac{1}{8\mathrm{j}}\sum_{n=0}^{3}\mathrm{e}^{-\mathrm{j}\frac{\pi}{2}n(k+\frac{1}{2})}$$

$$=\frac{1}{4}\frac{1-\mathrm{e}^{-\mathrm{j}2k\pi}}{1-\mathrm{e}^{-\mathrm{j}k\frac{\pi}{2}}}-\frac{1}{8\mathrm{j}}\frac{1-\mathrm{e}^{-\mathrm{j}2\pi(k-\frac{1}{2})}}{1-\mathrm{e}^{-\mathrm{j}\frac{\pi}{2}(k-\frac{1}{2})}}+\frac{1}{8\mathrm{j}}\frac{1-\mathrm{e}^{-\mathrm{j}2\pi(k+\frac{1}{2})}}{1-\mathrm{e}^{-\mathrm{j}\frac{\pi}{2}(k+\frac{1}{2})}}$$

$$=\frac{1}{4}\frac{1-\mathrm{e}^{-\mathrm{j}2k\pi}}{1-\mathrm{e}^{-\mathrm{j}k\frac{\pi}{2}}}-\frac{1}{2}\frac{\frac{\sqrt{2}}{2}}{2\cos\frac{k\pi}{2}-\sqrt{2}}$$

$$C_0=1-\frac{1}{4}(1+\sqrt{2})=\frac{3-\sqrt{2}}{4}$$

$$C_k=\frac{1}{4}(-1)^{k+1}\left(1+\sqrt{2}\cos\frac{k\pi}{2}\right),k=1,2,3$$

(d) $N=7,\Omega=\frac{2\pi}{N}=\frac{2}{7}\pi,m=2$

$$C_k=\frac{1}{N}\frac{\sin\left(2\pi k\frac{N_1+\frac{1}{2}}{N}\right)}{\sin\left(\frac{\pi k}{N}\right)}\cdot\mathrm{e}^{-\mathrm{j}k\frac{2\pi}{N}m}$$

$$=\frac{1}{7}\frac{\sin\frac{5}{7}k\pi}{\sin\frac{1}{7}k\pi}e^{-jk\frac{4\pi}{7}},1\leqslant k\leqslant 6$$

$$C_0=\frac{2N_1+1}{N}=\frac{5}{7}$$

5.2 已知 $x(t)$ 为一个有限带宽信号,其频带宽度为 B Hz,试求 $x(2t)$ 和 $x\left(\frac{t}{3}\right)$ 的奈奎斯特抽样率和奈奎斯特抽样间隔。

解:

$$x(at)\leftrightarrow\frac{1}{a}X\left(\frac{\omega}{a}\right)$$

(1) $x(2t)\leftrightarrow\frac{1}{2}X\left(\frac{\omega}{2}\right)$

$$f_m=2B(\text{Hz}),f_s\geqslant 2f_m=4B(\text{Hz}),T\leqslant\frac{1}{2f_m}=\frac{1}{4B}(\text{s})$$

(2) $x\left(\frac{t}{3}\right)\leftrightarrow 3X(3\omega)$

$$f_m=\frac{B}{3}(\text{Hz}),f_s\geqslant 2f_m=\frac{2B}{3}(\text{Hz}),T\leqslant\frac{1}{2f_m}=\frac{3}{2B}(\text{s})$$

5.3 已知 $x(t)=\frac{\sin 4\pi t}{\pi t}$,当对 $x(t)$ 抽样时,求能恢复原信号的最大抽样间隔。

解:

$$\omega_m=4\pi$$

$$T\leqslant\frac{\pi}{\omega_m}=\frac{1}{4}(\text{s})$$

5.4 试确定下列信号的最小抽样率和最大抽样间隔。

(a) $\text{sinc}(100t)$;

(b) $\text{sinc}^2(100t)$;

(c) $\text{sinc}(100t)+\text{sinc}(50t)$;

(d) $\text{sinc}(100t)+\text{sinc}^2(50t)$。

解:

(a) $\omega_m=100(\text{rad/s}),\omega_s\geqslant 200(\text{rad/s}),T\leqslant\frac{\pi}{\omega_m}=\frac{\pi}{100}(\text{s})$

(b) $\omega_m=200(\text{rad/s}),\omega_s\geqslant 400(\text{rad/s}),T\leqslant\frac{\pi}{\omega_m}=\frac{\pi}{200}(\text{s})$

(c) $\omega_m=100(\text{rad/s}),\omega_s\geqslant 2\omega_m=200(\text{rad/s}),T\leqslant\frac{\pi}{\omega_m}=\frac{\pi}{100}(\text{s})$

(d) $\omega_m=100(\text{rad/s}),\omega_s\geqslant 2\omega_m=200(\text{rad/s}),T\leqslant\frac{\pi}{\omega_m}=\frac{\pi}{100}(\text{s})$

5.5　已知连续时间信号 $x(t)=2\sin 2\pi\times2\times10^3t+\sin 2\pi\times4\times10^3t$，以 $T=0.1$ ms 的间隔进行抽样。

(a) 试画出 $x(t)$ 抽样前后的频谱图；

(b) 由 $x[n]$ 能否重建 $x(t)$？若以 $T=0.2$ ms 进行抽样怎样？

(c) 由 $x[n]$ 重建 $x(t)$，应通过何种滤波器？其截止频率如何选择？

解：

(a) $x(t)\leftrightarrow X(\omega)=2\{\mathrm{j}\pi[\delta(\omega+4\pi\times10^3)-\delta(\omega-4\pi\times10^3)]\}+$

$$\mathrm{j}\pi[\delta(\omega+8\pi\times10^3)-\delta(\omega-8\pi\times10^3)]$$

频谱图如图 5.2 所示。

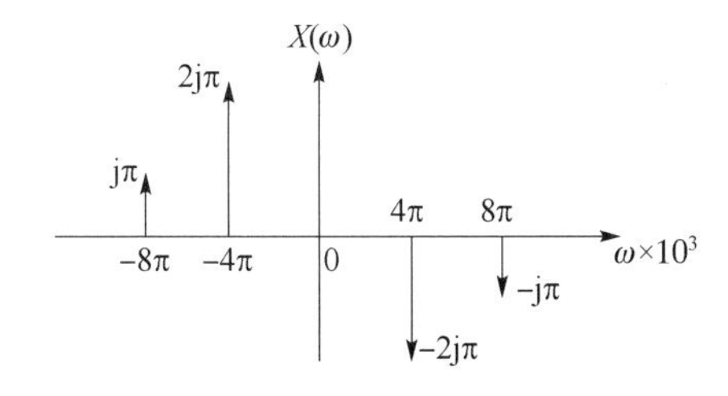

图 5.2　$x(t)$ 的频谱图

$$x_p(t)=x(t)p(t),p(t)=\sum_{k=-\infty}^{\infty}\delta(t-k\cdot0.1\times10^{-3})$$

$$X_P(\omega)=\frac{1}{2\pi}X(\omega)*P(\omega)=\frac{1}{2\pi}\left[X(\omega)*\frac{2\pi}{0.1\times10^{-3}}\sum_{k=-\infty}^{\infty}\delta\left(\omega-k\frac{2\pi}{0.1\times10^{-3}}\right)\right]$$

$$=\frac{1}{0.1\times10^{-3}}\sum_{k=-\infty}^{\infty}X\left(\omega-k\frac{2\pi}{0.1\times10^{-3}}\right)$$

$$=\frac{1}{0.1\times10^{-3}}\sum_{k=-\infty}^{\infty}X(\omega-k\cdot2\pi\cdot10^3)$$

其频谱图如图 5.3 所示。

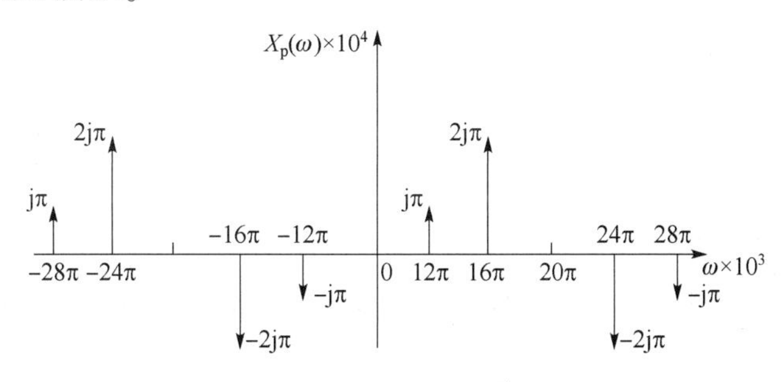

图 5.3　$X_P(\omega)$ 的频谱图

(b) $T=0.2(\text{ms}),\omega_s=\dfrac{2\pi}{0.2\times10^{-3}}=10\pi\times10^3(\text{rad/s})$

$\omega_m=8\pi\times10^3(\text{rad/s})$

$\omega_{1s}=20\pi\times10^3(\text{rad/s})>2\omega_m$，可以重建

$\omega_{2s}=10\pi\times10^3(\text{rad/s})<2\omega_m$，不能重建

(c) $\omega_m<\omega_c<\omega_s-\omega_m$，所以：

$8\pi\times10^3<\omega_c<(20\pi\times10^3-8\pi\times10^3)\text{rad/s}$

$4k$ Hz$<f_c<6k$ Hz，低通滤波器

5.6　求出下列信号在抽样瞬时 $t=0,\pm\dfrac{1}{4},\pm\dfrac{1}{2},\cdots$ 的样值。

(a) $\cos 2\pi t$；　(b) $\sin 4\pi t$。

解：

(a) $\cos 2\pi t$：$1,0,-1\cdots$

(b) $\sin 4\pi t$：$0,0,0\cdots$

5.7　已知周期序列如图 5.4 所示，试确定周期 N，写出离散傅里叶级数表达式，并求其离散傅里叶系数。

解：

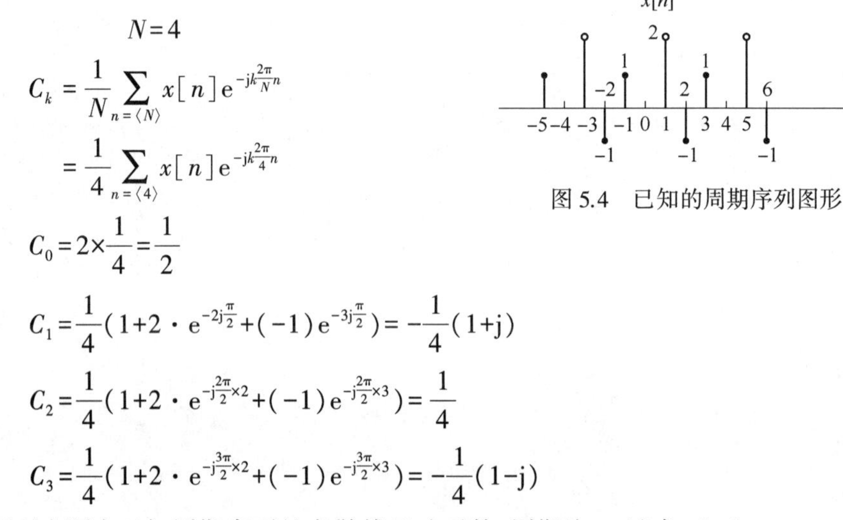

图 5.4　已知的周期序列图形

$$N=4$$

$$C_k=\frac{1}{N}\sum_{n=\langle N\rangle}x[n]\mathrm{e}^{-\mathrm{j}k\frac{2\pi}{N}n}=\frac{1}{4}\sum_{n=\langle 4\rangle}x[n]\mathrm{e}^{-\mathrm{j}k\frac{2\pi}{4}n}$$

$$C_0=2\times\frac{1}{4}=\frac{1}{2}$$

$$C_1=\frac{1}{4}(1+2\cdot\mathrm{e}^{-2\mathrm{j}\frac{\pi}{2}}+(-1)\mathrm{e}^{-3\mathrm{j}\frac{\pi}{2}})=-\frac{1}{4}(1+\mathrm{j})$$

$$C_2=\frac{1}{4}(1+2\cdot\mathrm{e}^{-\mathrm{j}\frac{2\pi}{2}\times2}+(-1)\mathrm{e}^{-\mathrm{j}\frac{2\pi}{2}\times3})=\frac{1}{4}$$

$$C_3=\frac{1}{4}(1+2\cdot\mathrm{e}^{-\mathrm{j}\frac{3\pi}{2}\times2}+(-1)\mathrm{e}^{-\mathrm{j}\frac{3\pi}{2}\times3})=-\frac{1}{4}(1-\mathrm{j})$$

5.8　在下列小题中已知周期序列的离散傅里叶系数，周期为 8，试求 $x[n]$。

(a) $C_k=\cos\dfrac{k\pi}{4}+\sin\dfrac{3k\pi}{4}$；

(b) $C_k=\begin{cases}\sin\dfrac{k\pi}{3}, & 0\leqslant k\leqslant 6\\ 0 & k=7\end{cases}$；

(c) C_k 如图 5.5(a) 所示；

(d) C_k 如图 5.5(b) 所示。

解：

$$x[n]=\sum_{k=\langle N\rangle}C_k\mathrm{e}^{\mathrm{j}k\frac{2\pi}{N}n}$$

$$(\text{a})\ x[n]=\sum_{k=0}^{7}\left(\cos\frac{k\pi}{4}+\sin\frac{3k\pi}{4}\right)e^{jk\frac{\pi}{4}n}$$

$$=1+\left(\cos\frac{\pi}{4}+\sin\frac{3\pi}{4}\right)e^{j\frac{\pi}{4}n}-e^{j\frac{\pi}{2}n}+\left(\cos\frac{3\pi}{4}+\sin\frac{\pi}{4}\right)e^{j\frac{3\pi}{4}n}-$$

$$(-1)^n-\left(\cos\frac{\pi}{4}+\sin\frac{\pi}{4}\right)e^{j\frac{5\pi}{4}n}+e^{j\frac{3\pi}{2}n}+\left(\cos\frac{\pi}{4}-\sin\frac{3\pi}{4}\right)e^{j\frac{7\pi}{4}n}$$

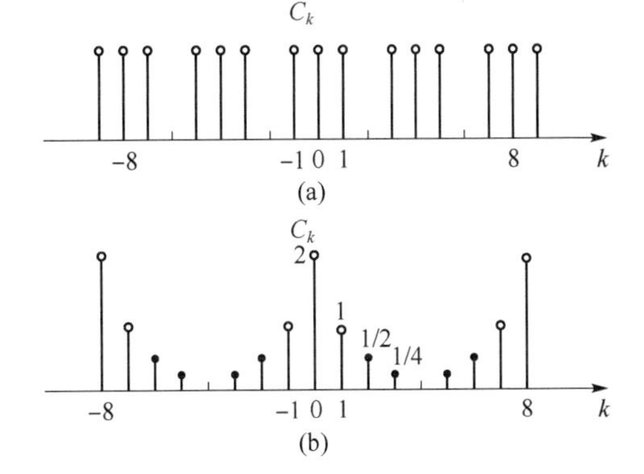

图 5.5　C_k 的值

(a) 题(c) 所示的 C_k 值大小;(b) 题(d) 所示的 C_k 值大小

$$(\text{b})\ x[n]=\sum_{k=0}^{7}\sin\frac{k\pi}{4}e^{jk\frac{\pi}{4}n}$$

$$=\sin\frac{\pi}{3}e^{j\frac{\pi}{4}n}+\sin\frac{2\pi}{3}e^{j\frac{\pi}{2}n}+\sin\frac{4\pi}{3}e^{j\pi n}+\sin\frac{5\pi}{3}e^{j\frac{5\pi}{4}n}$$

$$(\text{c})\ x[n]=\sum_{k=\langle N\rangle}C_k e^{jk\frac{2\pi}{N}n}=\sum_{k=\langle 8\rangle}C_k e^{jk\frac{2\pi}{8}n}$$

$$=C_0+C_1e^{j\frac{\pi}{4}n}+C_2e^{j2\frac{\pi}{4}n}+C_3e^{j3\frac{\pi}{4}n}+C_4e^{j4\frac{\pi}{4}n}+C_5e^{j5\frac{\pi}{4}n}+C_6e^{j6\frac{\pi}{4}n}+C_7e^{j7\frac{\pi}{4}n}$$

$$=1+e^{j\frac{\pi}{4}n}+e^{j\frac{3\pi}{4}n}+e^{j\pi n}+e^{j\frac{5\pi}{4}n}+e^{j\frac{7\pi}{4}n}$$

$$=1+(e^{j\frac{\pi}{4}n}+e^{j\frac{7\pi}{4}n})+(e^{j\frac{3\pi}{4}n}+e^{j\frac{5\pi}{4}n})+(-1)^n$$

$$=1+(-1)^n+2\cos\frac{\pi}{4}n+2\cos\frac{3\pi}{4}n$$

$$(\text{d})\ x[n]=\sum_{k=-3}^{4}C_k e^{jk\frac{\pi}{4}n}$$

$$=\frac{1}{4}e^{-j\frac{3\pi}{4}n}+\frac{1}{2}e^{-j\frac{\pi}{2}n}+e^{-j\frac{\pi}{4}n}+2+e^{j\frac{\pi}{4}n}+\frac{1}{2}e^{j\frac{\pi}{2}n}+\frac{1}{4}e^{j\frac{3\pi}{4}n}$$

$$=2+2\cos\frac{\pi}{4}n+\cos\frac{\pi}{2}n+\frac{1}{2}\cos\frac{3\pi}{4}n$$

5.9　设 $x[n]$是一个周期序列,其周期为 N,离散傅里叶级数表示为

$$x[n]=\sum_{k=\langle N\rangle}C_k e^{jk\left(\frac{2\pi}{N}\right)n}$$

(a) 求下列信号的傅里叶表示式,其离散傅里叶系数用 C_k 表示。

(Ⅰ) $x[n-m]$;

(Ⅱ) $x[n]-x[n-1]$；

(Ⅲ) $x[n]-x\left[n-\frac{N}{2}\right]$，$N$ 为偶数；

(Ⅳ) $x[n]+x\left[n+\frac{N}{2}\right]$，$N$ 为偶数，注意这个和序列的周期为$\frac{N}{2}$；

(Ⅴ) $(-1)^n x[n]$，N 为偶数；

(Ⅵ) $(-1)^n x[n]$，N 为奇数，注意该乘积序列的周期为 $2N$。

(b) 若 N 为偶数，且 $x[n]=-x\left[n+\frac{N}{2}\right]$，对全部 n，证明：对全部偶数 k，$C_k=0$。

解：(a)

(Ⅰ) $x[n-m]=\sum_{k=\langle N\rangle} C_k e^{jk\frac{2\pi}{N}(n-m)}$

$$=\sum_{k=\langle N\rangle} C_k e^{jk\frac{2\pi}{N}n}\cdot e^{-jk\frac{2\pi}{N}m}$$

$$\hat{C}_k=C_k e^{-jk\frac{2\pi}{N}m}$$

(Ⅱ) $\hat{C}_k=C_k-C_k e^{-jk\frac{2\pi}{N}}$

(Ⅲ) $\hat{C}_k=C_k-C_k e^{-jk\frac{2\pi}{N}\cdot\frac{N}{2}}$

$$=C_k(1-e^{-jk\pi})$$

$$=C_k[1-(-1)^k]=\begin{cases}2C_k, & k\text{ 为奇数}\\ 0, & k\text{ 为偶数}\end{cases}$$

(Ⅳ) 当假设周期为$\frac{N}{2}$时，不能随便使用位移性质。其傅里叶系数为：

$$\hat{C}_k=\frac{2}{N}\sum_{n=0}^{\frac{N}{2}-1}\left(x[n]+x\left[n+\frac{N}{2}\right]\right)e^{-jk\frac{4\pi}{N}n}$$

$$=\frac{2}{N}\sum_{n=0}^{\frac{N}{2}-1}x[n]e^{-jk\frac{4\pi}{N}n}+\frac{2}{N}\sum_{n=0}^{\frac{N}{2}-1}x\left[n+\frac{N}{2}\right]e^{-jk\frac{4\pi}{N}n}$$

$$=\frac{2}{N}\sum_{n=0}^{\frac{N}{2}-1}x[n]e^{-jk\frac{4\pi}{N}n}+\frac{2}{N}\sum_{n=\frac{N}{2}}^{N-1}x[n]e^{-jk\frac{4\pi}{N}n}\cdot e^{-jk\frac{4\pi}{N}\frac{N}{2}}$$

$$=\frac{2}{N}\sum_{n=0}^{N-1}x[n]e^{-j2k\frac{2\pi}{N}n}$$

$$=2C_{2k}$$

(Ⅴ) $\hat{C}_k=\frac{1}{N}\sum_{n=\langle N\rangle}(-1)^n x[n]e^{-jk\frac{2\pi}{N}n}$

$$=\frac{1}{N}\sum_{n=\langle N\rangle}x[n]e^{j\pi n}e^{-jk\frac{2\pi}{N}n}$$

$$= \frac{1}{N}\sum_{n=\langle N\rangle} x[n]\mathrm{e}^{-\mathrm{j}\left(k-\frac{2\pi}{N}\right)\frac{2\pi}{N}n}$$

$$= C_{k-\frac{N}{2}}$$

（Ⅵ）当 N 为奇数时，$(-1)^n x[n]$ 的周期为 $2N$，则

$$\hat{C}_k = \frac{1}{2N}\sum_{n=\langle 2N\rangle}(-1)^n x[n]\mathrm{e}^{-\mathrm{j}k\frac{\pi}{N}n}$$

$$= \frac{1}{2N}\sum_{n=\langle 2N\rangle} x[n]\mathrm{e}^{\mathrm{j}\pi n}\mathrm{e}^{-\mathrm{j}k\frac{\pi}{N}n}$$

$$= \frac{1}{2N}\left[\sum_{n=0}^{N-1} x[n]\mathrm{e}^{-\mathrm{j}\frac{2\pi}{N}n\left(\frac{k-N}{2}\right)} + \sum_{n=N}^{2N-1} x[n]\mathrm{e}^{-\mathrm{j}\frac{2\pi}{N}n\left(\frac{k-N}{2}\right)}\right]$$

$$= \frac{1}{2N}\left[\sum_{n=0}^{N-1} x[n]\mathrm{e}^{-\mathrm{j}\frac{2\pi}{N}n\left(\frac{k-N}{2}\right)} + \sum_{n=0}^{N-1} x[n+N]\mathrm{e}^{-\mathrm{j}\frac{2\pi}{N}n\left(\frac{k-N}{2}\right)}\cdot \mathrm{e}^{-\mathrm{j}\pi(k-N)}\right]$$

$$= \frac{1}{2N}\sum_{n=0}^{N-1} x[n]\mathrm{e}^{-\mathrm{j}\frac{2\pi}{N}n\left(\frac{k-N}{2}\right)}\left(1+\mathrm{e}^{-\mathrm{j}\pi(k-N)}\right)$$

$$= \frac{1}{2}C_{\frac{k-N}{2}}\left(1+\mathrm{e}^{-\mathrm{j}\pi(k-N)}\right) = \begin{cases} C_{\frac{k-N}{2}}, & k\ \text{为奇数} \\ 0, & k\ \text{为偶数} \end{cases}$$

(b)

证明：$C_k = \frac{1}{N}\sum_{n=0}^{N-1} x[n]\mathrm{e}^{-\mathrm{j}k\frac{2\pi}{N}n}$

$$= \frac{1}{N}\sum_{n=0}^{\frac{N}{2}-1} x[n]\mathrm{e}^{-\mathrm{j}k\frac{2\pi}{N}n} + \frac{1}{N}\sum_{n=\frac{N}{2}}^{N-1} x[n]\mathrm{e}^{-\mathrm{j}k\frac{2\pi}{N}n}$$

$$= \frac{1}{N}\sum_{n=0}^{\frac{N}{2}-1} x[n]\mathrm{e}^{-\mathrm{j}k\frac{2\pi}{N}n} + \frac{\mathrm{e}^{-\mathrm{j}k\pi}}{N}\sum_{n=0}^{\frac{N}{2}-1} x\left[n+\frac{N}{2}\right]\mathrm{e}^{-\mathrm{j}k\frac{2\pi}{N}n}$$

$$= \frac{1}{N}\sum_{n=0}^{\frac{N}{2}-1} x[n]\mathrm{e}^{-\mathrm{j}k\frac{2\pi}{N}n} - \frac{\mathrm{e}^{-\mathrm{j}k\pi}}{N}\sum_{n=0}^{\frac{N}{2}-1} x[n]\mathrm{e}^{-\mathrm{j}k\frac{2\pi}{N}n}$$

$$= 0\ (\text{对所有偶数 } k)$$

5.10　计算下列序列的离散时间傅里叶变换。

(a) $x[n]$ 如图 5.6(a) 所示；

(b) $2^n u[-n]$；

(c) $\left(\frac{1}{4}\right)^n u[n+2]$；

(d) $(a^n \sin \Omega_0 n)u[n]$，$|a|\leq 1$；

(e) $a^{|n|}\sin \Omega_0 n$，$|a|<1$；

(f) $\left(\frac{1}{2}\right)^n (u[n+3]-u[n-2])$；

(g) $n\{u[n+N]-u[n-N-1]\}$；

(h) $\cos\left(\frac{18\pi}{7}n\right)+\sin(2n)$;

(i) $\sum_{k=0}^{\infty}\left(\frac{1}{4}\right)^{n}\delta[n-3k]$;

(j) $x[n]$如图 5.6(b) 所示;

(k) $\delta[4-2n]$;

(l) $x[n]=\begin{cases}\cos\frac{\pi}{3}, & -4\leqslant n\leqslant 4\\ 0, & 其他\end{cases}$;

(m) $n\left(\frac{1}{2}\right)^{|n|}$;

(n) $\left[\frac{\sin\frac{\pi}{3}n}{\pi n}\right]\left[\frac{\sin\frac{\pi}{4}n}{\pi n}\right]$;

(o) $x[n]$如图 5.6(c) 所示。

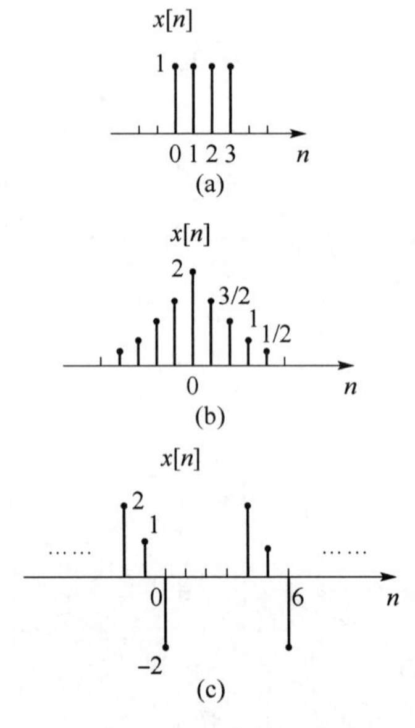

图 5.6 $x[n]$的图形

(a) 题(a) 对应的 $x[n]$的图形;(b) 题(j)对应的 $x[n]$的图形;(c) 题(o)对应的 $x[n]$的图形

解:

(a) $X(e^{j\Omega})=\sum_{n=0}^{3}x[n]e^{-j\Omega n}=\sum_{n=0}^{3}e^{-j\Omega n}$

$$=\frac{1-e^{-j\Omega 4}}{1-e^{-j\Omega}}=\frac{\sin 2\Omega}{\sin\frac{\Omega}{2}}e^{-j\frac{3}{2}\Omega}$$

(b) $X(e^{j\Omega}) = \sum_{n=-\infty}^{0} 2^n e^{-j\Omega n} = \sum_{n=0}^{\infty} 2^{-n} e^{j\Omega n}$

$$= \frac{1}{1 - \frac{1}{2}e^{j\Omega}}$$

(c) $x[n] = \left(\frac{1}{4}\right)^n u[n+2] = \left(\frac{1}{4}\right)^{n+2} u[n+2] \cdot \left(\frac{1}{4}\right)^{-2}$

$$X(e^{j\Omega}) = 16 \cdot \frac{1}{1-\frac{1}{4}e^{-j\Omega}} e^{j2\Omega}$$

(d) $x[n] = (a^n \sin\Omega_0 n) u[n] = \frac{1}{2j} a^n (e^{j\Omega_0 n} - e^{-j\Omega_0 n}) u[n]$

$$X(e^{j\Omega}) = \frac{1}{2j} \frac{1}{1-ae^{-j(\Omega-\Omega_0)}} + \frac{1}{1-ae^{-j(\Omega+\Omega_0)}}$$

$$= \frac{a\sin \Omega_0 e^{-j\Omega}}{1-2a\cos \Omega_0 e^{-j\Omega} + a^2 e^{-j2\Omega}}$$

(e) 因为 $a^{|n|} \leftrightarrow \frac{1-a^2}{1-2a\cos\Omega + a^2}$

$$a^{|n|} \sin \Omega_0 n = a^{|n|} \left[\frac{1}{2j}(e^{j\Omega_0 n} - e^{-j\Omega_0 n})\right]$$

$$x(e^{j\Omega}) = \frac{1}{2j} \frac{1-a^2}{1-2a\cos(\Omega-\Omega_0)+a^2} - \frac{1}{2j} \frac{1-a^2}{1-2a\cos(\Omega+\Omega_0)+a^2}$$

$$= \frac{2ja(a^2-1)\sin \Omega_0 \sin \Omega}{(1+2a^2\cos \Omega_0)^2 - 4a(1+a^2)\cos \Omega_0 \cos \Omega + 2a^2 \cos 2\Omega}$$

(f) $x[n] = \left(\frac{1}{2}\right)^n u[n+3] - \left(\frac{1}{2}\right)^n u[n-2]$

$$= \left(\frac{1}{2}\right)^{n+3} \cdot \left(\frac{1}{2}\right)^{-3} u[n+3] - \left(\frac{1}{2}\right)^{n-2} \cdot \left(\frac{1}{2}\right)^2 u[n-2]$$

$$= 8 \cdot \left(\frac{1}{2}\right)^{n+3} u[n+3] - \frac{1}{4}\left(\frac{1}{2}\right)^{n-2} u[n-2]$$

$$X(e^{j\Omega}) = \frac{8e^{j3\Omega}}{1-\frac{1}{2}e^{-j\Omega}} - \frac{\frac{1}{4}e^{-j2\Omega}}{1-\frac{1}{2}e^{-j\Omega}} = \frac{8e^{3j\Omega} - \frac{1}{4}e^{-j2\Omega}}{1-\frac{1}{2}e^{-j\Omega}}$$

(g) $x[n] = n(u[n+N] - u[n-N-1])$

令 $x_1[n] = u[n+N] - u[n-N-1]$，则

$$X_1(e^{j\Omega}) = \frac{\sin\left(N+\frac{1}{2}\right)\Omega}{\sin \frac{1}{2}\Omega}$$

所以，$X(e^{j\Omega})=j\dfrac{dx_1(e^{j\Omega})}{d\Omega}=j\dfrac{N\cos\left(N+\dfrac{1}{2}\right)\Omega}{\sin\dfrac{1}{2}\Omega}-j\dfrac{\sin N\Omega}{2\sin^2\dfrac{\Omega}{2}}$

(h) $X(e^{j\Omega})=\pi\sum_{k=-\infty}^{\infty}\left[\delta\left(\Omega-\dfrac{18\pi}{7}-2k\pi\right)+\delta\left(\Omega+\dfrac{18\pi}{7}-2k\pi\right)\right]+$

$j\pi\sum_{k=-\infty}^{\infty}[\delta(\Omega+2-2k\pi)-\delta(\Omega-2-2k\pi)]$

(i) $X(e^{j\Omega})=\sum_{n=-\infty}^{\infty}\sum_{k=0}^{\infty}\left(\dfrac{1}{4}\right)^n\delta[n-3k]e^{-j\Omega n}$

$=\sum_{k=0}^{\infty}\left(\dfrac{1}{4}\right)^{3k}\sum_{n=-\infty}^{\infty}\delta[n-3k]e^{-j\Omega n}$

$=\sum_{k=0}^{\infty}\left(\dfrac{1}{4}\right)^{3k}\cdot e^{-j3k\Omega}=\dfrac{1}{1-\left(\dfrac{1}{4}e^{-j\Omega}\right)^3}$

(j) $x[n]=\dfrac{1}{2}\delta[n+3]+\delta[n+2]+\dfrac{3}{2}\delta[n+1]+2\delta[n]+\dfrac{3}{2}\delta[n-1]+\delta[n-2]+\dfrac{1}{2}\delta[n-3]$

$X(e^{j\Omega})=\dfrac{1}{2}e^{j3\Omega}+e^{j2\Omega}+\dfrac{3}{2}e^{j\Omega}+2+\dfrac{3}{2}e^{-j\Omega}+e^{-j2\Omega}+\dfrac{1}{2}e^{-j3\Omega}$

$=\cos 3\Omega+2\cos 2\Omega+3\cos\Omega+2$

(k) $x[n]=\delta[4-2n]$

$X(e^{j\Omega})=e^{-j2\Omega}$

(l) $x[n]=\cos\dfrac{\pi}{3}n=\dfrac{1}{2}\left(e^{j\frac{\pi}{3}n}+e^{-j\frac{\pi}{3}n}\right)$

$X(e^{j\Omega})=\dfrac{1}{2}\left(\sum_{n=-4}^{4}e^{j\frac{\pi}{3}n}\cdot e^{-j\Omega n}+\sum_{n=-4}^{4}e^{-j\frac{\pi}{3}n}\cdot e^{-j\Omega n}\right)$

$=\dfrac{e^{j4\left(\Omega-\frac{\pi}{3}\right)}-e^{-j5\left(\Omega-\frac{\pi}{3}\right)}}{2\left(1-e^{-j\left(\Omega-\frac{\pi}{3}\right)}\right)}+\dfrac{e^{-j4\left(\Omega-\frac{\pi}{3}\right)}-e^{-j5\left(\Omega+\frac{\pi}{3}\right)}}{2\left(1-e^{-j\left(\Omega+\frac{\pi}{3}\right)}\right)}$

(m) $x[n]=n\left(\dfrac{1}{2}\right)^{|n|}$

令 $x_1[n]=\left(\dfrac{1}{2}\right)^{|n|}$，则

$$X_1(e^{j\Omega})=\frac{1}{1-\frac{1}{2}e^{-j\Omega}}+\frac{1}{1-\frac{1}{2}e^{j\Omega}}-1=\frac{\frac{3}{4}}{\frac{5}{4}-\cos\Omega}$$

所以

$$X(e^{j\Omega})=j\frac{d}{d\Omega}X_1(e^{j\Omega})=-j\frac{\frac{3}{4}\sin\Omega}{\left(\frac{5}{4}-\cos\Omega\right)^2}$$

(n) $x(e^{j\Omega})=\dfrac{1}{2\pi}x_1(e^{j\Omega})*x_2(e^{j\Omega})$

$$=\frac{1}{2\pi}G_{\frac{2\pi}{3}}(e^{j\Omega})*G_{\frac{2\pi}{2}}(e^{j\Omega})$$

离散时间傅里叶变换如图 5.7 所示。

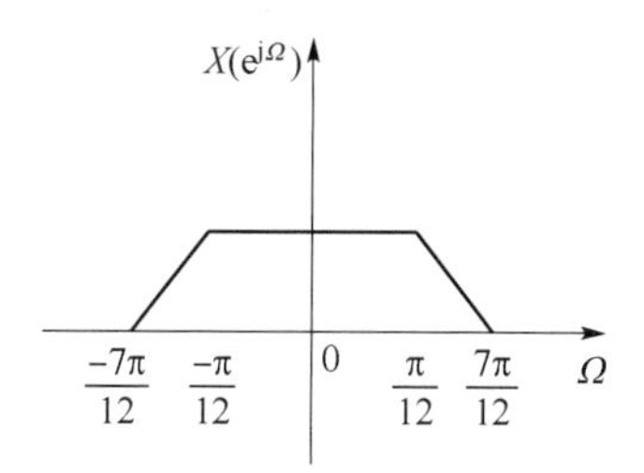

图 5.7　离散时间傅里叶变换图形

(o) $x[n]$为周期信号,周期 $N=6$,一个周期内

$$x[n]=2\delta[n+1]+\delta[n]-2\delta[n-1]$$

$$C_k=\frac{1}{6}\sum_{n=-1}^{1}(2\delta[n+1]+\delta[n]-2\delta[n-1])e^{-jk\frac{\pi}{3}n}$$

$$=\frac{1}{6}(2e^{jk\frac{\pi}{3}}+1-2e^{-jk\frac{\pi}{3}})=\frac{1}{6}\left(1+4j\sin\frac{k\pi}{3}\right)$$

$$X(e^{j\Omega})=\sum_{l=-\infty}^{\infty}\sum_{k=0}^{5}2\pi C_k\delta(\Omega-\frac{k\pi}{3}-2\pi l)$$

$$=\sum_{l=-\infty}^{\infty}\sum_{k=0}^{5}\frac{\pi}{3}(1+4j\sin\frac{k\pi}{3})\delta(\Omega-\frac{k\pi}{3}-2\pi l)$$

5.11　下面是一些离散时间信号的傅里叶变换,试确定与每个变换相对应的信号。

(a) $X(e^{j\Omega})=\begin{cases}0, & 0\leqslant|\Omega|\leqslant\omega\\ 1, & \omega<|\Omega|\leqslant\pi\end{cases}$;

(b) $X(e^{j\Omega})=1-2e^{-j3\Omega}+4e^{j2\Omega}+3e^{-j6\Omega}$;

(c) $X(e^{j\Omega})=\sum\limits_{k=-\infty}^{\infty}(-1)^k\delta\left(\Omega-\dfrac{k\pi}{2}\right)$;

(d) $X(e^{j\Omega})=\cos^2\Omega$;

(e) $X(e^{j\Omega})=\cos\dfrac{\Omega}{2}+j\sin\Omega,-\pi\leqslant\Omega\leqslant\pi$;

(f) $X(e^{j\Omega})$如图 5.8(a) 所示;

(g) $X(e^{j\Omega})$如图 5.8(b) 所示;

(h) $|X(e^{j\Omega})|=\begin{cases}0, & 0\leqslant|\Omega|\leqslant\dfrac{\pi}{3}\\ 1, & \dfrac{\pi}{3}<|\Omega|\leqslant\dfrac{2\pi}{3},\\ 0, & \dfrac{2\pi}{3}<|\Omega|\leqslant\pi\end{cases}$　$\arg X(e^{j\Omega})=2\Omega$;

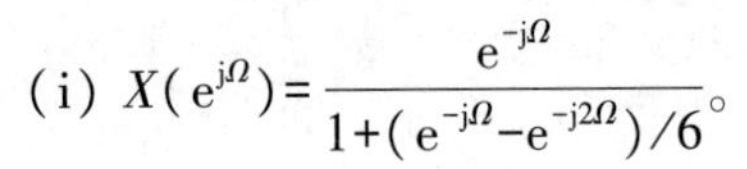

(i) $X(\mathrm{e}^{\mathrm{j}\Omega})=\dfrac{\mathrm{e}^{-\mathrm{j}\Omega}}{1+(\mathrm{e}^{-\mathrm{j}\Omega}-\mathrm{e}^{-\mathrm{j}2\Omega})/6}$。

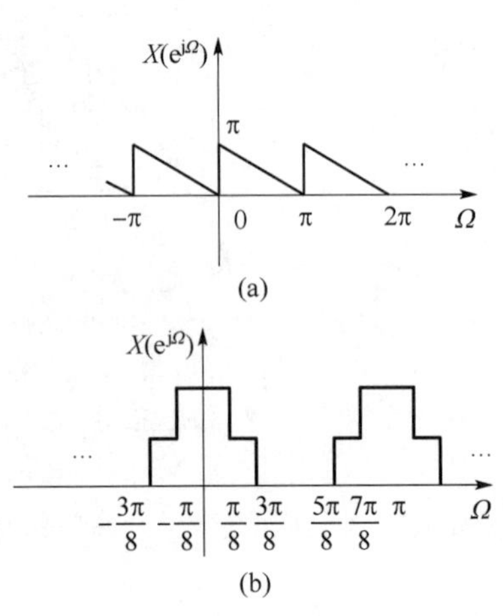

图 5.8　傅里叶变换图

(a)题(f)离散时间信号的傅里叶变换图;(b)题(g)离散时间信号的傅里叶变换图

解:

(a) $x[n]=\dfrac{1}{2\pi}\left(\int_{-\pi}^{-\omega}\mathrm{e}^{\mathrm{j}\Omega n}\mathrm{d}\Omega+\int_{\omega}^{\pi}\mathrm{e}^{\mathrm{j}\Omega n}\mathrm{d}\Omega\right)$

$$=\frac{1}{2\pi\mathrm{j}n}\mathrm{e}^{\mathrm{j}\Omega n}\Big|_{-\pi}^{-\omega}+\frac{1}{2\pi\mathrm{j}n}\mathrm{e}^{\mathrm{j}\Omega n}\Big|_{\omega}^{\pi}$$

$$=\delta[n]-\frac{\sin\omega n}{\pi\omega}$$

(b) $x[n]=\delta[n]-2\delta[n-3]+4\delta[n+2]+3\delta[n-6]$

(c) 在 2π 范围内,

$$X(\mathrm{e}^{\mathrm{j}\Omega})=\delta(\Omega)-\delta\left(\Omega-\frac{\pi}{2}\right)-\delta\left(\Omega+\frac{\pi}{2}\right)+\delta(\Omega-\pi)$$

$$x[n]=\frac{1}{2\pi}(1-\mathrm{e}^{-\mathrm{j}\frac{\pi}{2}n}-\mathrm{e}^{\mathrm{j}\frac{\pi}{2}n}+\mathrm{e}^{-\mathrm{j}\pi n})$$

$$=\frac{1}{2\pi}\left(1-2\cos\frac{\pi n}{2}+\cos n\pi\right)$$

(d) $X(\mathrm{e}^{\mathrm{j}\Omega})=\dfrac{1}{2}(1+\cos 2\Omega)=\dfrac{1}{2}+\dfrac{1}{4}\mathrm{e}^{\mathrm{j}2\Omega}+\dfrac{1}{4}\mathrm{e}^{-\mathrm{j}2\Omega}$

$$x[n]=\frac{1}{2}\delta[n]+\frac{1}{4}\delta[n+2]+\frac{1}{4}\delta[n-2]$$

(e) $X(\mathrm{e}^{\mathrm{j}\Omega})=\dfrac{1}{2}\mathrm{e}^{\mathrm{j}\frac{1}{2}\Omega}+\dfrac{1}{2}\mathrm{e}^{-\mathrm{j}\frac{1}{2}\Omega}+\dfrac{1}{2}\mathrm{e}^{\mathrm{j}\Omega}-\dfrac{1}{2}\mathrm{e}^{-\mathrm{j}\Omega}$

$$x[n]=\frac{1}{4\pi}\int_{-\pi}^{\pi}(\mathrm{e}^{\mathrm{j}\frac{1}{2}\Omega}+\mathrm{e}^{-\mathrm{j}\frac{1}{2}\Omega})\mathrm{e}^{\mathrm{j}\Omega n}\mathrm{d}\Omega+\frac{1}{2}\delta[n+1]-\frac{1}{2}\delta[n-1]$$

$$=\frac{(-1)^{n+1}}{2\pi\left(n^2-\frac{1}{4}\right)}+\frac{1}{2}\delta[n+1]-\frac{1}{2}\delta[n-1]$$

(f) $X(e^{j\Omega})=\begin{cases}-\Omega, & -\pi\leqslant\Omega\leqslant 0\\ \pi-\Omega, & 0<\Omega\leqslant\pi\end{cases}$

$$x[n]=\frac{1}{2\pi}\int_{-\pi}^{0}(-\Omega)e^{j\Omega n}d\Omega+\frac{1}{2\pi}\int_{0}^{\pi}(\pi-\Omega)e^{j\Omega n}d\Omega$$

$$=\frac{1}{2\pi}\int_{-\pi}^{0}(-\Omega)e^{j\Omega n}d\Omega+\frac{1}{2\pi}\int_{0}^{\pi}(-\Omega)e^{j\Omega n}d\Omega+\frac{1}{2\pi}\int_{0}^{\pi}\pi e^{j\Omega n}d\Omega$$

$$=-\frac{1}{2\pi}\left(\frac{\Omega}{jn}e^{j\Omega n}+\frac{1}{n^2}e^{j\Omega n}\right)\Bigg|_{-\pi}^{0}-\frac{1}{2\pi}\left(\frac{\Omega}{jn}e^{j\Omega n}+\frac{1}{n^2}e^{j\Omega n}\right)\Bigg|_{0}^{\pi}+\frac{1}{j2n}[(-1)^n-1]$$

$$=\frac{(-1)^n-1}{j2n}-\frac{(-1)^n}{jn}$$

$$=j\frac{1+(-1)^n}{2n}=\begin{cases}0, & n\text{ 为奇数}\\ \frac{j}{n}, & n\text{ 为偶数}\end{cases}$$

$n=0$ 时, $x[0]=\frac{1}{2\pi}\int_{-\pi}^{\pi}X(e^{j\Omega})d\Omega=\frac{\pi}{2}$

(g) 将 $X(e^{j\Omega})$ 分成两部分分别考虑,其信号如图 5.9 所示。

$$X(e^{j\Omega})=X_1(e^{j\Omega})+X_2(e^{j\Omega})$$

$$x_1[n]=\frac{1}{2\pi}\int_{-\pi}^{-\frac{5\pi}{8}}e^{j\Omega n}d\Omega+\frac{1}{2\pi}\int_{-\frac{3\pi}{8}}^{\frac{3\pi}{8}}e^{j\Omega n}d\Omega+\frac{1}{2\pi}\int_{\frac{5\pi}{8}}^{\pi}e^{j\Omega n}d\Omega$$

$$=\frac{1}{j2\pi n}e^{j\Omega n}\Bigg|_{-\pi}^{-\frac{5\pi}{8}}+\frac{1}{j2\pi n}e^{j\Omega n}\Bigg|_{-\frac{3\pi}{8}}^{\frac{3\pi}{8}}+\frac{1}{j2\pi n}e^{j\Omega n}\Bigg|_{\frac{5\pi}{8}}^{\pi}$$

$$=\frac{1}{n\pi}\left(\sin\frac{3\pi}{8}n-\sin\frac{5\pi}{8}n\right)$$

$$x_2[n]=\frac{1}{2\pi}\int_{-\pi}^{-\frac{7\pi}{8}}e^{j\Omega n}d\Omega+\frac{1}{2\pi}\int_{-\frac{\pi}{8}}^{\frac{\pi}{8}}e^{j\Omega n}d\Omega+\frac{1}{2\pi}\int_{\frac{7\pi}{8}}^{\pi}e^{j\Omega n}d\Omega$$

$$=\frac{1}{j2\pi n}e^{j\Omega n}\Bigg|_{-\pi}^{-\frac{7\pi}{8}}+\frac{1}{j2\pi n}e^{j\Omega n}\Bigg|_{-\frac{\pi}{8}}^{\frac{\pi}{8}}+\frac{1}{j2\pi n}e^{j\Omega n}\Bigg|_{\frac{7\pi}{8}}^{\pi}$$

$$=\frac{1}{n\pi}\left(\sin\frac{\pi}{8}n-\sin\frac{7\pi}{8}n\right)$$

$$x[n]=x_1[n]+x_2[n]=-2\cos\frac{\pi n}{2}\left(\frac{\sin\frac{\pi}{8}n}{\pi n}+\frac{\sin\frac{3\pi}{8}n}{\pi n}\right)$$

(h) $x[n]=\frac{1}{2\pi}\int_{\frac{\pi}{3}}^{\frac{2\pi}{3}}e^{j2\Omega}\cdot e^{j\Omega n}d\Omega+\frac{1}{2\pi}\int_{-\frac{2\pi}{3}}^{-\frac{\pi}{3}}e^{j2\Omega}\cdot e^{j\Omega n}d\Omega$

$$=\frac{1}{j2\pi(n+2)}e^{j\Omega(n+2)}\Bigg|_{\frac{\pi}{3}}^{\frac{2\pi}{3}}+\frac{1}{j2\pi(n+2)}e^{j\Omega(n+2)}\Bigg|_{-\frac{2\pi}{3}}^{-\frac{\pi}{3}}$$

$$=\frac{1}{(n+2)\pi}\left\{\sin\left[\frac{2\pi}{3}(n+2)\right]-\sin\left[\frac{\pi}{3}(n+2)\right]\right\}$$

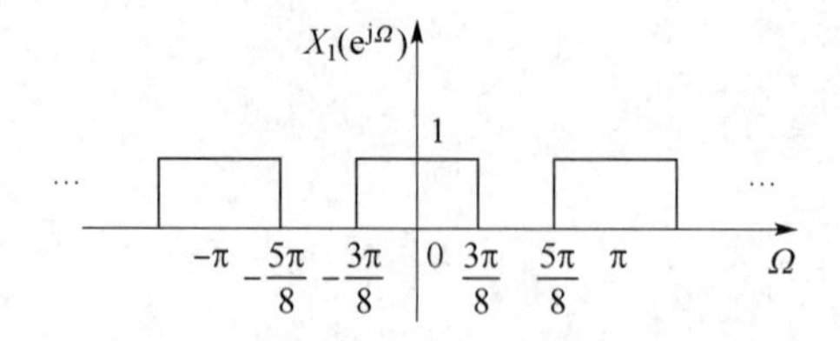

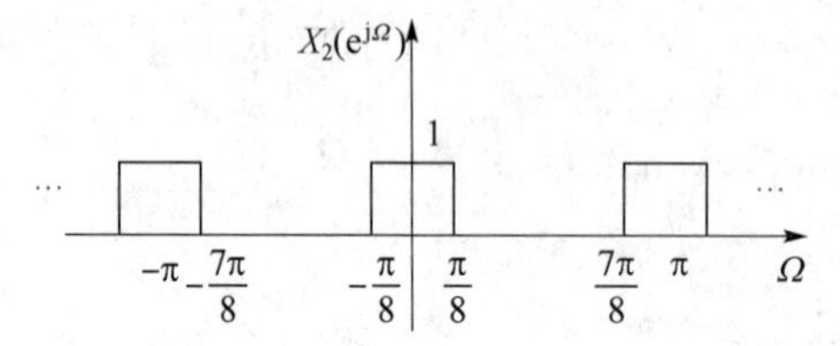

图 5.9　$X_1(e^{j\Omega})$、$X_2(e^{j\Omega})$的图形

(i) $X(e^{j\Omega})=\dfrac{e^{-j\Omega}}{\left(1-\frac{1}{3}e^{-j\Omega}\right)+\left(1+\frac{1}{2}e^{-j\Omega}\right)}$

$$=\frac{\frac{6}{5}}{1-\frac{1}{3}e^{-j\Omega}}-\frac{\frac{6}{5}}{1+\frac{1}{2}e^{-j\Omega}}$$

$$x[n]=\frac{5}{6}\left(\frac{1}{3}\right)^n u[n]-\frac{6}{5}\left(-\frac{1}{2}\right)^n u[n]$$

5.12　设 $X(e^{j\Omega})$代表图 5.10 所示信号 $x[n]$的傅里叶变换,不求出 $X(e^{j\Omega})$而完成下列运算:

(a) 求 $X(e^{j0})$的值;

(b) 求 $\arg X(e^{j\Omega})$;

(c) 求值 $\int_{-\pi}^{\pi}X(e^{j\Omega})\,d\Omega$;

(d) 求 $X(e^{j\pi})$;

(e) 确定傅里叶变换为 $\text{Re}\{X(e^{j\Omega})\}$的信号。

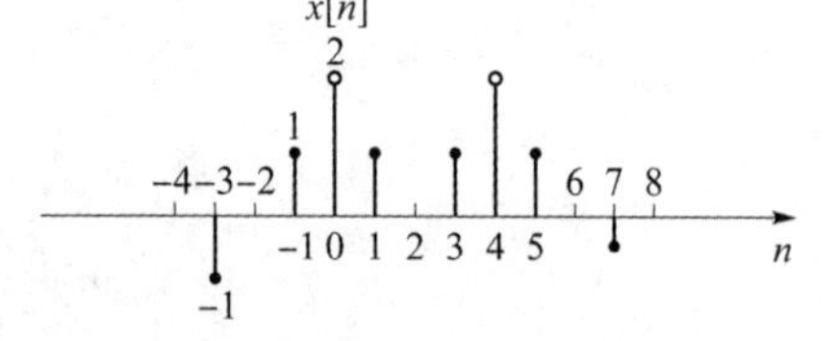

图 5.10　$x[n]$的图形

解:

(a) $X(e^{j\Omega})=\sum\limits_{n=-\infty}^{\infty}x[n]e^{-j\Omega n}$

$$X(e^{j0})=\sum_{n=-\infty}^{\infty}x[n]=6$$

(b) $x[n+2]\leftrightarrow X(e^{j\Omega})\cdot e^{j2\Omega}=|X(e^{j\Omega})|e^{j\angle X(e^{j\Omega})}\cdot e^{j2\Omega}$

$$=|X(e^{j\Omega})|e^{j(\angle X(e^{j\Omega})+2\Omega)}$$

$$\angle X(e^{j\Omega})+2\Omega=0$$

所以

$$\arg X(e^{j\Omega}) = -2\Omega$$

(c) $x[n] = \dfrac{1}{2\pi}\displaystyle\int_{-\pi}^{\pi} X(e^{j\Omega})e^{j\Omega}d\Omega$,则

$$\int_{-\pi}^{\pi} X(e^{j\Omega})e^{j\Omega n}\big|_{n=0}d\Omega = \int_{-\pi}^{\pi} X(e^{j\Omega})d\Omega = 2\pi x[0] = 4$$

(d) $X(e^{j\pi}) = \displaystyle\sum_{n=-\infty}^{\infty} x[n]e^{-j\pi n} = \sum_{n=-\infty}^{\infty} x[n](-1)^n = 2$

(e) $\mathrm{Re}\{X(e^{j\Omega})\} \leftrightarrow x_e[n] = \dfrac{1}{2}(x[n]+x[-n]) = \left\{-\dfrac{1}{2},0,\dfrac{1}{2},1,0,0,1,\underset{\uparrow}{2},1,0,0,1,\dfrac{1}{2},0,-\dfrac{1}{2}\right\}$

其解题过程如图 5.11 所示。

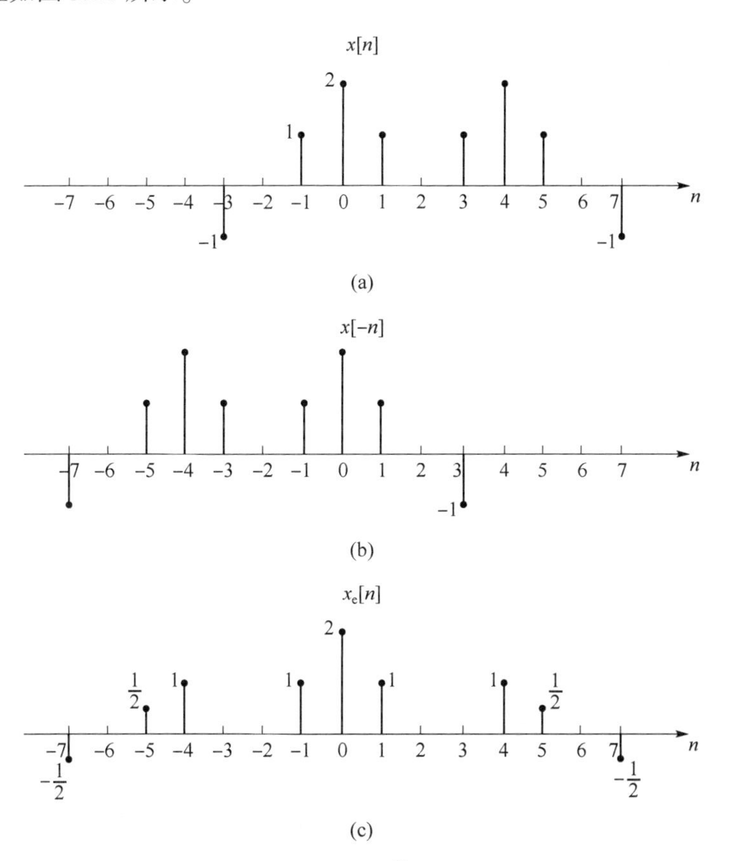

图 5.11　$\mathrm{Re}\{X(e^{j\Omega})\}$的波形

(a)$x[n]$的波形;(b)$x[-n]$的波形;(c)$x_e[n]$的波形

第六章　连续时间和离散时间系统的频域分析

一、基本要求

① 掌握频率响应的三种定义方式及其求解方法；
② 掌握利用傅里叶分析法求解 LTI 系统的零状态响应；
③ 掌握系统无失真传输条件和群延时的概念；
④ 掌握理想滤波器的频率特性；
⑤ 掌握互联系统的频率响应。

二、知识要点

1. 频率响应

频率响应有三种定义方式：

① 频率响应是系统对复指数信号 $e^{j\omega t}$ 和 $e^{j\Omega n}$ 的响应的复系数，或称为系统的特征值，即

$$e^{j\omega t}\xrightarrow{\text{LTI}}H(j\omega)e^{j\omega t}$$

$$e^{j\Omega n}\xrightarrow{\text{LTI}}H(e^{j\Omega})e^{j\Omega n}$$

当以复指数信号作为 LTI 系统的输入时，其零状态响应仍为同频率的复指数信号，仅其幅度乘以一个加权函数，这个加权函数就是系统的特征值 $H(j\omega)$ 或 $H(e^{j\Omega})$，一般称此特征值为系统的稳态频率响应或简称频率响应。

② 频率响应是系统单位冲激响应或单位抽样响应的傅里叶变换，即

$$H(j\omega)=\int_{-\infty}^{\infty}h(t)e^{-j\omega t}dt$$

$$H(e^{j\Omega})=\sum_{k=-\infty}^{\infty}h[n]e^{-j\Omega n}$$

③ 频率响应是系统零状态响应与输入的傅里叶变换之比：

$$H(j\omega)=Y(\omega)/X(\omega)$$

$$H(e^{j\Omega})=Y(e^{j\Omega})/X(e^{j\Omega})$$

2. 系统的频域分析

根据不同输入信号的特点，利用 $H(j\omega)$ 或 $H(e^{j\Omega})$，求解零状态响应。

(1) 有始信号的零状态响应

求解步骤：

(a) 求输入信号 $x(t)$ 或 $x[n]$ 的傅里叶变换 $X(\omega)$ 或 $X(e^{j\Omega})$；

(b) 求系统的频率响应 $H(j\omega)$ 或 $H(e^{j\Omega})$；

(c) 求零状态响应的傅里叶变换：

$$Y(\omega)=H(j\omega)X(\omega) \text{ 或 } Y(e^{j\Omega})=H(e^{j\Omega})X(e^{j\Omega})$$

(d) 通过傅里叶反变换求出系统零状态响应的时域表达式。

(2) 周期信号的零状态响应

求解步骤：

(a) 求输入信号 $x(t)$ 的傅里叶系数 C_k；

(b) 求系统的频率响应 $H(j\omega)$ 或 $H(e^{j\Omega})$；

(c) 求零状态响应：

$$y(t)=\sum_{k=-\infty}^{\infty} C_k H(jk\omega_0)e^{jk\omega_0 t} \text{ 或 } y[n]=\sum_{k=\langle N\rangle} C_k H(e^{jk\Omega_0})e^{jk\Omega_0 n}$$

3. 无失真传输

(1) 无失真传输的定义

无失真传输是指输入信号通过系统后，其响应仅在大小和出现的时间上与输入不同，而无波形上的改变，即

$$y(t)=kx(t-t_0)$$

$$y[n]=kx[n-n_0]$$

(2) 无失真传输条件

(a) 时域条件：

$$h(t)=k\delta(t-t_0)$$

$$h[n]=k\delta[n-n_0]$$

(b) 频域条件：

$$H(j\omega)=ke^{-j\omega t_0}$$

$$H(e^{j\Omega})=ke^{-j\Omega n_0}$$

$$\begin{cases}|H(j\omega)|=k\\ \arg H(j\omega)=-\omega t_0\end{cases}\qquad \begin{cases}|H(e^{j\Omega})|=k\\ \arg H(e^{j\Omega})=-\Omega n_0\end{cases}$$

(3) 群延时

$$\tau_g(\omega)=-\frac{d[\arg H(j\omega)]}{d\omega}=t_0$$

$$\tau_g(e^{j\Omega})=-\frac{d[\arg H(e^{j\Omega})]}{d\Omega}=n_0$$

对于无失真传输系统，其群延时为一常数。

4. 理想滤波器

滤波器是指改变信号中各个频率分量的相对大小，即基本上无失真地通过某些频率分量，

而显著地衰减掉或消除另一些频率分量。实现这种滤波功能的系统,称为频率选择性滤波器。通常分为低通、高通、带通、带阻滤波器。

(1) 理想低通滤波器

(a) 频率响应:

$$|H_{LP}(j\omega)|=\begin{cases}1, & |\omega|<\omega_c\\ 0, & |\omega|>\omega_c\end{cases}\quad \varphi(\omega)=-\omega t_0$$

(b) 单位冲激响应:

$$h_{LP}(t)=\frac{\sin\omega_c t}{\pi t}=\frac{\omega_c}{\pi}\text{sinc}(\omega_c t)$$

低通滤波器的特性如图 6.1 所示。

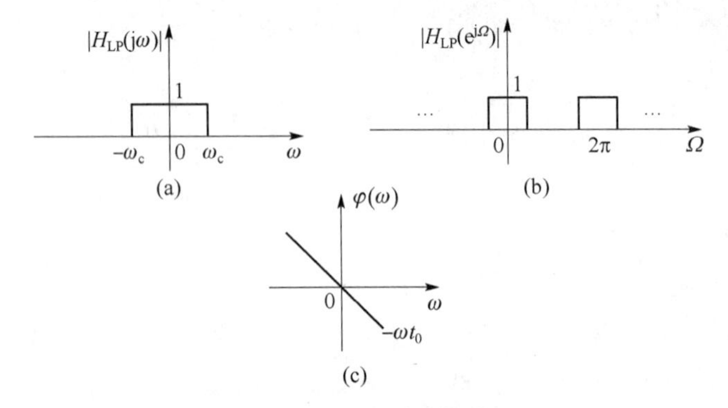

图 6.1　低通滤波器的特性

(a)、(c) 理想低通滤波器的频域特性;(b) 离散时间低通滤波器的幅频特性

(2) 理想高通滤波器

$$|H_{HP}(j\omega)|=1-|H_{LP}(j\omega)|=\begin{cases}0, & |\omega|<\omega_c\\ 1, & |\omega|>\omega_c\end{cases}$$

高通滤波器的特性如图 6.2 所示。

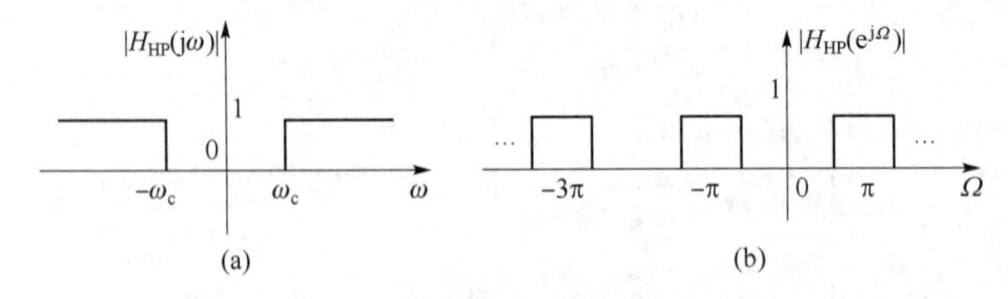

图 6.2　高通滤波器的特性

(a) 理想高通滤波器的频域特性;(b) 离散时间高通滤波器的幅频特性

(3) 理想带通滤波器

$$|H_{BP}(j\omega)|=\begin{cases}1, & \omega_1<|\omega|<\omega_2\\ 0, & \text{其他}\end{cases}$$

带通滤波器的特性如图 6.3 所示。

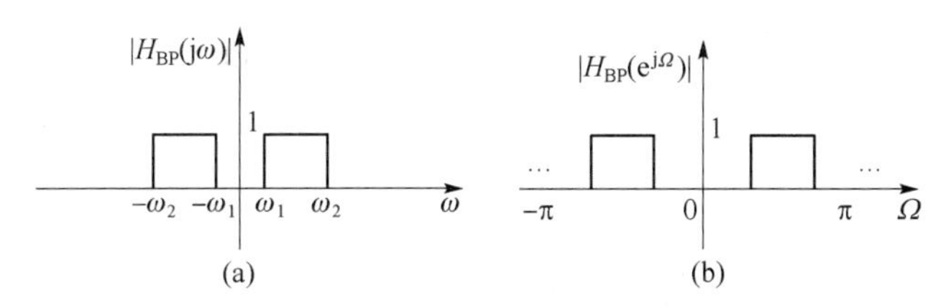

图 6.3　带通滤波器的特性

（a）理想带通滤波器的频域特性；（b）离散时间带通滤波器的幅频特性

（4）理想带阻滤波器

$$|H_{BS}(j\omega)| = 1 - |H_{BP}(j\omega)| = \begin{cases} 0, & \omega_1 < |\omega| < \omega_2 \\ 1, & \text{其他} \end{cases}$$

理想带阻滤波器的特性如图 6.4 所示。

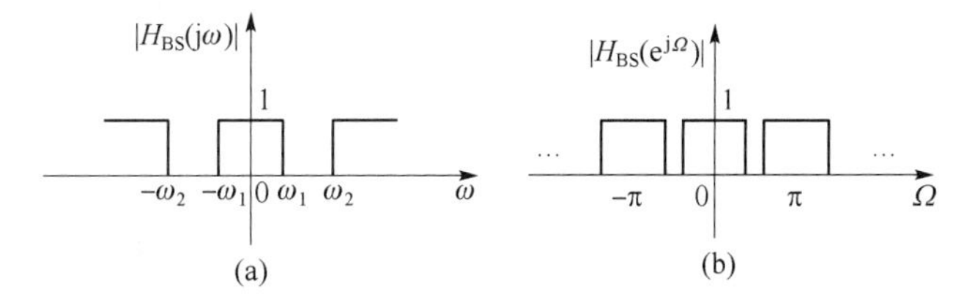

图 6.4　带阻滤波器的特性

（a）理想带阻滤波器的频域特性；（b）离散时间带阻滤波器的幅频特性

5. 互联系统的频率响应

① 级联：

$$h(t) = h_1(t) * h_2(t) \leftrightarrow H(j\omega) = H_1(j\omega) H_2(j\omega)$$

$$h[n] = h_1[n] * h_2[n] \leftrightarrow H(e^{j\Omega}) = H_1(e^{j\Omega}) H_2(e^{j\Omega})$$

② 并联：

$$h(t) = h_1(t) + h_2(t) \leftrightarrow H(j\omega) = H_1(j\omega) + H_2(j\omega)$$

$$h[n] = h_1[n] + h_2[n] \leftrightarrow H(e^{j\Omega}) = H_1(e^{j\Omega}) + H_2(e^{j\Omega})$$

③ 反馈：$H(j\omega) = \dfrac{H_1(j\omega)}{1 \pm H_1(j\omega) H_2(j\omega)}$

反馈系统结构如图 6.5 所示。

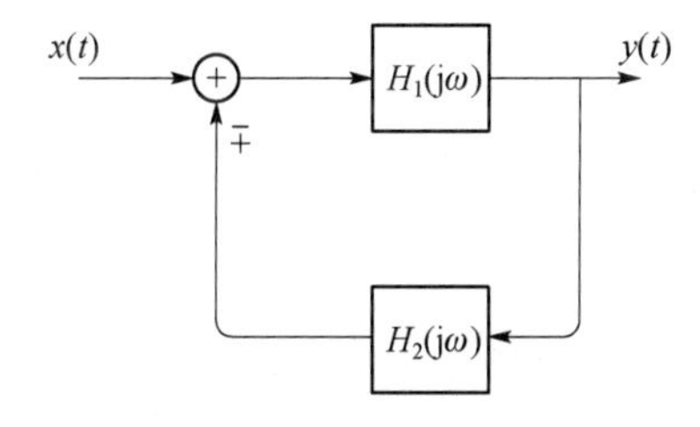

图 6.5　反馈系统结构

三、习题解答

6.1 通过计算 $X(\omega)$ 和 $H(\omega)$，利用卷积定理并进行反变换，求下列每对信号 $x(t)$ 和 $h(t)$ 的卷积。

(a) $x(t)=te^{-2t}u(t)$，$h(t)=e^{-4t}u(t)$；

(b) $x(t)=e^{-t}u(t)$，$h(t)=e^{t}u(-t)$。

解：(a) $X(\omega)=\dfrac{1}{(j\omega+2)^2}$，$\quad H(\omega)=\dfrac{1}{j\omega+4}$

$$x(t)*h(t)\leftrightarrow X(\omega)H(\omega)=\frac{1}{(j\omega+2)^2}\cdot\frac{1}{j\omega+4}$$

$$=\frac{-\frac{1}{4}}{j\omega+2}+\frac{\frac{1}{2}}{(j\omega+2)^2}+\frac{\frac{1}{4}}{j\omega+4}$$

所以

$$x(t)*h(t)=\frac{1}{4}(e^{-4t}-e^{-2t}+2te^{-2t})u(t)$$

(b) $X(\omega)=\dfrac{1}{j\omega+1}$，$\quad H(\omega)=\dfrac{1}{1-j\omega}$

$$x(t)*h(t)\leftrightarrow X(\omega)H(\omega)=\frac{1}{j\omega+1}\cdot\frac{1}{1-j\omega}$$

$$=\frac{\frac{1}{2}}{j\omega+1}+\frac{\frac{1}{2}}{1-j\omega}$$

$$x(t)*h(t)=\frac{1}{2}e^{-t}u(t)+\frac{1}{2}e^{t}u(-t)=\frac{1}{2}e^{-|t|}$$

6.2 设下列每个 LTI 系统的输入皆为 $x(t)=\cos 2\pi t+\sin 6\pi t$，试确定每种情况下的零状态响应。

(a) $h(t)=\dfrac{\sin 4\pi t}{\pi t}$；

(b) $h(t)=\dfrac{\sin 4\pi t\cdot\sin 8\pi t}{\pi t^2}$；

(c) $h(t)=\dfrac{\sin 4\pi t\cdot\cos 8\pi t}{\pi t}$。

解：(a) $H(\omega)=G_{8\pi}(\omega)$，所以 $y(t)=\cos 2\pi t$

(b) $h(t)=\dfrac{\sin 4\pi t}{\pi t}\cdot\dfrac{\sin 8\pi t}{\pi t}\cdot\pi$

$$H(\omega)=\frac{1}{2\pi}G_{8\pi}(\omega)*G_{16\pi}(\omega)\cdot\pi$$

$$=\frac{1}{2}G_{8\pi}(\omega)*G_{16\pi}(\omega)$$

该系统频率特性图如图 6.6 所示。

所以，$y(t)=4\pi\cos 2\pi t+3\pi\sin 4\pi t$

(c) $h(t)=\dfrac{1}{\pi t}\left(\dfrac{1}{2}\sin 12\pi t-\dfrac{1}{2}\sin 4\pi t\right)=\dfrac{1}{2}\dfrac{\sin 12\pi t}{\pi t}-\dfrac{1}{2}\dfrac{\sin 4\pi t}{\pi t}$

$$H(\omega)=\frac{1}{2}[G_{24\pi}(\omega)-G_{8\pi}(\omega)]$$

该系统频率特性图如图 6.7 所示。

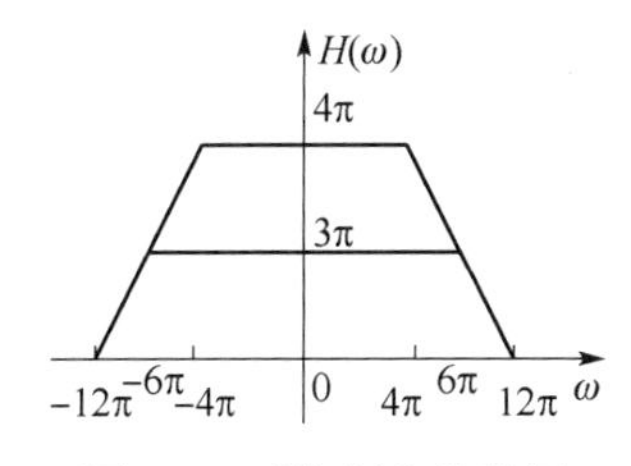

图 6.6　系统频率特性图

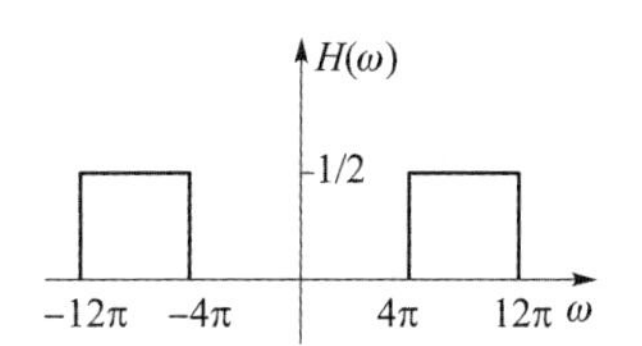

图 6.7　系统频率特性图

所以，$y(t)=\dfrac{1}{2}\sin 6\pi t$

6.3　一个 LTI 系统的冲激响应为 $h(t)=\dfrac{\sin 2\pi t}{\pi t}$，对下列每一输入波形求输出 $y(t)$。

(a) $x_1(t)$ 为图 6.8(a) 所示对称方波；

(b) $x_2(t)$ 为图 6.8(b) 所示对称方波；

(c) $x_3(t)=x_1(t)\cos 5\pi t$；

(d) $x_4(t)=\sum\limits_{k=-\infty}^{\infty}\delta\left(t-\dfrac{10}{3}k\right)$。

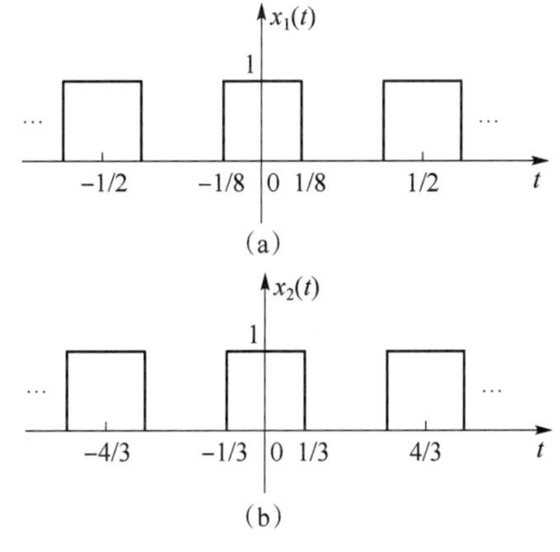

图 6.8　$x_1(t)$、$x_2(t)$ 的图形

(a) $x_1(t)$ 对称方波的图形；(b) $x_2(t)$ 对称方波的图形

解：$H(\omega)=G_{4\pi}(\omega)$

系统频率响应为：

(a) $\omega_0=\frac{2\pi}{T_0}=\frac{2\pi}{\frac{1}{2}}=4\pi, T_1=\frac{1}{4}, A=1$，只有直流分量可以通过，所以

$$y(t)=A\cdot\frac{T_1}{T_0}=\frac{\frac{1}{4}}{\frac{1}{2}}=\frac{1}{2}$$

(b) $\omega_0=\frac{2\pi}{T_0}=\frac{2\pi}{\frac{4}{3}}=\frac{3}{2}\pi$，直流分量与一次谐波通过，且

$$C_k=\frac{A}{k\pi}\sin\frac{k\pi T_1}{T_0}=\frac{1}{k\pi}\sin\frac{k\pi}{2}$$

$$b_k=C_kH(k\omega_0)$$

所以

$$\begin{aligned}y(t)&=b_0+b_1e^{j\omega_0t}+b_{-1}e^{-j\omega_0t}\\&=\frac{1}{2}+\frac{1}{\pi}e^{j\frac{3\pi}{2}t}+\frac{1}{\pi}e^{-j\frac{3\pi}{2}t}\\&=\frac{1}{2}+\frac{2}{\pi}\cos\frac{3\pi}{2}t\end{aligned}$$

(c)

$$\begin{aligned}x_3(t)&=x_1(t)\cos 5\pi t\\&=x_1(t)\cdot\frac{1}{2}(e^{j5\pi t}+e^{-j5\pi t})\\&=\frac{1}{2}x_1(t)e^{j5\pi t}+\frac{1}{2}x_1(t)e^{-j5\pi t}\end{aligned}$$

只有频率为 $\omega=\pm\pi$ 的分量通过，只有 $C_{1-5\pi}$ 和 $C_{-1+5\pi}$，即

$$y(t)=\frac{1}{2}\cdot\frac{2}{\pi}\cos\pi t=\frac{1}{\pi}\cos\pi t$$

(d) $X_4(\omega)=\frac{3}{10}\sum_{k=-\infty}^{\infty}\delta\left(\omega-k\frac{3}{5}\pi\right)$

有 C_0、$C_{\pm1}$、$C_{\pm2}$、$C_{\pm3}$ 的分量可以通过，且

$$\begin{aligned}y(t)&=b_0+b_1e^{j\omega_0t}+b_{-1}e^{-j\omega_0t}+b_2e^{j2\omega_0t}+b_{-2}e^{-j2\omega_0t}+b_3e^{j3\omega_0t}+b_{-3}e^{-j3\omega_0t}\\&=\frac{3}{10}+\frac{3}{10}\cdot\frac{1}{2}\cos\frac{3\pi}{5}t+\frac{3}{10}\cdot\frac{1}{2}\cos\frac{6\pi}{5}t+\frac{3}{10}\cdot\frac{1}{2}\cos\frac{9\pi}{5}t\\&=\frac{3}{10}+\frac{3}{5}\left(\cos\frac{3\pi}{5}t+\cos\frac{6\pi}{5}t+\cos\frac{9\pi}{5}t\right)\end{aligned}$$

6.4　考虑一个 LTI 系统，输入 $x(t)=(e^{-t}+e^{-3t})u(t)$ 的响应 $y(t)=(2e^{-t}-2e^{-4t})u(t)$。

(a) 求该系统的频率响应；

(b) 确定该系统的冲激响应;

(c) 求出联系输入和输出的微分方程及框图。

解:(a) $X(\omega)=\dfrac{1}{j\omega+1}+\dfrac{1}{j\omega+3}$

$$Y(\omega)=\frac{2}{j\omega+1}-\frac{2}{j\omega+4}$$

$$H(\omega)=\frac{Y(\omega)}{X(\omega)}=\frac{3(j\omega+3)}{(j\omega+2)(j\omega+4)}$$

(b) $H(\omega)=\dfrac{Y(\omega)}{X(\omega)}=\dfrac{\frac{3}{2}}{j\omega+4}+\dfrac{\frac{3}{2}}{j\omega+2}$

$$h(t)=\frac{3}{2}(e^{-4t}+e^{-2t})u(t)$$

(c) $H(\omega)=\dfrac{Y(\omega)}{X(\omega)}=\dfrac{3j\omega+9}{(j\omega)^2+6j\omega+8}$

微分方程为:$y''(t)+6y'(t)+8y(t)=3x'(t)+9x(t)$

信号框图结构如图 6.9 所示。

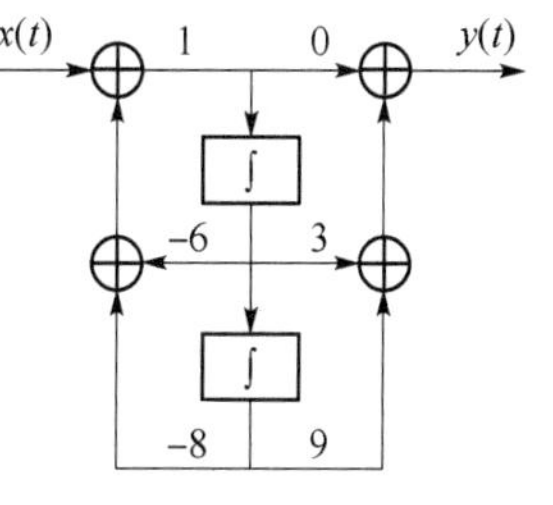

图 6.9　信号框图结构

6.5　一个因果 LTI 系统的输出 $y(t)$ 和输入 $x(t)$ 由下列微分方程联系:

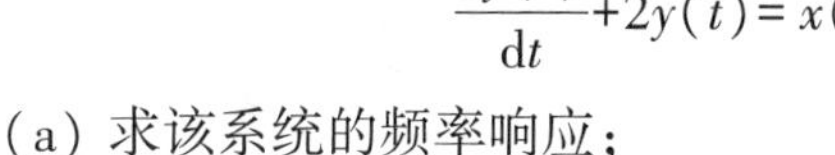

$$\frac{dy(t)}{dt}+2y(t)=x(t)$$

(a) 求该系统的频率响应;

(b) 如果输入 $x(t)=e^{-t}u(t)$,求其输出 $y(t)$;

(c) 如果输入的傅里叶变换为

(i) $X(\omega)=\dfrac{1+j\omega}{2+j\omega}$;　　(ii) $X(\omega)=\dfrac{2+j\omega}{1+j\omega}$;　　(iii) $X(\omega)=\dfrac{1}{(2+j\omega)(1+j\omega)}$

分别求出相应的输出。

解:(a) $H(\omega)=\dfrac{1}{j\omega+2}$

(b) $X(\omega)=\dfrac{1}{j\omega+1}$

$$Y(\omega)=X(\omega)H(\omega)=\frac{1}{j\omega+1}\cdot\frac{1}{j\omega+2}=\frac{1}{j\omega+1}-\frac{1}{j\omega+2}$$

$$y(t)=(e^{-t}-e^{-2t})u(t)$$

(c)

(i) $X(\omega)=\dfrac{1+j\omega}{2+j\omega}$

$$Y(\omega)=X(\omega)H(\omega)=\frac{1+j\omega}{2+j\omega}\cdot\frac{1}{j\omega+2}=\frac{-1}{(j\omega+2)^2}+\frac{1}{j\omega+2}$$

$$y(t)=(1-t)e^{-2t}u(t)$$

(ii) $X(\omega)=\dfrac{2+j\omega}{1+j\omega}$

$$Y(\omega)=X(\omega)H(\omega)=\frac{2+j\omega}{1+j\omega}\cdot\frac{1}{j\omega+2}=\frac{1}{1+j\omega}$$

$$y(t)=e^{-t}u(t)$$

(iii) $X(\omega)=\dfrac{1}{(2+j\omega)(1+j\omega)}$

$$Y(\omega)=X(\omega)H(\omega)=\frac{1}{(j\omega+1)(j\omega+2)}\cdot\frac{1}{j\omega+2}$$

$$=\frac{1}{j\omega+1}+\frac{-1}{j\omega+2}+\frac{-1}{(j\omega+2)^2}$$

$$y(t)=[e^{-t}-(1+t)e^{-2t}]u(t)$$

6.6 一个因果系统的输入和输出由如下微分方程描述：

$$\frac{d^2y(t)}{dt^2}+6\frac{dy(t)}{dt}+8y(t)=2x(t)$$

(a) 求该系统的单位冲激响应和阶跃响应。

(b) 若 $x(t)=te^{-2t}u(t)$，该系统的响应是什么？

(c) 对如下表征因果 LTI 系统的方程，重做(a)中的单位冲激响应。

解：(a) $H(\omega)=\dfrac{2}{(j\omega)^2+6j\omega+8}=\dfrac{1}{j\omega+2}+\dfrac{-1}{j\omega+4}$

$$h(t)=(e^{-2t}-e^{-4t})u(t)$$

$$s(t)=u(t)*h(t)$$

$$S(\omega)=U(\omega)\cdot H(\omega)=\left(\frac{1}{j\omega}+\pi\delta(\omega)\right)\cdot\frac{2}{(j\omega+2)(j\omega+4)}$$

$$=\frac{\frac{1}{4}}{j\omega}+\frac{-\frac{1}{2}}{j\omega+2}+\frac{\frac{1}{4}}{j\omega+4}+\frac{1}{4}\pi\delta(\omega)$$

$$s(t)=\left(\frac{1}{4}-\frac{1}{2}e^{-2t}+\frac{1}{4}e^{-4t}\right)u(t)$$

(b) $X(\omega)=\dfrac{1}{(j\omega+2)^2}$

$$Y(\omega)=X(\omega)H(\omega)=\frac{1}{(j\omega+2)^2}\cdot\frac{2}{(j\omega+2)(j\omega+4)}$$

$$=\frac{\frac{1}{4}}{j\omega+2}+\frac{-\frac{1}{2}}{(j\omega+2)^2}+\frac{1}{(j\omega+2)^3}+\frac{-\frac{1}{4}}{j\omega+4}$$

$$y(t)=\left(\frac{1}{4}e^{-2t}-\frac{1}{2}te^{-2t}+\frac{1}{2}t^2e^{-2t}-\frac{1}{4}e^{-4t}\right)u(t)$$

(c) $H(\omega)=\dfrac{2(\mathrm{j}\omega)^2-2}{(\mathrm{j}\omega)^2+\sqrt{2}\mathrm{j}\omega+1}=2+\dfrac{-2\sqrt{2}(\mathrm{j}\omega)-4}{(\mathrm{j}\omega)^2+\sqrt{2}\mathrm{j}\omega+1}$

$$=2-\frac{\frac{\sqrt{2}}{2}+\mathrm{j}\omega+\frac{\sqrt{2}}{2}}{\left(\frac{\sqrt{2}}{2}+\mathrm{j}\omega\right)^2+\left(\frac{\sqrt{2}}{2}\right)^2}\cdot 2\sqrt{2}$$

$$=2-\frac{2\sqrt{2}\left(\frac{\sqrt{2}}{2}+\mathrm{j}\omega\right)}{\left(\frac{\sqrt{2}}{2}+\mathrm{j}\omega\right)^2+\left(\frac{\sqrt{2}}{2}\right)^2}-\frac{2\sqrt{2}\cdot\frac{\sqrt{2}}{2}}{\left(\frac{\sqrt{2}}{2}+\mathrm{j}\omega\right)^2+\left(\frac{\sqrt{2}}{2}\right)^2}$$

$$h(t)=2\delta(t)-2\sqrt{2}\,\mathrm{e}^{-\frac{\sqrt{2}}{2}t}\left(\cos\frac{\sqrt{2}}{2}t+\sin\frac{\sqrt{2}}{2}t\right)u(t)$$

6.7　一个因果 LTI 系统的频率响应为

$$H(\omega)=\frac{5(\mathrm{j}\omega)+7}{(\mathrm{j}\omega+2)[(\mathrm{j}\omega)^2+(\mathrm{j}\omega)+1]}$$

(a) 求该系统的冲激响应；

(b) 试确定由一个一阶系统和一个二阶系统构成的级联结构；

(c) 试确定由一个一阶系统和一个二阶系统构成的并联结构。

解：(a) $H(\omega)=\dfrac{-1}{\mathrm{j}\omega+4}+\dfrac{\left(\mathrm{j}\omega+\frac{1}{2}\right)+\sqrt{3}\,\frac{\sqrt{3}}{2}}{\left(\mathrm{j}\omega+\frac{1}{2}\right)^2+\left(\frac{\sqrt{3}}{2}\right)^2}$

$$h(t)=\left(-\mathrm{e}^{-4t}+\mathrm{e}^{-\frac{1}{2}t}\cos\frac{\sqrt{3}}{2}t+\sqrt{3}\,\mathrm{e}^{-\frac{1}{2}t}\sin\frac{\sqrt{3}}{2}t\right)u(t)$$

(b) 级联时：

$$H(\omega)=\frac{1}{\mathrm{j}\omega+4}\cdot\frac{5(\mathrm{j}\omega)+7}{(\mathrm{j}\omega)^2+\mathrm{j}\omega+1}$$

该级联结构图如图 6.10 所示。

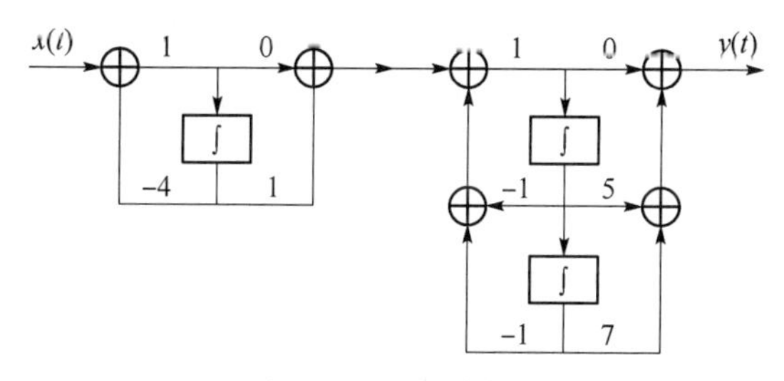

图 6.10　级联结构图

(c) 并联时：

$$H(\omega)=\frac{-1}{j\omega+4}+\frac{j\omega+2}{(j\omega)^2+j\omega+1}=\frac{A}{j\omega+4}+\frac{B(j\omega)+C}{(j\omega)^2+j\omega+1}$$

该并联结构图如图 6.11 所示。

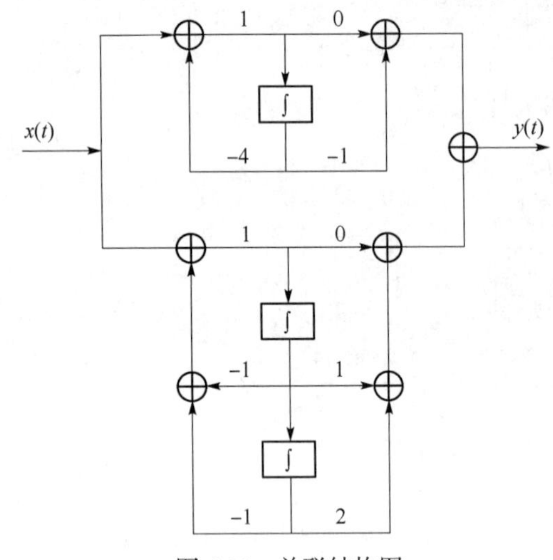

图 6.11　并联结构图

6.8　(a) 一个 LTI 系统的频率响应为 $H(\omega)=\dfrac{1}{(j\omega+2)^3}$,用三个一阶系统级联构成该系统的一种实现,该系统能用三个一阶系统并联实现吗？为什么？

(b) 对频率响应 $H(\omega)=\dfrac{j\omega+3}{(j\omega+2)^2(j\omega+1)}$重做(a),并用一个二阶系统和一个一阶系统的并联来实现该系统。

(c) 对(b)的频率响应构成四种不同的级联实现,每一种实现都应该由不同的二阶系统和一阶系统级联而成。

解:(a) 级联时:$H(\omega)=\dfrac{1}{j\omega+2}\cdot\dfrac{1}{j\omega+2}\cdot\dfrac{1}{j\omega+2}$

不能用三个一阶系统并联,因为并联后还是一阶系统。

(b) 由三个一阶系统级联时:$H(\omega)=\dfrac{j\omega+3}{j\omega+2}\cdot\dfrac{1}{j\omega+2}\cdot\dfrac{1}{j\omega+1}$

由一个二阶系统和一个一阶系统并联时:

$$H(\omega)=\frac{2}{j\omega+1}+\frac{-2j\omega-5}{(j\omega)^2+4j\omega+4}=\frac{A}{j\omega+1}+\frac{B(j\omega)+C}{(j\omega)^2+4j\omega+4}$$

(c) 四种级联形式为:

$$H(\omega)=\frac{j\omega+3}{(j\omega+2)^2}\cdot\frac{1}{j\omega+1}=\frac{1}{(j\omega+2)^2}\cdot\frac{j\omega+3}{j\omega+1}$$

$$=\frac{j\omega+3}{(j\omega)^2+3(j\omega)+2}\cdot\frac{1}{j\omega+2}=\frac{1}{(j\omega)^2+3(j\omega)+2}\cdot\frac{j\omega+3}{j\omega+2}$$

6.9　如图 6.12 所示系统通常用于从低通滤波器获得高通滤波器，反之亦然。

（a）若 $H(\omega)$ 为一截止频率等于 ω_{lp} 的理想低通滤波器，试证明整个系统相当于一个理想高通滤波器，并确定其截止频率；

（b）若 $H(\omega)$ 为一截止频率等于 ω_{hp} 的理想高通滤波器，试证明整个系统相当于一个理想低通滤波器，并确定其截止频率。

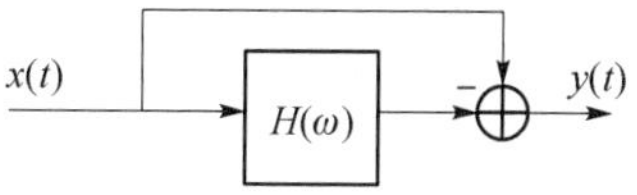

图 6.12　获得高通滤波器的方法示意图

解：（a）由图可得单位冲激响应：$h(t)=\delta(t)-h_1(t)$

所以
$$H(\omega)=1-H_1(\omega)=H_h(\omega)$$
截止频率为
$$\omega_{hp}=\omega_{lp}$$
（b）同理，$h(t)=\delta(t)-h_p(t)$
$$H(\omega)=1-H_p(\omega)=H_1(\omega)$$
截止频率为
$$\omega_{lp}=\omega_{hp}$$

6.10　理想带通滤波器是指在一个频率范围内允许信号通过，而没有幅度或相位上的变化，如图 6.13 所示。设通带为 $\omega_0-\frac{\omega}{2}\leqslant|\omega|\leqslant\omega_0+\frac{\omega}{2}$，求该滤波器的冲激响应。

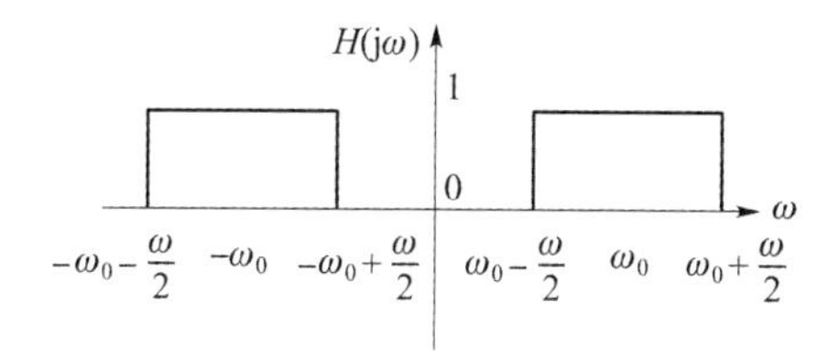

图 6.13　理想带通滤波器示意图

解：带通滤波器可以看作低通滤波器经过调制后得到。已知理想低通滤波器的单位冲激响应为 $h_1(t)=\dfrac{2\sin\frac{\omega}{2}t}{\pi t}$，可得 $h(t)=\dfrac{2\sin\frac{\omega}{2}t}{\pi t}\cos\omega_0 t$。

6.11　一个 LTI 离散时间系统的单位抽样响应为 $h[n]=\left(\frac{1}{2}\right)^n u[n]$，试用傅里叶分析法求该系统对下列信号的响应。

（a）$x[n]=\left(\frac{3}{4}\right)^n u[n]$；

（b）$x[n]=(n+1)\left(\frac{1}{4}\right)^n u[n]$；

（c）$x[n]=(-1)^n$。

解：（a）$X(e^{j\Omega})=\dfrac{1}{1-\frac{3}{4}e^{-j\Omega}}$，　$H(e^{j\Omega})=\dfrac{1}{1-\frac{1}{2}e^{-j\Omega}}$

$$Y(e^{j\Omega})=X(e^{j\Omega})H(e^{j\Omega})=\frac{1}{1-\frac{3}{4}e^{-j\Omega}}\cdot\frac{1}{1-\frac{1}{2}e^{-j\Omega}}$$

$$=\frac{3}{1-\frac{3}{4}e^{-j\Omega}}+\frac{-2}{1-\frac{1}{2}e^{-j\Omega}}$$

$$y[n]=\left[3\cdot\left(\frac{3}{4}\right)^n-2\cdot\left(\frac{1}{2}\right)^n\right]u[n]$$

(b) $X(e^{j\Omega})=\dfrac{1}{\left(1-\frac{1}{4}e^{-j\Omega}\right)^2}$

$$Y(e^{j\Omega})=X(e^{j\Omega})H(e^{j\Omega})=\frac{1}{\left(1-\frac{1}{4}e^{-j\Omega}\right)^2}\cdot\frac{1}{1-\frac{1}{2}e^{-j\Omega}}$$

$$=\frac{-2}{1-\frac{1}{4}e^{-j\Omega}}+\frac{-1}{\left(1-\frac{1}{4}e^{-j\Omega}\right)^2}+\frac{4}{1-\frac{1}{2}e^{-j\Omega}}$$

$$y[n]=\left[4\cdot\left(\frac{1}{2}\right)^n-(n+2)\left(\frac{1}{4}\right)^n\right]u[n]$$

(c) $(-1)^n=e^{j\pi n}$

$$y[n]=H(e^{j\Omega})\Big|_{\Omega=\pi}\cdot e^{j\pi n}$$

$$=\frac{1}{1-\frac{1}{2}e^{-j\Omega}}\Bigg|_{\Omega=\pi}\cdot e^{j\pi n}=\frac{2}{3}e^{j\pi n}=\frac{2}{3}(-1)^n$$

6.12　设 $x[n]$ 和 $h[n]$ 分别是具有下列傅里叶变换的信号：

$$X(e^{j\Omega})=3e^{j\Omega}+1-e^{-j\Omega}+2e^{-j2\Omega}$$
$$H(e^{j\Omega})=-e^{-j\Omega}+2e^{-j2\Omega}+e^{j4\Omega}$$

求：$y[n]=x[n]*h[n]$。

解：$Y(e^{j\Omega})=X(e^{j\Omega})H(e^{j\Omega})$

$$=(3e^{j\Omega}+1-e^{-j\Omega}+2e^{-j2\Omega})\cdot(-e^{-j\Omega}+2e^{-j2\Omega}+e^{j4\Omega})$$
$$=3e^{j5\Omega}+e^{j4\Omega}-e^{j3\Omega}+2e^{j2\Omega}-3+5e^{-j\Omega}+3e^{-j2\Omega}-4e^{-j3\Omega}+4e^{-j4\Omega}$$

所以：$y[n]=\{3,1,-1,2,\underset{\uparrow}{-3},5,3,-4,4\}$

6.13　已知输入 $x[n]=\sin\left(\frac{\pi n}{8}\right)-2\cos\left(\frac{\pi n}{4}\right)$ 作用于具有下列单位抽样系统响应的 LTI 系统，试分别求响应。

(a) $h[n]=\dfrac{\sin\left(\frac{\pi n}{6}\right)}{\pi n}$；

(b) $h[n]=\dfrac{\sin\left(\dfrac{\pi n}{6}\right)}{\pi n}+\dfrac{\sin\left(\dfrac{\pi n}{2}\right)}{\pi n}$;

(c) $h[n]=\dfrac{\sin\left(\dfrac{\pi n}{6}\right)\sin\left(\dfrac{\pi n}{3}\right)}{\pi^2 n^2}$。

解:(a) $H(e^{j\Omega})=G_{\frac{\pi}{3}}(e^{j\Omega})$

所以:$y[n]=\sin\dfrac{\pi}{8}n$

(b) $H(e^{j\Omega})=G_{\frac{\pi}{3}}(e^{j\Omega})+G_{\pi}(e^{j\Omega})$

频率响应示意图如图 6.14 所示。

所以:$y[n]=2\sin\dfrac{\pi}{8}n-2\cos\dfrac{\pi}{4}n$

(c) $h[n]=\dfrac{\sin\dfrac{\pi n}{6}}{\pi n}\cdot\dfrac{\sin\dfrac{\pi}{3}n}{\pi n}$

$$H(e^{j\Omega})=\frac{1}{2\pi}G_{\frac{\pi}{3}}(e^{j\Omega})*G_{\frac{2\pi}{3}}(e^{j\Omega})$$

频率响应示意图如图 6.15 所示。

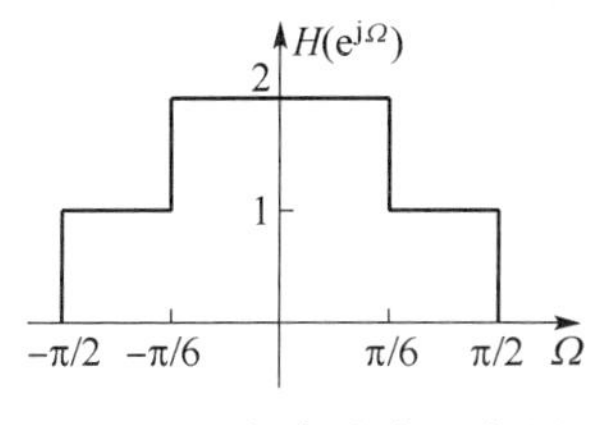

图 6.14　频率响应示意图

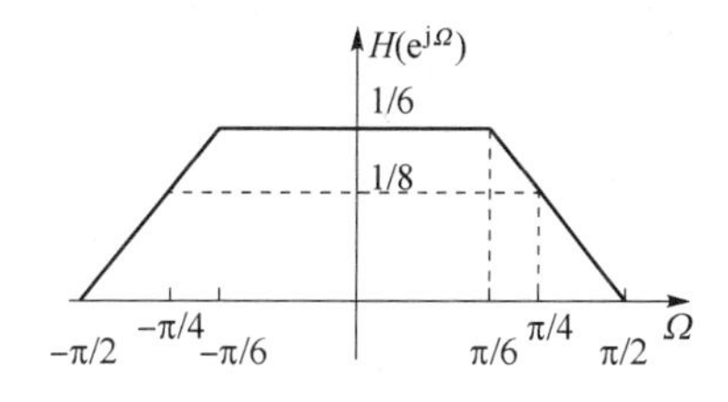

图 6.15　频率响应示意图

所以:$y[n]=\dfrac{1}{6}\sin\dfrac{\pi n}{8}-\dfrac{1}{4}\cos\dfrac{\pi}{4}n$

6.14　一个 LTI 系统的单位抽样响应为 $h[n]=\dfrac{\sin\left(\dfrac{\pi n}{3}\right)}{\pi n}$,试分别求下列输入作用下的响应。

(a) $x[n]$为图 6.16 所示的方波序列;

(b) $x[n]=\sum_{k=-\infty}^{\infty}\delta[n-8k]$;

(c) $x[n]=(-1)^n$ 乘以图 6.16 中的方波序列;

(d) $x[n]=\delta[n+1]+\delta[n-1]$。

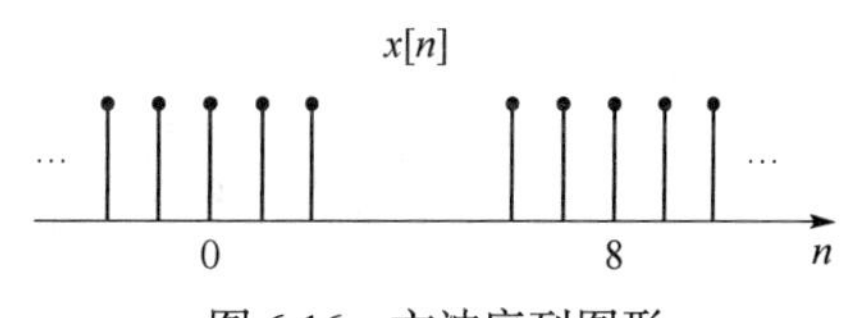

图 6.16　方波序列图形

解:(a) $C_k=\dfrac{1}{8}\sum_{n=\langle 8\rangle}x[n]e^{-j\left(\frac{2\pi}{8}\right)n}$

$$X(e^{j\Omega}) = \sum_{k=-\infty}^{\infty} 2\pi C_k \delta\left(\omega - k\frac{2\pi}{8}\right)$$

已知系统的频率响应为：

$$Y(e^{j\Omega}) = X(e^{j\Omega}) \cdot H(e^{j\Omega})$$

$$= 2\pi\left\{C_0\delta(\omega) + C_1\delta\left(\omega - \frac{\pi}{4}\right) + C_{-1}\delta\left(\omega + \frac{\pi}{4}\right)\right\}$$

所以

$$y[n] = C_0 + C_1 e^{j\frac{\pi}{4}n} + C_{-1}e^{-j\frac{\pi}{4}n} = \frac{5}{8} + \left(\frac{1}{4} + \frac{1}{2\sqrt{2}}\right)\cos\frac{\pi n}{4}$$

(b) $y[n] = C_0 + C_1 e^{j\frac{\pi}{4}n} + C_{-1}e^{-j\frac{\pi}{4}n} = \frac{1}{8} + \frac{1}{4}\cos\frac{\pi n}{4}$

(c) $y[n] = C_0 + C_1 e^{j\frac{\pi}{4}n} + C_{-1}e^{-j\frac{\pi}{4}n} = \frac{1}{8} + \left(\frac{1}{4} - \frac{1}{2\sqrt{2}}\right)\cos\frac{\pi n}{4}$

(d) $y[n] = x[n] * h[n] = \dfrac{\sin\frac{\pi}{3}(n-1)}{\pi(n-1)} + \dfrac{\sin\frac{\pi}{3}(n+1)}{\pi(n+1)}$

6.15　(a) 设 $h[n]$ 和 $g[n]$ 是彼此互逆的两个稳定 LTI 离散时间系统的单位抽样响应，试导出这两个系统频率响应之间的关系。

(b) 考查由下列差分方程描述的 LTI 因果系统，求其频率响应，并确定其逆系统的单位抽样响应和表征逆系统的差分方程。

(Ⅰ) $y[n] = x[n] - \frac{1}{4}x[n-1]$；

(Ⅱ) $y[n] + \frac{1}{2}y[n-1] = x[n]$；

(Ⅲ) $y[n] + \frac{1}{2}y[n-1] = x[n] - \frac{1}{4}x[n-1]$；

(Ⅳ) $y[n] + \frac{5}{4}y[n-1] - \frac{1}{8}y[n-2] = x[n] - \frac{1}{4}x[n-1] - \frac{1}{8}x[n-2]$。

解：(a) 彼此互逆的系统，其单位抽样响应满足：

$$h[n] * g[n] = \delta[n]$$

所以，$H(e^{j\Omega}) \cdot G(e^{j\Omega}) = 1$，其中 $H(e^{j\Omega})$ 是原系统的频率响应，$G(e^{j\Omega})$ 是其逆系统的频率响应。

(b)

(Ⅰ) $H(e^{j\Omega}) = 1 - \frac{1}{4}e^{-j\Omega}$，$G(e^{j\Omega}) = \dfrac{1}{1 - \frac{1}{4}e^{-j\Omega}}$

$$y[n] - \frac{1}{4}y[n-1] = x[n]$$

（Ⅱ）$H(\mathrm{e}^{\mathrm{j}\Omega})=\dfrac{1}{1+\dfrac{1}{2}\mathrm{e}^{-\mathrm{j}\Omega}}$，$G(\mathrm{e}^{\mathrm{j}\Omega})=1+\dfrac{1}{2}\mathrm{e}^{-\mathrm{j}\Omega}$

$$y[n]=x[n]+\frac{1}{2}x[n-1]$$

（Ⅲ）$H(\mathrm{e}^{\mathrm{j}\Omega})=\dfrac{1-\dfrac{1}{4}\mathrm{e}^{-\mathrm{j}\Omega}}{1+\dfrac{1}{2}\mathrm{e}^{-\mathrm{j}\Omega}}$，$G(\mathrm{e}^{\mathrm{j}\Omega})=\dfrac{1+\dfrac{1}{2}\mathrm{e}^{-\mathrm{j}\Omega}}{1-\dfrac{1}{4}\mathrm{e}^{-\mathrm{j}\Omega}}$

$$y[n]-\frac{1}{4}y[n-1]=x[n]+\frac{1}{2}x[n-1]$$

（Ⅳ）$H(\mathrm{e}^{\mathrm{j}\Omega})=\dfrac{1-\dfrac{1}{4}\mathrm{e}^{-\mathrm{j}\Omega}-\dfrac{1}{8}\mathrm{e}^{-\mathrm{j}2\Omega}}{1+\dfrac{5}{4}\mathrm{e}^{-\mathrm{j}\Omega}-\dfrac{1}{8}\mathrm{e}^{-\mathrm{j}2\Omega}}$，$G(\mathrm{e}^{\mathrm{j}\Omega})=\dfrac{1+\dfrac{5}{4}\mathrm{e}^{-\mathrm{j}\Omega}-\dfrac{1}{8}\mathrm{e}^{-\mathrm{j}2\Omega}}{1-\dfrac{1}{4}\mathrm{e}^{-\mathrm{j}\Omega}-\dfrac{1}{8}\mathrm{e}^{-\mathrm{j}2\Omega}}$

$$y[n]-\frac{1}{4}y[n-1]-\frac{1}{8}y[n-2]=x[n]+\frac{5}{4}x[n-1]-\frac{1}{8}x[n-2]$$

6.16　① 设 $x[n]$ 为一离散时间序列，其傅里叶变换为 $X(\mathrm{e}^{\mathrm{j}\Omega})$，如图 6.17 所示。对下列每个信号 $p[n]$，概略画出 $z[n]=x[n]p[n]$ 的傅里叶变换。

（a）$p[n]=\cos\pi n$；

（b）$p[n]=\cos\dfrac{\pi}{2}n$；

（c）$p[n]=\sin\dfrac{\pi}{2}n$；

（d）$x[n]=\sum\limits_{k=-\infty}^{\infty}\delta[n-2k]$；

（e）$x[n]=\sum\limits_{k=-\infty}^{\infty}\delta[n-4k]$。

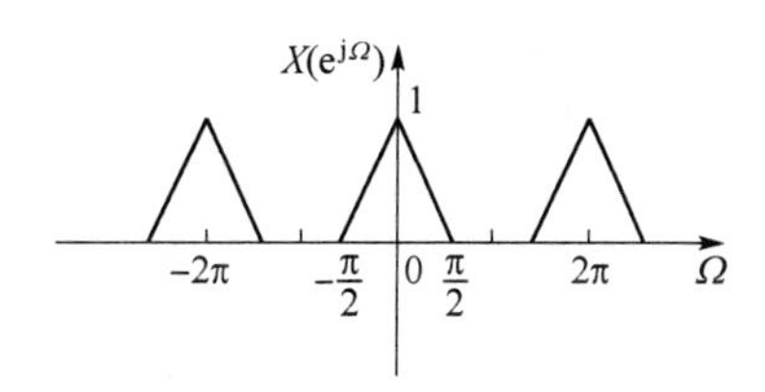

图 6.17　$x[n]$ 的离散傅里叶变换图

② 设把①中的信号 $z[n]$ 作为输入，作用于单位抽样响应为 $h[n]=\dfrac{\sin\dfrac{\pi}{2}n}{\pi n}$ 的 LTI 系统，分别求①中每一 $z[n]$ 作用下的输出 $y[n]$。

解：①

（a）$Z(\mathrm{e}^{\mathrm{j}\Omega})=\dfrac{1}{2\pi}[X(\mathrm{e}^{\mathrm{j}\Omega})*P(\mathrm{e}^{\mathrm{j}\Omega})]$

$$=\frac{1}{2\pi}X(\mathrm{e}^{\mathrm{j}\Omega})*\pi[\delta(\Omega+\pi)+\delta(\Omega-\pi)]$$

$$=\frac{1}{2}[X(\mathrm{e}^{\mathrm{j}(\Omega+\pi)})+X(\mathrm{e}^{\mathrm{j}(\Omega-\pi)})]$$

该图形如图 6.18(a) 所示。

(b) $Z(e^{j\Omega})=\frac{1}{2}[X(e^{j(\Omega+\frac{\pi}{2})})+X(e^{j(\Omega-\frac{\pi}{2})})]$

该图形如图 6.18(b) 所示。

(c) $Z(e^{j\Omega})=\frac{1}{2\pi}X(e^{j\Omega})*j\pi\left[\delta\left(\Omega+\frac{\pi}{2}\right)-\delta\left(\Omega-\frac{\pi}{2}\right)\right]$

$=\frac{j}{2}[X(e^{j\left(\Omega+\frac{\pi}{2}\right)})-X(e^{j\left(\Omega-\frac{\pi}{2}\right)})]$

该图形如图 6.18(c) 所示。

(d) $Z(e^{j\Omega})=\frac{1}{2\pi}X(e^{j\Omega})*\frac{2\pi}{N}\sum_{k=-\infty}^{\infty}\delta\left(\Omega-\frac{2\pi}{N}k\right)=\frac{1}{N}\sum_{k=-\infty}^{\infty}X(e^{j(\Omega-\frac{2\pi}{N}k)})$

$=\frac{1}{2}\sum_{k=-\infty}^{\infty}X(e^{j(\Omega-\pi k)})$

该图形如图 6.18(d) 所示。

(e) $Z(e^{j\Omega})=\frac{1}{4}\sum_{k=-\infty}^{\infty}X(e^{j(\Omega-\frac{\pi}{2}k)})$

该图形如图 6.18(e) 所示。

②由 $h[n]$ 可得系统的频率响应：

$$H(e^{j\Omega})=G_{\pi}(e^{j\Omega})$$

(a) $y[n]=0$

(b) $y[n]=\frac{1}{2\pi}\int_{2\pi}Z(e^{j\Omega})H(e^{j\Omega})e^{j\Omega n}d\Omega$

$=\frac{1}{2\pi}\left[\int_{-\frac{\pi}{2}}^{0}\frac{-\Omega}{\pi}e^{j\Omega n}d\Omega+\int_{0}^{\frac{\pi}{2}}\frac{\Omega}{\pi}e^{j\Omega n}d\Omega\right]$

$=\frac{1}{2\pi n}\sin\frac{\pi}{2}n+\frac{1}{\pi^2n^2}\left(\cos\frac{\pi n}{2}-1\right)$

(c) $y[n]=\frac{1}{2\pi}\left[\int_{-\frac{\pi}{2}}^{\frac{\pi}{2}}\left(-\frac{j\Omega}{\pi}\right)e^{j\Omega n}d\Omega=\frac{1}{\pi^2n^2}\sin\frac{\pi}{2}n-\frac{1}{2\pi n}\cos\frac{\pi}{2}n\right.$

(d) $y[n]=2\left(\frac{\sin\frac{\pi}{4}n}{\pi n}\right)^2$

(e) $y[n]=\frac{1}{4}\frac{\sin\frac{\pi}{2}n}{\pi n}$

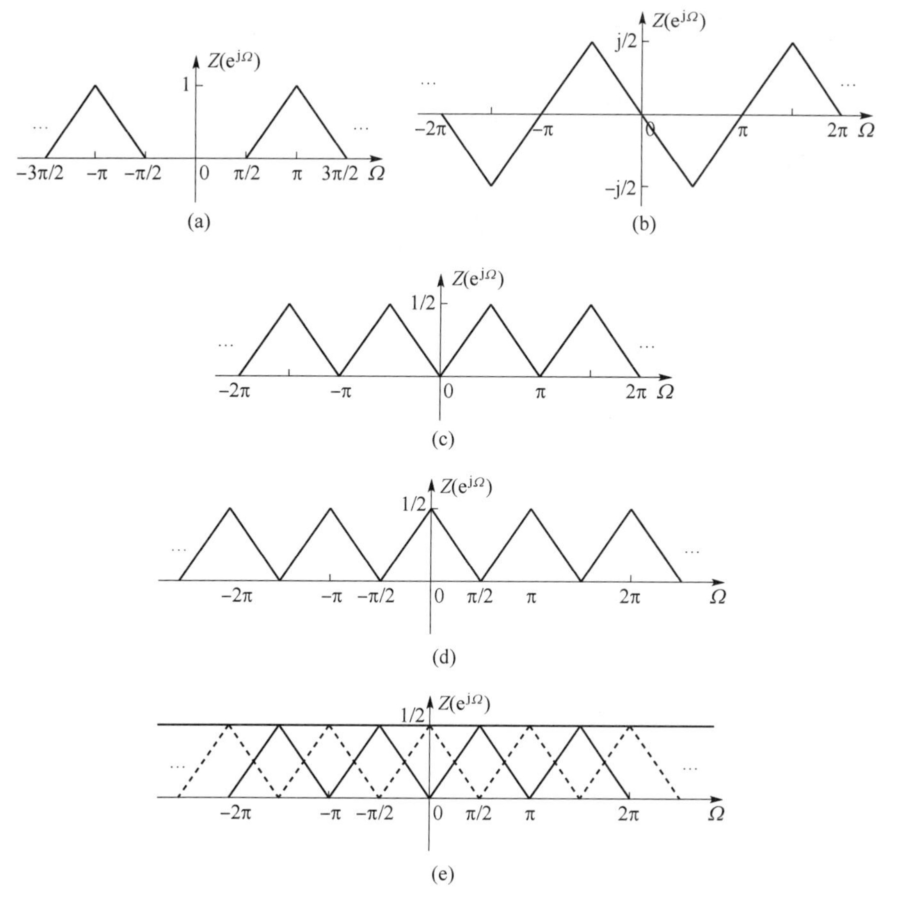

图 6.18　傅里叶变换示意图

(a) $p[n]=\cos\pi n$ 作用时的图形;(b) $p[n]=\cos\dfrac{\pi}{2}n$ 作用时的图形;(c) $p[n]=\sin\dfrac{\pi}{2}n$ 作用时的图形;

(d) $x[n]=\sum\limits_{k=-\infty}^{\infty}\delta[n-2k]$ 作用时的图形;(e) $x[n]=\sum\limits_{k=-\infty}^{\infty}\delta[n-4k]$ 作用时的图形

6.17　研究图 6.19(a) 所示的互联结构,其中 $h_1[n]=\delta[n]-\dfrac{\sin\left(\dfrac{\pi n}{2}\right)}{\pi n}$,$H_2(e^{j\Omega})$ 和$H_3(e^{j\Omega})$ 如图 6.19(b) 所示,如果输入具有如图 6.19(c) 所示的离散时间傅里叶变换,求输出。

解:根据图 6.19(a)所示互联关系,可得到系统的频率响应:$H(e^{j\Omega})=H_1(e^{j\Omega})\cdot[H_2(e^{j\Omega})-H_3(e^{j\Omega})]+H_3(e^{j\Omega})$,其中$[H_2(e^{j\Omega})-H_3(e^{j\Omega})]$如图 6.20 所示。

$H_1(e^{j\Omega})=1-G_{\pi}(e^{j\Omega})$,如图 6.21 所示。

$H(e^{j\Omega})$如图 6.22 所示。

当输入为 $X(e^{j\Omega})$时,输出 $Y(e^{j\Omega})=X(e^{j\Omega})\cdot H(e^{j\Omega})=H(e^{j\Omega})$

因此 $y[n]=\dfrac{1}{2\pi}\left[\int_{-\frac{\pi}{2}}^{0}\left(-\dfrac{2}{\pi}\Omega+1\right)e^{j\Omega n}d\Omega+\int_{0}^{\frac{\pi}{2}}\left(\dfrac{2}{\pi}\Omega+1\right)e^{j\Omega n}d\Omega\right]$

$$=\frac{8}{\pi^2 n^2}\cos\frac{\pi n}{2}-\frac{4}{\pi^2 n^2}[1+(-1)^n]$$

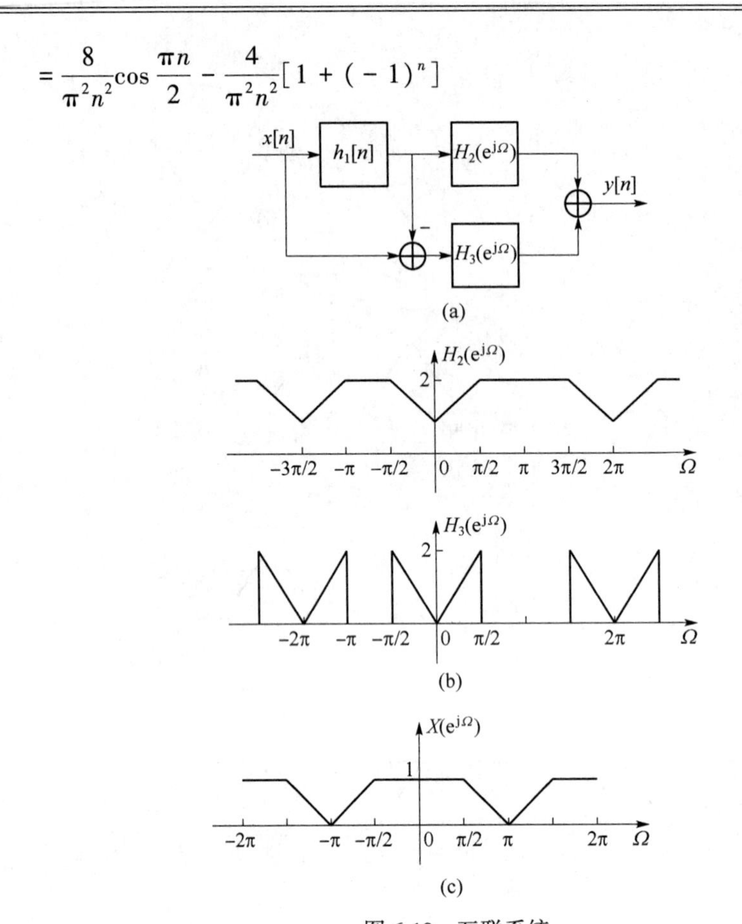

图 6.19　互联系统

(a) 互联结构图形;(b) 系统的相关特性示意图;(c) 输入信号的离散傅里叶变换图

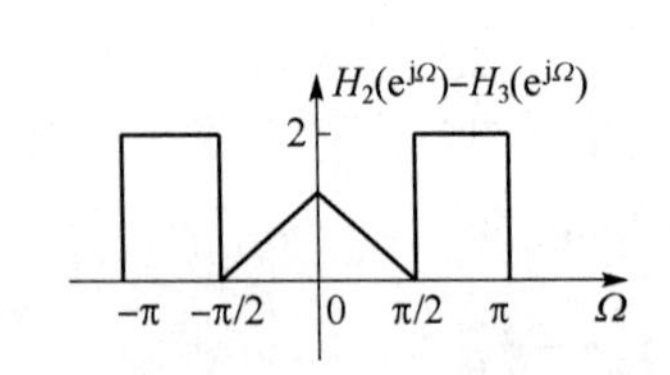

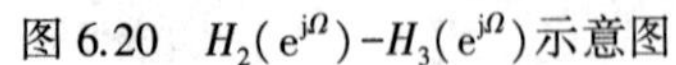

图 6.20　$H_2(e^{j\Omega})-H_3(e^{j\Omega})$示意图

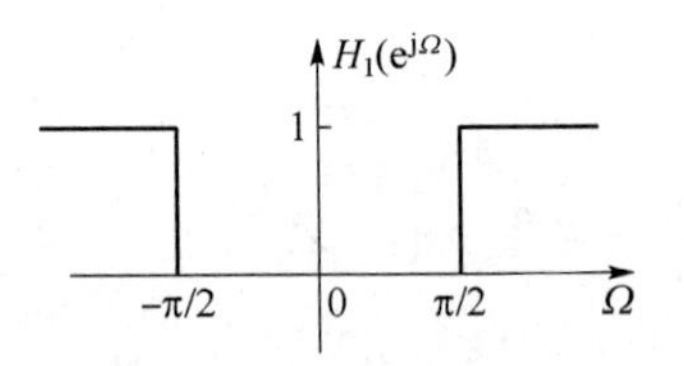

图 6.21　$H_1(e^{j\Omega})$示意图

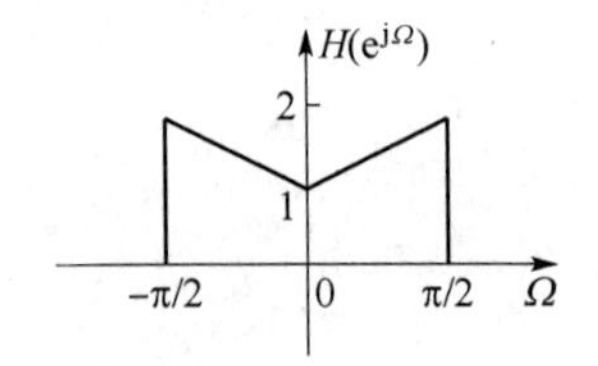

图 6.22　$H(e^{j\Omega})$示意图

6.18　一个离散时间微分器的频率响应 $H(e^{j\Omega})$ 如图 6.23 所示,设其中的 $\omega_c=\pi$。若输入为

$$x[n]=\cos(\Omega_0 n+\theta),\quad 0<\Omega_0<\pi$$

求作为 Ω_0 函数的输出信号 $y[n]$。

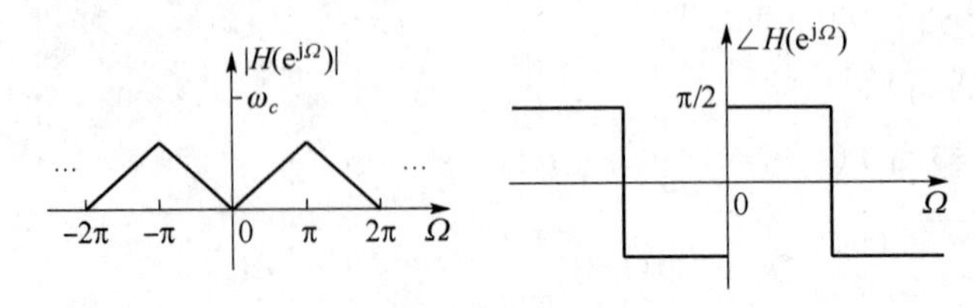

图 6.23　频率响应图

解：$X(\mathrm{e}^{\mathrm{j}\Omega}) = \sum\limits_{l=-\infty}^{\infty} \pi[\mathrm{e}^{\mathrm{j}\theta}\delta(\Omega - \Omega_0 - 2\pi l) + \mathrm{e}^{-\mathrm{j}\theta}\delta(\Omega + \Omega_0 - 2\pi l)]$

令 Ω_0'是$[-\pi,\pi]$内的 Ω_0 的主值，并且 $H(\mathrm{e}^{\mathrm{j}\Omega})$是离散微分器，且有

$$\begin{aligned}Y(\mathrm{e}^{\mathrm{j}\Omega}) &= X(\mathrm{e}^{\mathrm{j}\Omega}) \cdot H(\mathrm{e}^{\mathrm{j}\Omega})\\ &= \pi\sum_{l=-\infty}^{\infty}[\mathrm{e}^{\mathrm{j}\theta} \cdot \mathrm{j}\Omega_0'\delta(\Omega - \Omega_0 - 2\pi l) - \mathrm{e}^{-\mathrm{j}\theta}\mathrm{j}\Omega_0'\delta(\Omega + \Omega_0 - 2\pi l)]\end{aligned}$$

则有：　　$y[n] = -\Omega_0'\sin(\Omega_0 n+\theta)$

在$-\pi\leqslant\Omega_0\leqslant\pi$，则 $y[n] = -\Omega_0\sin(\Omega_0 n+\theta)$

6.19　已知一离散时间低通滤波器的单位抽样响应 $h[n]$为实值序列，频率响应的模在$-\pi\leqslant\Omega\leqslant\pi$ 内为

$$|H(\mathrm{e}^{\mathrm{j}\Omega})| = \begin{cases}1, & |\Omega|\leqslant\dfrac{\pi}{4}\\ 0, & \text{其他}\end{cases}$$

求出该滤波器在下列给出的群时延函数下的实值单位抽样响应。

(a) $\tau(\Omega)=5$；　(b) $\tau(\Omega)=\dfrac{5}{2}$；　(c) $\tau(\Omega)=-\dfrac{5}{2}$。

解：设 $H_1(\mathrm{e}^{\mathrm{j}\Omega}) = |H(\mathrm{e}^{\mathrm{j}\Omega})|$，有 $h_1[n] = \dfrac{\sin\frac{\pi}{4}n}{\pi n}$

如果群时延 $\tau(\Omega) = -\dfrac{\mathrm{d}\angle H(\mathrm{e}^{\mathrm{j}\Omega})}{\mathrm{d}\Omega} = k$（$k$ 为常数），则

$$\angle H(\mathrm{e}^{\mathrm{j}\Omega}) = -k\Omega+k_1,\ k_1 \text{ 为常数}$$

因为 $h[n]$是实函数，则$\angle H(\mathrm{e}^{\mathrm{j}\Omega})$是奇函数，则 $k_1=0$，

$$H_1(\mathrm{e}^{\mathrm{j}\Omega}) = |H(\mathrm{e}^{\mathrm{j}\Omega})|\mathrm{e}^{\mathrm{j}\angle H(\mathrm{e}^{-\mathrm{j}\Omega})} = H_1(\mathrm{e}^{\mathrm{j}\Omega})\mathrm{e}^{-\mathrm{j}k\Omega}$$

则 $h[n] = h_1[n-k] = \dfrac{\sin\frac{\pi}{4}(n-k)}{\pi(n-k)}$

(a) $h[n] = \dfrac{\sin\frac{\pi}{4}(n-5)}{\pi(n-5)}$

(b) $h[n] = \dfrac{\sin\frac{\pi}{4}\left(n-\frac{5}{2}\right)}{\pi\left(n-\frac{5}{2}\right)}$

(c) $h[n] = \dfrac{\sin\frac{\pi}{4}\left(n+\frac{5}{2}\right)}{\pi\left(n+\frac{5}{2}\right)}$

6.20　一因果系统的频率响应是 $H(\mathrm{e}^{\mathrm{j}\Omega})=\mathrm{e}^{-\mathrm{j}\Omega}\dfrac{1-\frac{1}{2}\mathrm{e}^{\mathrm{j}\Omega}}{1-\frac{1}{2}\mathrm{e}^{-\mathrm{j}\Omega}}$。

（a）证明 $|H(\mathrm{e}^{\mathrm{j}\Omega})|$ 对所有频率均为 1；

（b）证明 $\angle H(\mathrm{e}^{\mathrm{j}\Omega})=-\Omega-2\arctan\dfrac{\frac{1}{2}\sin\Omega}{1-\frac{1}{2}\cos\Omega}$；

（c）证明该滤波器的群时延为 $\tau(\Omega)=\dfrac{\frac{3}{4}}{\frac{5}{4}-\cos\Omega}$。

证明：（a）

$$|H(\mathrm{e}^{\mathrm{j}\Omega})|=1\cdot\mathrm{e}^{-\mathrm{j}\Omega}\frac{\left|1-\frac{1}{2}(\cos\Omega+\mathrm{j}\sin\Omega)\right|}{\left|1-\frac{1}{2}(\cos\Omega-\mathrm{j}\sin\Omega)\right|}$$

$$=\frac{\left[\left(1-\frac{1}{2}\cos\Omega\right)^2+\left(\frac{-1}{2}\sin\Omega\right)^2\right]^{\frac{1}{2}}}{\left[\left(1-\frac{1}{2}\cos\Omega\right)^2+\left(\frac{1}{2}\sin\Omega\right)^2\right]^{\frac{1}{2}}}=1$$

（b）

$$\angle H(\mathrm{e}^{\mathrm{j}\Omega})=-\Omega+\arctan\frac{-\frac{1}{2}\sin\Omega}{1-\frac{1}{2}\cos\Omega}-\arctan\frac{\frac{1}{2}\sin\Omega}{1-\frac{1}{2}\cos\Omega}$$

$$=-\Omega-2\arctan\frac{\frac{1}{2}\sin\Omega}{1-\frac{1}{2}\cos\Omega}$$

（c）$\tau(\Omega)=-\dfrac{\mathrm{d}\angle H(\mathrm{e}^{\mathrm{j}\Omega})}{\mathrm{d}\Omega}$

$$=1+2\cdot\frac{1}{1+\left(\dfrac{\frac{1}{2}\sin\Omega}{1-\frac{1}{2}\cos\Omega}\right)^2}\cdot\frac{\frac{1}{2}\cos\Omega\left(1-\frac{1}{2}\cos\Omega\right)-\frac{1}{2}\sin\Omega\cdot\frac{1}{2}\sin\Omega}{\left(1-\frac{1}{2}\cos\Omega\right)^2}$$

$$=\frac{\frac{3}{4}}{\frac{5}{4}-\cos\Omega}$$

第七章　拉普拉斯变换 连续时间系统的复频域分析

一、基本要求

① 掌握拉氏变换的定义、收敛域；
② 掌握拉氏变换的性质；
③ 掌握拉氏反变换；
④ 掌握系统函数 $H(s)$ 及系统的复频域分析法。

二、知识要点

1. 拉氏变换的定义及收敛域

(1) 拉氏变换的定义

单边：$X(s)=\mathcal{L}\{x(t)\}=\int_{0_-}^{\infty}x(t)\mathrm{e}^{-st}\mathrm{d}t$

$$x(t)=\mathcal{L}^{-1}\{x(t)\}=\frac{1}{2\pi\mathrm{j}}\int_{\sigma-\mathrm{j}\infty}^{\sigma+\mathrm{j}\infty}X(s)\mathrm{e}^{st}\mathrm{d}s$$

双边：$X(s)=\mathcal{L}\{x(t)\}=\int_{-\infty}^{\infty}x(t)\mathrm{e}^{-st}\mathrm{d}t$

$$x(t)=\frac{1}{2\pi\mathrm{j}}\int_{\sigma-\mathrm{j}\infty}^{\sigma+\mathrm{j}\infty}X(s)\mathrm{e}^{st}\mathrm{d}s$$

式中，$s=\sigma+\mathrm{j}\omega$，称为复频率。

傅里叶变换是拉普拉斯变换的特例，是 $\sigma=0$ 时的拉氏变换。

(2) 拉氏变换的收敛域

拉氏变换的收敛域(Region of Convergence)是使拉氏变换存在的复频率 s 的取值范围，简写为 RoC。拉氏变换的收敛域可归纳为以下几种情况：

(a) $x(t)$为一时限信号，其 RoC 是整个 s 平面。

(b) $x(t)$为一右边信号，其 RoC 是 $\mathrm{Re}\{s\}>\sigma_1$，$\sigma_1$ 为某一实数，称为左边界，即 RoC 是 s 平面上以 $\sigma=\sigma_1$ 为边界的右边部分。

(c) $x(t)$为一左边信号，其 RoC 是 $\mathrm{Re}\{s\}<\sigma_2$，$\sigma_2$ 为某一实数，称为右边界，即 RoC 是 s 平面上以 $\sigma=\sigma_2$ 为边界的左边部分。

(d) $x(t)$为一双边信号，其 RoC 是左、右边信号收敛域的公共部分，即当 $\sigma_1<\sigma_2$ 时，其 RoC 为 $\sigma_1<\mathrm{Re}\{s\}<\sigma_2$；当 $\sigma_1>\sigma_2$ 时，其 RoC 不存在。

(e) 收敛域内不包含极点。

2. 拉氏变换的性质(见表 7.1)

表 7.1　拉氏变换的性质

$x(t)\leftrightarrow X(s)$ RoC $=R$		$x_1(t)\leftrightarrow X_1(s)$ RoC $=R_1$	$x_2(t)\leftrightarrow X_2(s)$ RoC $=R_2$
序号	性质	结论	RoC 收敛域
1	线性	$a_1x_1(t)+a_2x_2(t)\leftrightarrow a_1X_1(s)+a_2X_2(s)$	包括 $R_1\cap R_2$
2	时域平移	$x(t-t_0)\leftrightarrow X(s)\mathrm{e}^{-st_0}$	R
3	s 域平移	$\mathrm{e}^{s_0t}x(t)\leftrightarrow X(s-s_0)$	$R+\mathrm{Re}\{s_0\}$
4	尺度变换	$x(at)\leftrightarrow\frac{1}{\lvert a\rvert}X\left(\frac{s}{a}\right)$	aR
5	时域卷积	$x_1(t)*x_2(t)\leftrightarrow X_1(s)X_2(s)$	包括 $R_1\cap R_2$
6	时域微分	$\frac{\mathrm{d}x(t)}{\mathrm{d}t}\leftrightarrow sX(s)$	包括 R
7	单边拉氏变换的时域微分	$\frac{\mathrm{d}x(t)}{\mathrm{d}t}\leftrightarrow sX(s)-x(0_-)$	
8	时域积分	$\int_{-\infty}^{t}x(\tau)\mathrm{d}\tau\leftrightarrow\frac{1}{s}X(s)$	包括 $R+\mathrm{Re}\{s\}>0$
9	单边拉氏变换的时域积分	$\int_{-\infty}^{t}x(\tau)\mathrm{d}\tau\leftrightarrow\frac{1}{s}X(s)+\frac{\int_{-\infty}^{0}x(\tau)\mathrm{d}\tau}{s}$	
10	s 域微分	$-tx(t)\leftrightarrow\frac{\mathrm{d}X(s)}{\mathrm{d}s}$	R
11	时域乘积	$x_1(t)x_2(t)\leftrightarrow\frac{1}{2\pi\mathrm{j}}[X_1(s)*X_2(s)]$	
12	初值	$x(0_+)=\lim\limits_{s\to\infty}sX(s)$	
13	终值	$x(\infty)=\lim\limits_{s\to 0}sX(s)$	

3. 拉氏反变换

拉氏反变换可采用以下方法计算:一是根据常用拉氏变换表及性质直接求拉氏反变换;二是留数法;三是部分分式法。

(1) 常用拉氏变换对(见表 7.2)

表 7.2　常用拉氏变换对

序号	信号	变换	RoC 收敛域
1	$\delta(t)$	1	全部 s
2	$u(t)$	$\frac{1}{s}$	$\mathrm{Re}\{s\}>0$

续表

序号	信号	变换	RoC 收敛域
3	$-u(-t)$	$\frac{1}{s}$	$\mathrm{Re}\{s\}<0$
4	$e^{-\alpha t}u(t)$	$\frac{1}{s+\alpha}$	$\mathrm{Re}\{s\}>-\alpha$
5	$-e^{-\alpha t}u(-t)$	$\frac{1}{s+\alpha}$	$\mathrm{Re}\{s\}<-\alpha$
6	$\frac{t^{(n-1)}}{(n-1)!}u(t)$	$\frac{1}{s^n}$	$\mathrm{Re}\{s\}>0$
7	$\frac{-t^{(n-1)}}{(n-1)!}u(-t)$	$\frac{1}{s^n}$	$\mathrm{Re}\{s\}<0$
8	$\frac{t^{(n-1)}}{(n-1)!}e^{-\alpha t}u(t)$	$\frac{1}{(s+\alpha)^n}$	$\mathrm{Re}\{s\}>-\alpha$
9	$\frac{-t^{(n-1)}}{(n-1)!}e^{-\alpha t}u(-t)$	$\frac{1}{(s+\alpha)^n}$	$\mathrm{Re}\{s\}<-\alpha$
10	$\cos\omega_0 t u(t)$	$\frac{s}{s^2+\omega_0^2}$	$\mathrm{Re}\{s\}>0$
11	$\sin\omega_0 t u(t)$	$\frac{\omega_0}{s^2+\omega_0^2}$	$\mathrm{Re}\{s\}>0$
12	$[e^{-\alpha t}\cos\omega_0 t]u(t)$	$\frac{s+\alpha}{(s+\alpha)^2+\omega_0^2}$	$\mathrm{Re}\{s\}>-\alpha$
13	$[e^{-\alpha t}\sin\omega_0 t]u(t)$	$\frac{\omega_0}{(s+\alpha)^2+\omega_0^2}$	$\mathrm{Re}\{s\}>-\alpha$

(2) 部分分式法

$X(s)$为有理分式

$$X(s)=\frac{N(s)}{D(s)}=\frac{b_m s^m+b_{m-1}s^{m-1}+\cdots+b_1 s+b_0}{a_n s^n+a_{n-1}s^{n-1}+\cdots+a_1 s+a_0}\quad(m<n)$$

(a) $D(s)=0$ 的根为 n 个互异实根 $p_1,p_2,\cdots,p_n$ 时：

$$X(s)=\frac{c_1}{s-p_1}+\frac{c_2}{s-p_2}+\cdots+\frac{c_n}{s-p_n}$$

$$c_i=X(s)(s-p_i)\Big|_{s=p_i}$$

(b) $D(s)=0$ 的根有 r 阶重根 p_i 时,其 r 重根部分的分解形式为：

$$X(s)=\frac{c_{i1}}{s-p_i}+\frac{c_{i2}}{(s-p_i)^2}+\cdots+\frac{c_{ir}}{(s-p_i)^r}$$

$$c_{ij}=\frac{1}{(r-j)!}\frac{d^{r-j}}{ds^{r-j}}[(s-p_i)^r X(s)]\Big|_{s=p_i}$$

(c) $D(s)=0$ 的根为共轭复根时:可把此共轭复根视为两个不同的单根,或保留 $X(s)$ 分母多项式 $D(s)$ 的二项式形式,将其写成相应的余弦和正弦的拉氏变换。

4. 系统函数 $H(s)$ 及系统 s 域分析

(1) 系统函数 $H(s)$

系统函数 $H(s)$ 有以下 3 种定义方式:

(a) 特征函数 e^{st} 为输入信号时,其输出为 e^{st} 乘以一个复系数 $H(s)$(特征值):

$$e^{st} \leftrightarrow H(s)e^{st}$$

(b) 系统函数 $H(s)$ 是系统单位冲激响应 $h(t)$ 的拉氏变换:

$$h(t) \leftrightarrow H(s)$$

(c) 系统函数 $H(s)$ 是系统零状态响应的拉氏变换与输入信号的拉氏变换之比:

$$H(s)=\frac{Y(s)}{X(s)}$$

(2) 系统 s 域分析

(a) 对于非零状态的系统,为得到全响应,可用单边拉氏变换求解微分方程。

(b) 系统的零状态响应可用 $Y(s)=X(s)H(s)$ 求解。

(3) 系统函数描述系统性质

(a) 因果系统 $H(s)$ 的收敛域为其最右极点以右的区域;反之,不成立。

(b) 稳定系统 $H(s)$ 的收敛域包含虚轴。

(c) 因果稳定系统 $H(s)$ 的全部极点位于 s 平面的左半平面。

(4) 系统函数与频率响应的关系

$H(j\omega)$ 可利用 $H(s)$ 的零极点,通过作图法直接求得。

$$|H(j\omega)|=k\cdot\frac{N_1\cdot N_2\cdot\cdots\cdot N_m}{D_1\cdot D_2\cdot\cdots\cdot D_n}$$

$$\angle H(j\omega)=(\theta_1+\theta_2+\cdots+\theta_m)-(\varphi_1+\varphi_2+\cdots+\varphi_n)$$

其中:N_i 为零点矢量的模;θ_i 为零点矢量的幅角;D_i 为极点矢量的模;φ_i 为极点矢量的幅角。

三、习题解答

7.1 确定下列时间函数 $x(t)$ 的拉氏变换 $X(s)$ 及其收敛域,并画出零极点图。

(a) $e^{-at}u(t), a<0$; (b) $-e^{-at}u(-t), a>0$; (c) $e^{at}u(t), a>0$;

(d) $e^{-a|t|}, a>0$; (e) $u(t-4)$; (f) $\delta(t-\tau)$;

(g) $e^{-t}u(t)+e^{-2t}u(t)$; (h) $\cos(\omega_0 t+\varphi)u(t)$。

解:(a) $X(s)=\dfrac{1}{s+a}$, $\mathrm{Re}\{s\}>-a$,如图 7.1(a) 所示。

(b) $X(s)=\dfrac{1}{s+a}$, $\mathrm{Re}\{s\}<-a$,如图 7.1(b) 所示。

(c) $X(s)=\dfrac{1}{s-a}$, $\mathrm{Re}\{s\}>a$,如图 7.1(c) 所示。

(d) $X(s)=\dfrac{2a}{s^2-a^2}$, $-a<\mathrm{Re}\{s\}<a$,如图 7.1(d) 所示。

(e) $X(s)=\dfrac{1}{s}\mathrm{e}^{-4s}$, $\mathrm{Re}\{s\}>0$,如图 7.1(e) 所示。

(f) $X(s)=\mathrm{e}^{-\tau s}$,全 s 平面。

(g) $X(s)=\dfrac{1}{s+1}+\dfrac{1}{s+2}$, $\mathrm{Re}\{s\}>-1$,如图 7.1(f) 所示。

(h) $\cos(\omega_0 t+\varphi)u(t)=\cos\omega_0 t\cdot\cos\varphi u(t)-\sin\varphi\sin\omega_0 tu(t)$

$$X(s)=\frac{s\cos\varphi}{s^2+\omega_0{}^2}-\frac{\omega_0\sin\varphi}{s^2+\omega_0{}^2},\ \mathrm{Re}\{s\}>0$$,如图 7.1(g) 所示。

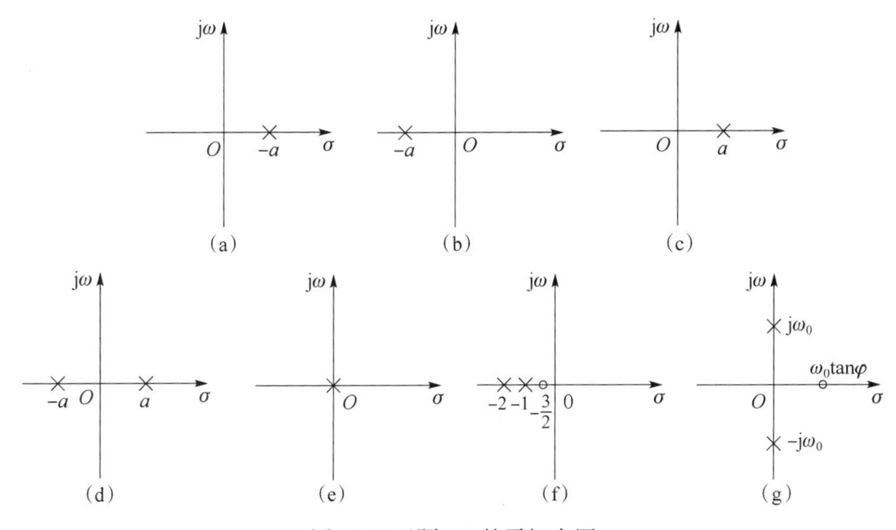

图 7.1　习题 7.1 的零极点图

(a) $\mathrm{e}^{-at}u(t)$ 的零极点图;(b) $-\mathrm{e}^{-at}u(-t)$ 的零极点图;(c) $\mathrm{e}^{at}u(t)$ 的零极点图;(d) $\mathrm{e}^{-a|t|}$ 的零极点图;(e) $u(t-4)$ 的零极点图;(f) $\mathrm{e}^{-t}u(t)+\mathrm{e}^{-2t}u(t)$ 的零极点图;(g) $\cos(\omega_0 t+\varphi)u(t)$ 的零极点图

7.2　已知 $X(s)$ 的零极点图如图 7.2 所示。求 $x(t)$ 为下列情况时的 $X(s)$ 的收敛域,并以图示之。

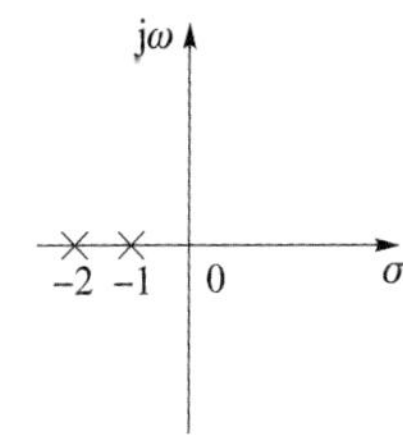

图 7.2　$X(s)$ 的零极点图

(a) $x(t)$ 是单边右向信号;

(b) $x(t)$ 是单边左向信号;

(c) $x(t)$ 是双边信号。

解: (a) RoC: $\mathrm{Re}\{s\}>-1$,如图 7.3(a) 所示。

(b) RoC: $\mathrm{Re}\{s\}<-2$,如图 7.3(b) 所示。

(c) RoC: $-2<\mathrm{Re}\{s\}<-1$,如图 7.3(c) 所示。

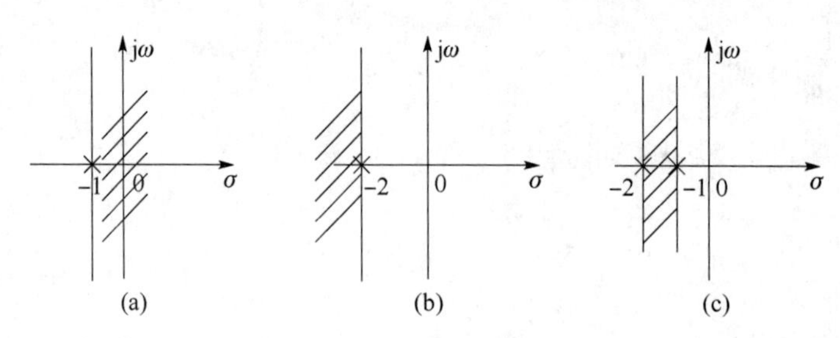

图 7.3 三种收敛域

(a) 单边右向信号的收敛域;(b) 单边左向信号的收敛域;(c) 双边信号的收敛域

7.3 若 $x(t)$ 的傅里叶变换存在,试确定 $x(t)$ 的拉氏变换 $X(s)$ 的收敛域,并指出 $x(t)$ 是右向、左向或是双边的。已知 $X(s)$ 的零极点图如图 7.4 所示。

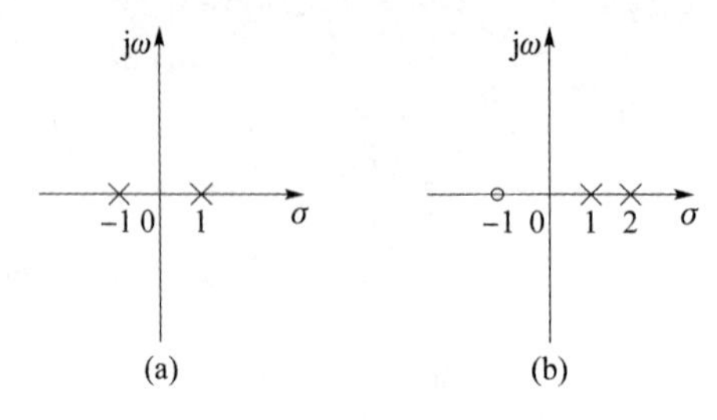

图 7.4 零极点图

(a) 第一种零极点;(b) 第二种零极点

解:(a) RoC:$-1<\mathrm{Re}\{s\}<1$,$x(t)$ 是双边信号;

(b) RoC:$\mathrm{Re}\{s\}<1$,$x(t)$ 是左边信号。

7.4 证明拉氏变换式 $X(s)$ 在 $s=s_0=\sigma_0+\mathrm{j}\omega_0$ 存在的一个充分条件是:

$$\int_{-\infty}^{\infty} |x(t)| \mathrm{e}^{-\sigma_0 t}\mathrm{d}t < \infty$$

证明:

$$\begin{aligned}|X(s_0)| &= \left|\int_{-\infty}^{\infty} x(t)\mathrm{e}^{-s_0 t}\mathrm{d}t\right| \\ &= \left|\int_{-\infty}^{\infty} x(t)\mathrm{e}^{-(\sigma_0+\mathrm{j}\omega_0)t}\mathrm{d}t\right| \\ &\leqslant \int_{-\infty}^{\infty} |x(t)\mathrm{e}^{-(\sigma_0+\mathrm{j}\omega_0)t}\mathrm{d}t| \\ &\leqslant \int_{-\infty}^{\infty} |x(t)|\mathrm{e}^{-\sigma_0 t}\mathrm{d}t \\ &< \infty\end{aligned}$$

7.5 求下列函数 $x(t)$ 的拉氏变换 $X(s)$ 及其收敛域。

(a) $u(t)-u(t-1)$; (b) $\sin\omega_0(t-\tau)u(t-\tau)$; (c) $-\mathrm{e}^{-3t}u(-t)$;

(d) $\mathrm{e}^{-3t}u(-t)+\mathrm{e}^{-4t}u(t)$; (e) $t\mathrm{e}^{-at}u(t)$,$a>0$; (f) $\sin\omega_0(t-\tau)u(t)$;

(g) $\delta(at+b)$,a,b 为实数; (h) $(\mathrm{e}^{-5t}\mathrm{ch}3t)u(t)$。

解:(a) $X(s)=\dfrac{1}{s}-\dfrac{1}{s}\mathrm{e}^{-s}=\dfrac{1}{s}(1-\mathrm{e}^{-s})$,全 s 平面

(b) $X(s)=\dfrac{\omega_0}{s^2+\omega_0^2}e^{-\tau s}$, $\mathrm{Re}\{s\}>0$

(c) $X(s)=\dfrac{1}{s+3}$, $\mathrm{Re}\{s\}<-3$

(d) $X(s)=-\dfrac{1}{s+3}+\dfrac{1}{s+4}=\dfrac{-1}{(s+3)(s+4)}$, $-4<\mathrm{Re}\{s\}<-3$

(e) $X(s)=\dfrac{1}{(s+a)^2}$, $\mathrm{Re}\{s\}>-a$

(f) $x(t)=[\sin\omega_0(t-\tau)]u(t)=[\sin(\omega_0 t-\omega_0\tau)]u(t)=[\sin\omega_0 t\cos\omega_0\tau]u(t)-[\cos\omega_0 t\sin\omega_0\tau]u(t)$

$X(s)=\dfrac{\omega_0\cos\omega_0\tau}{s^2+\omega_0{}^2}-\dfrac{s\cdot\sin\omega_0\tau}{s^2+\omega_0{}^2}$, $\mathrm{Re}\{s\}>0$

(g) $X(s)=\dfrac{1}{|a|}e^{\frac{a}{b}s}$，全 s 平面

(h) $x(t)=(e^{-5t}\mathrm{ch}3t)u(t)=e^{-5t}\cdot\dfrac{e^{3t}+e^{-3t}}{2}u(t)=\dfrac{1}{2}(e^{-2t}+e^{-8t})u(t)$

$X(s)=\dfrac{1}{2}\left(\dfrac{1}{s+2}+\dfrac{1}{s+8}\right)=\dfrac{s+5}{(s+2)(s+8)}$, $\mathrm{Re}\{s\}>-2$

7.6　由下列各 $X(s)$ 及其收敛域，确定反变换 $x(t)$。

(a) $\dfrac{1}{s+1}$, $\mathrm{Re}\{s\}>-1$；　(b) $\dfrac{1}{s+1}$, $\mathrm{Re}\{s\}<-1$；　(c) $\dfrac{s}{s^2+16}$, $\mathrm{Re}\{s\}>0$；

(d) $\dfrac{(s+1)e^{-s}}{(s+1)^2+4}$, $\mathrm{Re}\{s\}>-1$；　(e) $\dfrac{s+1}{s^2+5s+6}$, $\mathrm{Re}\{s\}<-3$；　(f) $\dfrac{s^2-s+1}{s^2(s-1)}$, $0<\mathrm{Re}\{s\}<1$；

(g) $\dfrac{s+1}{s^2+5s+6}$, $\mathrm{Re}\{s\}>-2$；　(h) $\dfrac{s+1}{s(s+1)(s+2)}$, $-1<\mathrm{Re}\{s\}<0$。

解：(a) $x(t)=e^{-t}u(t)$　　(b) $x(t)=-e^{-t}u(-t)$

(c) $x(t)=(\cos 4t)u(t)$　　(d) $x(t)=[e^{-(t-1)}\cos 2(t-1)]u(t-1)$

(e) $X(s)=\dfrac{-1}{s+2}+\dfrac{2}{s+3}$,　$x(t)=e^{-2t}u(-t)-2e^{-3t}u(-t)$

(f) $X(s)=\dfrac{0}{s}+\dfrac{-1}{s^2}+\dfrac{1}{s-1}$,　$x(t)=-tu(t)-e^{t}u(-t)$

(g) $X(s)=\dfrac{-1}{s+2}+\dfrac{2}{s+3}$,　$x(t)=(2e^{-3t}-e^{-2t})u(t)$

(h) $X(s)=\dfrac{\frac{1}{2}}{s}+\dfrac{0}{s+1}+\dfrac{-\frac{1}{2}}{s+2}$,　$x(t)=-\dfrac{1}{2}u(-t)-\dfrac{1}{2}e^{-2t}u(t)$

7.7　已知各指数函数 $x(t)$，求出相应的拉氏变换 $X(s)$。

(a) $e^{-2t}u(t)$；　(b) $e^{-2(t-1)}u(t-1)$；　(c) $e^{-2(t-1)}u(t)$；　(d) $e^{-2t}u(t-1)$。

解：(a) $X(s)=\dfrac{1}{s+2}$

(b) $X(s)=\dfrac{1}{s+2}e^{-s}$

(c) $x(t)=e^{-2t}u(t)\cdot e^{2},X(s)=\dfrac{e^{2}}{s+2}$

(d) $x(t)=e^{-2(t-1)}u(t-1)\cdot e^{-2},X(s)=\dfrac{e^{-s}}{s+2}\cdot e^{-2}=\dfrac{e^{-(s+2)}}{s+2}$

7.8　求下列函数的拉氏变换及收敛域。

(a) $(t\sin\omega t)u(t)$；　　(b) $(t^{2}e^{-2t})u(t)$；

(c) $\left(e^{-\frac{1}{5}t}\sin\dfrac{\omega}{5}t\right)u(t)$；　　(d) $[e^{-5t}\cos(5\omega t)]u(t)$。

解：(a) $x_1(t)=\sin(\omega t)u(t),X_1(s)=\dfrac{\omega}{s^2+\omega^2}$

$x(t)=t\cdot x_1(t)$，所以 $X(s)=-\dfrac{dX_1(s)}{ds}=\dfrac{2\omega s}{(s^2+\omega^2)^2},\mathrm{Re}\{s\}>0$

(b) $X(s)=\dfrac{2}{(s+2)^3},\mathrm{Re}\{s\}>-2$

(c) $X(s)=\dfrac{\dfrac{\omega}{5}}{\left(s+\dfrac{1}{5}\right)^2+\left(\dfrac{\omega}{5}\right)^2},\mathrm{Re}\{s\}>-\dfrac{1}{5}$

(d) $X(s)=\dfrac{s+5}{(s+5)^2+(5\omega)^2},\mathrm{Re}\{s\}>-5$

7.9　求图 7.5 所示的 $x(t)$ 的拉氏变换 $X(s)$ 及其收敛域。

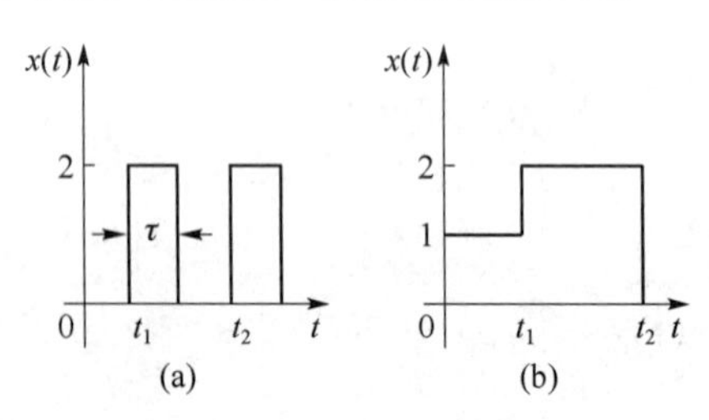

图 7.5　$x(t)$ 的图形

(a) 第一种 $x(t)$；(b) 第二种 $x(t)$

解：(a) $x(t)=2[u(t-t_1)-u(t-t_1-\tau)]+2[u(t-t_2)-u(t-t_2-\tau)]$

$$X(s)=\frac{2}{s}[e^{-t_1 s}-e^{-(t_1+\tau)s}+e^{-t_2 s}-e^{-(t_2+\tau)s}]，全\ s\ 平面$$

(b) $x(t)=u(t)-u(t-t_1)+2[u(t-t_1)-u(t-t_2)]$

$=u(t)+u(t-t_1)-2u(t-t_2)$

$X(s)=\dfrac{1}{s}(1+e^{-t_1 s}-2e^{-t_2 s})$，全 s 平面

7.10　已知因果系统的系统函数 $H(s)$ 及输入信号 $x(t)$，求系统的零状态响应 $y_x(t)$。

(a) $H(s)=\dfrac{2s+3}{s^2+2s+5}$，$x(t)=u(t)$；

(b) $H(s)=\dfrac{s+4}{s(s^2+3s+2)}$，$x(t)=\mathrm{e}^{-t}u(t)$。

解：(a) $Y_x(s)=X(s)H(s)=\dfrac{1}{s}\cdot\dfrac{2s+3}{s^2+2s+5}=\dfrac{\frac{3}{5}}{s}+\dfrac{\frac{-3}{5}s+\frac{4}{5}}{(s+1)^2+4}$

$$=\frac{\frac{3}{5}}{s}+\frac{-\frac{3}{5}(s+1)}{(s+1)^2+4}+\frac{2\cdot\frac{7}{10}}{(s+1)^2+4}$$

所以，$y_x(t)=\left[\dfrac{3}{5}-\dfrac{3}{5}\mathrm{e}^{-t}\cos 2t+\dfrac{7}{10}\mathrm{e}^{-t}\sin 2t\right]u(t)$

(b) $Y_x(s)=X(s)H(s)=\dfrac{1}{s+1}\cdot\dfrac{s+4}{s(s^2+3s+2)}=\dfrac{s+4}{s(s+2)(s+1)^2}$

$$=\frac{2}{s}+\frac{-1}{s+2}+\frac{-1}{s+1}+\frac{-3}{(s+1)^2}$$

所以，$y_x(t)=(2-\mathrm{e}^{-2t}-\mathrm{e}^{-t}-3t\mathrm{e}^{-t})u(t)$

7.11　已知因果系统的系统函数 $H(s)=\dfrac{s+1}{s^2+5s+6}$，求系统对于以下输入 $x(t)$ 的零状态响应。

(a) $x(t)=\mathrm{e}^{-3t}u(t)$；

(b) $x(t)=t\mathrm{e}^{-t}u(t)$。

解：(a) $Y_x(s)=X(s)\cdot H(s)=\dfrac{1}{s+3}\cdot\dfrac{s+1}{s^2+5s+6}=\dfrac{s+1}{(s+2)(s+3)^2}$

$$=\frac{-1}{s+2}+\frac{1}{s+3}+\frac{2}{(s+3)^2}$$

所以，$y_x(t)=(-\mathrm{e}^{-2t}+\mathrm{e}^{-3t}+2t\mathrm{e}^{-3t})u(t)$

(b) $Y_x(s)=X(s)\cdot H(s)=\dfrac{1}{(s+1)^2}\cdot\dfrac{s+1}{s^2+5s+6}=\dfrac{1}{(s+1)(s^2+5s+6)}$

$$=\frac{\frac{1}{2}}{s+1}+\frac{-1}{s+2}+\frac{\frac{1}{2}}{s+3}$$

所以，$y_x(t)=\left(\dfrac{1}{2}\mathrm{e}^{-t}-\mathrm{e}^{-2t}+\dfrac{1}{2}\mathrm{e}^{-3t}\right)u(t)$

7.12　已知某因果系统的微分方程模型及输入 $x(t)$，求零状态响应的初值 $y_x(0)$ 和终值 $y_x(\infty)$。

(a) $y^{(2)}(t)+2y^{(1)}(t)+5y(t)=2x^{(1)}(t)+3x(t)$，$x(t)=u(t)$；

(b) $y^{(3)}(t)+3y^{(2)}(t)+2y^{(1)}(t)=x^{(1)}(t)+4x(t)$，$x(t)=\mathrm{e}^{-t}u(t)$。

解：(a) $Y_x(s)=X(s)\cdot H(s)=\dfrac{1}{s}\cdot\dfrac{2s+3}{s^2+2s+5}$

$$y_x(0)=\lim_{s\to\infty} sY_x(s)=\lim_{s\to\infty} s\cdot\frac{1}{s}\cdot\frac{2s+3}{s^2+2s+5}=0$$

$$y_x(\infty)=\lim_{s\to0} sY_x(s)=\lim_{s\to0} s\cdot\frac{1}{s}\cdot\frac{2s+3}{s^2+2s+5}=\frac{3}{5}$$

(b) $Y_x(s)=X(s)\cdot H(s)=\frac{1}{s+1}\cdot\frac{s+4}{s^3+3s^2+2s}$

$$y_x(0)=\lim_{s\to\infty} sY_x(s)=\lim_{s\to\infty} s\cdot\frac{1}{s+1}\cdot\frac{s+4}{s(s^2+3s+2)}=0$$

$$y_x(\infty)=\lim_{s\to0} sY_x(s)=\lim_{s\to0} s\cdot\frac{1}{s+1}\cdot\frac{s+4}{s(s^2+3s+2)}=2$$

7.13　某因果 LTI 系统的微分方程及初始条件为已知,试用拉氏变换法求零输入响应。

(a) $y^{(2)}(t)+4y(t)=x^{(1)}(t),y(0)=0,y^{(1)}(0)=1$;

(b) $y^{(2)}(t)+2y^{(1)}(t)+y(t)=x^{(1)}(t)+x(t),y(0)=1,y^{(1)}(0)=0$;

(c) $y^{(3)}(t)+3y^{(2)}(t)+2y^{(1)}(t)=x^{(1)}(t)+4x(t),y(0)=y^{(1)}(0)=y^{(2)}(0)=1$。

解:(a) $[s^2Y(s)-sy(0_-)-y^{(1)}(0_-)]+4Y(s)=sX(s)$

$$Y_0(s)=\frac{sy(0_-)+y^{(1)}(0_-)}{s^2+4}=\frac{1}{s^2+4}=\frac{2\cdot\frac{1}{2}}{s^2+4}$$

所以,$y_0(t)=\frac{1}{2}(\sin 2t)u(t)$

(b) $[s^2Y(s)-sy(0_-)-y^{(1)}(0_-)]+2[sY(s)-y(0_-)]+Y(s)=sX(s)+X(s)$

$$Y_0(s)=\frac{sy(0_-)+y^{(1)}(0_-)+2y(0_-)}{s^2+2s+1}=\frac{s+2}{s^2+2s+1}=\frac{1}{s+1}+\frac{1}{(s+1)^2}$$

所以,$y_0(t)=(e^{-t}+te^{-t})u(t)$

(c)

$$[s^3Y(s)-s^2y(0_-)-sy^{(1)}(0_-)-y^{(2)}(0_-)]+3[s^2Y(s)-sy(0_-)-y^{(1)}(0_-)]+2[sY(s)-y(0_-)]=sX(s)+4$$

$$Y_0(s)=\frac{s^2y(0_-)+sy^{(1)}(0_-)+y^{(2)}(0_-)+3sy(0_-)+3y^{(1)}(0_-)+2y(0_-)}{s^2+3s+2}$$

$$=\frac{s^2+4s+6}{s^3+3s^2+2s}=\frac{3}{s}+\frac{-3}{s+1}+\frac{1}{s+2}$$

所以,$y_0(t)=(3-3e^{-t}+e^{-2t})u(t)$

7.14　已知某因果 LTI 系统的输入 $x(t)=e^{-t}u(t)$,单位冲激响应 $h(t)=e^{-2t}u(t)$,求:

(a) $x(t)$ 和 $h(t)$ 的拉氏变换;

(b) 系统输出的拉氏变换 $Y(s)$;

(c) 系统输出 $y(t)$;

(d) 用卷积积分法求 $y(t)$。

解:(a) $X(s)=\frac{1}{s+1},H(s)=\frac{1}{s+2}$

(b) $Y(s)=X(s)\cdot H(s)=\frac{1}{s+1}\cdot\frac{1}{s+2}=\frac{1}{s+1}+\frac{-1}{s+2}$

(c) $y(t)=(e^{-t}-e^{-2t})u(t)$

(d) $y(t)=x(t)*h(t)=\int_{-\infty}^{\infty}e^{-\tau}u(\tau)e^{-2(t-\tau)}u(t-\tau)d\tau$

$$=\int_0^t e^{\tau}d\tau\cdot e^{-2t}=e^{\tau}\Big|_0^t\cdot e^{-2t}=(e^{-t}-e^{-2t})u(t)$$

7.15　某因果 LTI 系统的阶跃响应为：$y(t)=(1-e^{-t}-te^{-t})u(t)$，其输出为 $y(t)=(2-3e^{-t}+e^{-3t})u(t)$，试确定其输入 $x(t)$。

解：当 $x(t)=u(t)$ 时，$y(t)=(1-e^{-t}-te^{-t})u(t)$

所以，$H(s)=\frac{Y(s)}{X(s)}=\frac{\frac{1}{s}-\frac{1}{s+1}-\frac{1}{(s+1)^2}}{\frac{1}{s}}=1-\frac{s}{s+1}-\frac{s}{(s+1)^2}=\frac{1}{s+1}-\frac{s}{(s+1)^2}=\frac{1}{(s+1)^2}$

当 $y(t)=(2-3e^{-t}+e^{-3t})u(t)$ 时，

$$X(s)=\frac{Y(s)}{H(s)}=\frac{\frac{2}{s}-\frac{3}{s+1}+\frac{1}{s+3}}{\frac{1}{(s+1)^2}}=\frac{\frac{6}{s(s+1)(s+3)}}{\frac{1}{(s+1)^2}}=\frac{6(s+1)}{s(s+3)}=\frac{2}{s}+\frac{-4}{s+3}$$

所以，$x(t)=(2-4e^{-3t})u(t)$

7.16　已知某稳定的 LTI 系统，$t>0$ 时，$x(t)=0$，其拉氏变换 $X(s)=\frac{s+2}{s-2}$，系统的输出 $y(t)=\left(-\frac{2}{3}e^{2t}\right)u(-t)+\frac{1}{3}e^{-t}u(t)$。

(a) 确定 $H(s)$ 及其收敛域；

(b) 确定单位冲激响应 $h(t)$；

(c) 如果该系统输入-时间函数 $x(t)=e^{3t},-\infty<t<\infty$，求响应 $y(t)$。

解：(a) $Y(s)=\frac{2}{3}\cdot\frac{1}{s-2}+\frac{1}{3}\cdot\frac{1}{s+1}$

$$H(s)=\frac{Y(s)}{X(s)}=\frac{\frac{2}{3}\cdot\frac{1}{s-2}+\frac{1}{3}\cdot\frac{1}{s+1}}{\frac{s+2}{s-2}}=\frac{s}{(s+1)(s+2)}$$

因为系统是稳定的，所以 RoC 为：$\mathrm{Re}\{s\}>-1$

(b) $H(s)=\frac{-1}{s+1}+\frac{2}{s+2}$，所以 $h(t)=(-e^{-t}+2e^{-2t})u(t)$

(c) $y(t)=H(3)e^{3t}=\frac{3}{20}e^{3t},-\infty<t<\infty$

7.17　用 $x(t)$ 的单边拉氏变换 $X(s)$ 表示下列函数的单边拉氏变换。

(a) $tx(t)$；　(b) $x(t)\sin t$；　(c) $x(5t-3)$；　(d) $t\frac{d^2x(t)}{dt^2}$。

解：(a) $tx(t)\leftrightarrow -\dfrac{\mathrm{d}X(s)}{\mathrm{d}s}$

(b) $x(t)\sin t=x(t)\cdot\dfrac{1}{2\mathrm{j}}(\mathrm{e}^{\mathrm{j}t}-\mathrm{e}^{-\mathrm{j}t})=\dfrac{1}{2\mathrm{j}}x(t)\mathrm{e}^{\mathrm{j}t}-\dfrac{1}{2\mathrm{j}}x(t)\mathrm{e}^{-\mathrm{j}t}$

$x(t)\sin t\leftrightarrow\dfrac{1}{2\mathrm{j}}[X(s+\mathrm{j})-X(s-\mathrm{j})]$

(c) $x(5t-3)\leftrightarrow\dfrac{1}{5}X(\dfrac{s}{5})\mathrm{e}^{-\frac{3}{5}s}$

(d) $t\dfrac{\mathrm{d}^2x(t)}{\mathrm{d}t^2}\leftrightarrow-\dfrac{\mathrm{d}}{\mathrm{d}s}[s^2X(s)]$

7.18　已知某因果 LTI 系统的微分方程为：

$$y^{(2)}(t)+3y^{(1)}(t)+2y(t)=x(t)$$
$$y(0)=3,y^{(1)}(0)=-5,x(t)=2u(t)$$

求系统的零输入响应 $y_0(t)$、零状态响应 $y_x(t)$ 及全响应 $y(t)$。

解：$[s^2Y(s)-sy(0_-)-y^{(1)}(0_-)]+3[sY(s)-y(0_-)]+2Y(s)=X(s)$

$$Y(s)=\frac{sy(0_-)+y^{(1)}(0_-)+3y(0_-)}{s^2+3s+2}+\frac{X(s)}{s^2+3s+2}$$

$$Y_0(s)=\frac{3s+4}{s^2+3s+2}=\frac{3s+4}{(s+1)(s+2)}=\frac{1}{s+1}+\frac{2}{s+2}$$

所以，$y_0(t)=(\mathrm{e}^{-t}+2\mathrm{e}^{-2t})u(t)$

$$Y_x(s)=\frac{X(s)}{s^2+3s+2}=\frac{\frac{2}{s}}{s^2+3s+2}$$
$$=\frac{1}{s}+\frac{-2}{s+1}+\frac{1}{s+2}$$

所以

$y_x(t)=(1-2\mathrm{e}^{-t}+\mathrm{e}^{-2t})u(t)$

由此可得：　　$y(t)=y_0(t)+y_x(t)=(1-\mathrm{e}^{-t}+3\mathrm{e}^{-2t})u(t)$

7.19　已知 *RLC* 电路如图 7.6 所示。

(a) 确定联系输入 $u_\mathrm{i}(t)$ 与输出 $u_\mathrm{o}(t)$ 的微分方程，并利用单边拉氏变换求电路对于输入 $u_\mathrm{i}(t)=\mathrm{e}^{-3t}u(t)$ 的全响应 $u_\mathrm{o}(t)$，$u_\mathrm{o}(0)=1$，$u_\mathrm{o}^{(1)}(0)=2$。

(b) 用 s 域电路模型求在上述条件下的全响应 $u_u(t)$。

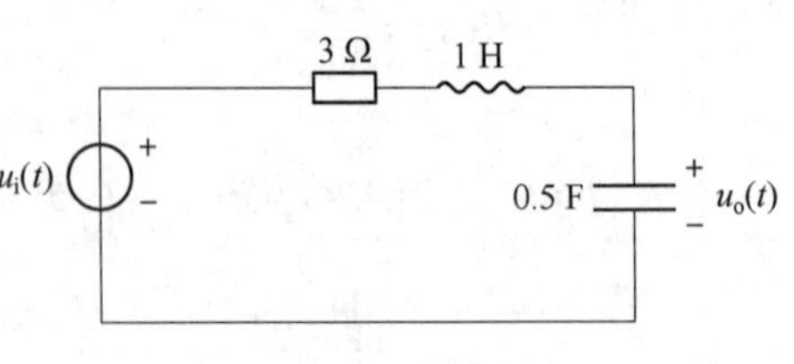

图 7.6　*RLC* 电路图

解：(a) $u_R(t)+u_L(t)+u_\mathrm{o}(t)=u_\mathrm{i}(t)$

$$Ri(t)+L\frac{\mathrm{d}i(t)}{\mathrm{d}t}+u_\mathrm{o}(t)=u_\mathrm{i}(t)$$

$$i(t)=C\frac{\mathrm{d}u_\mathrm{o}(t)}{\mathrm{d}t}$$

所以，$LC\dfrac{d^2u_o(t)}{dt^2}+RC\dfrac{du_o(t)}{dt}+u_o(t)=u_i(t)$

$$LC[s^2U_o(s)-sU_o(0_-)-U_o^{(1)}(0_-)]+RC[sU_o(s)-U_o(0_-)]+U_o(s)=U_i(s)$$

$$U_o(s)=\frac{sLCU_o(0_-)+LC\,U_o^{(1)}(0_-)+RCU_o(0_-)}{LC\,s^2+RCs+1}+\frac{U_i(s)}{LC\,s^2+RCs+1}$$

$$=\frac{\frac{1}{2}s+\frac{5}{2}}{\frac{1}{2}s^2+\frac{3}{2}s+1}+\frac{\frac{1}{s+3}}{\frac{1}{2}s^2+\frac{3}{2}s+1}=\frac{s^2+8s+17}{(s+1)(s+2)(s+3)}$$

$$=\frac{5}{s+1}+\frac{-5}{s+2}+\frac{1}{s+3}$$

所以，$u_o(t)=(5e^{-t}-5e^{-2t}+e^{-3t})u(t)$

（b）画出 RLC 电路 s 域等效模型如图 7.7 所示。

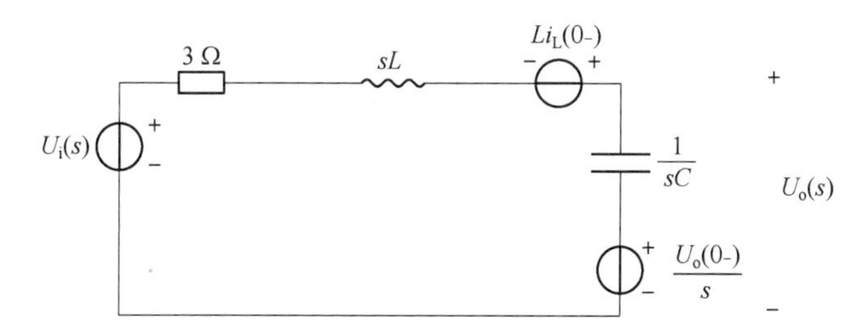

图 7.7　RLC 电路 s 域等效模型

$$i(t)=C\frac{du_o(t)}{dt}$$

$$i(0_-)=Cu_o^{(1)}(0_-)=1$$

$$I(s)=\frac{U_i(s)+Li_L(0_-)-\frac{u_o(0_-)}{s}}{R+sL+\frac{1}{sC}}=\frac{\frac{1}{s+3}+1-\frac{1}{s}}{3+s+\frac{2}{s}}=\frac{s^2+3s-3}{(s+3)(s+1)(s+2)}$$

$$U_o(s)=\frac{1}{sC}\cdot I(s)+\frac{u_o(0_-)}{s}=\frac{s^2+3s-3}{(s+3)(s+1)(s+2)}\cdot\frac{2}{s}+\frac{1}{s}=\frac{5}{s+1}+\frac{-5}{s+2}+\frac{1}{s+3}$$

所以，$u_o(t)=(5e^{-t}-5e^{-2t}+e^{-3t})u(t)$

7.20　设 $X(s)=\dfrac{1}{(s+1)(s-2)(s-3)}$，求出 $X(s)$ 的反变换式的几种可能情况，并说明各种情况下的收敛域。

解：$X(s)=\dfrac{\frac{1}{12}}{s+1}+\dfrac{-\frac{1}{3}}{s-2}+\dfrac{\frac{1}{4}}{s-3}$

① $\mathrm{Re}\{s\}>3$，$x(t)=\left(\dfrac{1}{12}e^{-t}-\dfrac{1}{3}e^{2t}+\dfrac{1}{4}e^{3t}\right)u(t)$

② $2<\mathrm{Re}\{s\}<3, x(t)=\left(\frac{1}{12}\mathrm{e}^{-t}-\frac{1}{3}\mathrm{e}^{2t}\right)u(t)-\frac{1}{4}\mathrm{e}^{3t}u(-t)$

③ $-1<\mathrm{Re}\{s\}<2, x(t)=\frac{1}{12}\mathrm{e}^{-t}u(t)+\left(\frac{1}{3}\mathrm{e}^{2t}-\frac{1}{4}\mathrm{e}^{3t}\right)u(-t)$

④ $\mathrm{Re}\{s\}<-1, x(t)=\left(-\frac{1}{12}\mathrm{e}^{-t}+\frac{1}{3}\mathrm{e}^{2t}-\frac{1}{4}\mathrm{e}^{3t}\right)u(-t)$

7.21 分别求出下列各系统的单位冲激响应,并画出各零极点图。

(a) $H(s)=\frac{s+1}{(s+1)^2+2^2}$; (b) $H(s)=\frac{s}{(s+1)^2+2^2}$;

(c) $H(s)=\frac{(s+1)^2}{(s+1)^2+2^2}$; (d) $H(s)=\frac{1-\mathrm{e}^{-\tau s}}{s}$。

解:(a) $h(t)=(\mathrm{e}^{-t}\cos 2t)u(t)$,零极点图如图 7.8(a) 所示。

(b) $H(s)=\frac{s+1-1}{(s+1)^2+2^2}=\frac{s+1}{(s+1)^2+2^2}-\frac{2\cdot\frac{1}{2}}{(s+1)^2+2^2}$

$h(t)=\left(\mathrm{e}^{-t}\cos 2t-\frac{1}{2}\mathrm{e}^{-t}\sin 2t\right)u(t)$,零极点图如图 7.8(b) 所示。

(c) $H(s)=\frac{(s+1)^2+2^2-2^2}{(s+1)^2+2^2}=1-\frac{2^2}{(s+1)^2+2^2}$

$h(t)=\delta(t)-2(\mathrm{e}^{-t}\sin 2t)u(t)$,零极点图如图 7.8(c) 所示。

(d) $H(s)=\frac{1}{s}-\frac{1}{s}\mathrm{e}^{-\tau s}$

$h(t)=u(t)-u(t-\tau)$,零极点图如图 7.8(d) 所示。

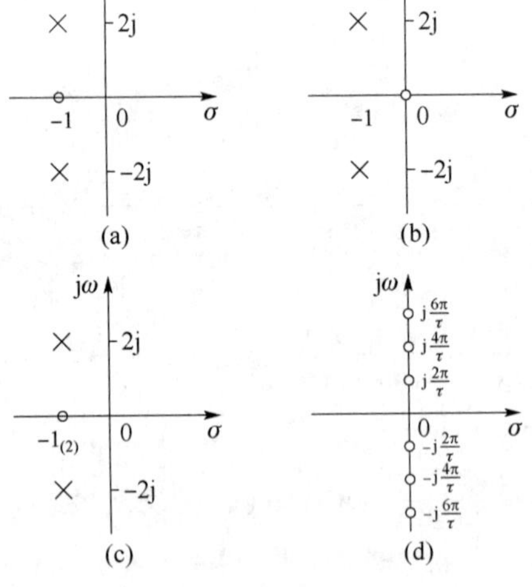

图 7.8 零极点图

(a) $H(s)=\frac{s+1}{(s+1)^2+2^2}$的零极点图;(b) $H(s)=\frac{s}{(s+1)^2+2^2}$的零极点图;

(c) $H(s)=\frac{(s+1)^2}{(s+1)^2+2^2}$的零极点图;(d) $H(s)=\frac{1-\mathrm{e}^{-\tau s}}{s}$的零极点图

7.22　已知电路如图 7.9 所示。

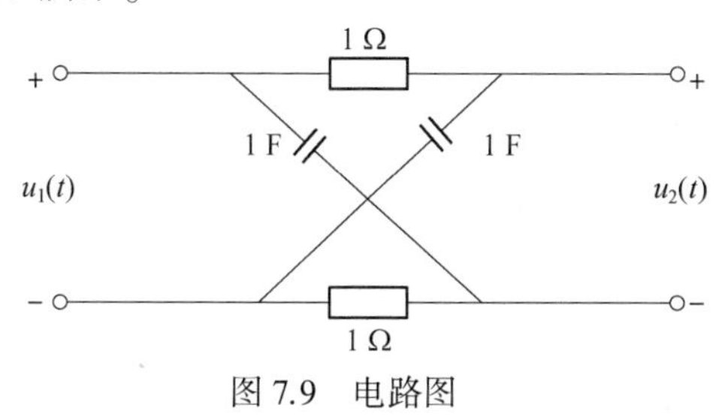

图 7.9　电路图

(a) 写出系统函数 $H(s)=\dfrac{U_2(s)}{U_1(s)}$,并在 s 平面上画出 $H(s)$ 的零极点分布,并说明它有何特征。

(b) 若激励 $u_1(t)=(10\sin t)u(t)$,求响应 $u_2(t)$,并指出自然响应、受迫响应、暂态响应、稳态响应分量。

解:(a) 画出电路的复频域图如图 7.10 所示。

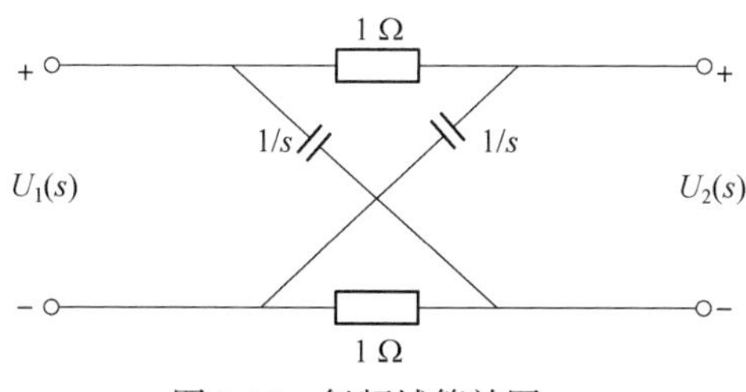

图 7.10　复频域等效图

根据电路的分压关系得:

$$U_2(s)=\frac{U_1(s)\cdot\dfrac{1}{s}}{1+\dfrac{1}{s}}-\frac{U_1(s)\cdot 1}{1+\dfrac{1}{s}}$$

$$=\frac{1-s}{1+s}U_1(s)$$

$$H(s)=\frac{U_2(s)}{U_1(s)}=-\frac{s-1}{s+1}$$

$H(s)$ 的零极点分布如图 7.11 所示。零点与极点对 $j\omega$ 轴互为镜像,这种系统为全通系统,其幅频特性 $|H(j\omega)|$ 为一常数。

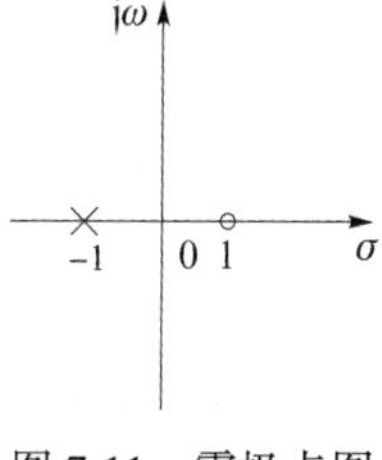

图 7.11　零极点图

(b) $U_1(s)=\dfrac{10}{s^2+1}$

$$U_2(s)=H(s)\cdot U_1(s)$$

$$=\frac{1-s}{1+s}\cdot\frac{10}{s^2+1}=\frac{A}{s+1}+\frac{Bs+C}{s^2+1}$$

$$=\frac{10}{s+1}+\frac{-10s}{s^2+1}$$

所以，$u_2(t)=(10\mathrm{e}^{-t}-10\cos t)u(t)$

其中，$10\mathrm{e}^{-t}u(t)$——自然响应、暂态响应；

$-10\cos tu(t)$——受迫响应、稳态响应。

7.23　判断下列系统函数 $H(s)$ 表示的系统的稳定性。

(a) $H(s)=\dfrac{s^2+2s+1}{s^3+4s^2-3s+2}$；　　(b) $H(s)=\dfrac{s^3+s^2+s+2}{2s^3+7s+9}$；

(c) $H(s)=\dfrac{s^2+4s+2}{3s^3+s^2+2s+8}$；　　(d) $H(s)=\dfrac{s^3+2s+1}{2s^4+s^3+12s^2+8s+2}$。

解：根据 $H(s)$ 的分母多项式判断系统稳定性。

(a) 有负系数，不稳定；

(b) 缺项，不稳定；

(c)

$$
\begin{array}{lll}
s^3 & 3 & 2 \\
s^2 & 1 & 8 \\
s^1 & 22 & \\
s^0 & 8 &
\end{array}
$$

第一列元素 $-22<0$，不稳定

(d)

$$
\begin{array}{llll}
s^4 & 2 & 12 & 2 \\
s^3 & 1 & 8 & \\
s^2 & -4 & 2 & \\
s^1 & \dfrac{17}{2} & & \\
s^0 & 2 & &
\end{array}
$$

第一列元素 $-4<0$，不稳定

7.24　应用 R-H 检验求下列每个多项式在右半平面根的个数。

(a) $s^5+s^4+3s^3+s+2=0$；　　(b) $10s^4+2s^3+s^2+5s+3=0$；

(c) $s^4+10s^3-8s^3+2s+3=0$；　　(d) $s^5+2s^4+24s^3+48s^2-25s-50=0$。

解：(a)

$$
\begin{array}{llll}
s^5 & 1 & 3 & 1 \\
s^4 & 1 & 0 & 2 \\
s^3 & 3 & -1 & \\
s^2 & \dfrac{1}{3} & 2 & \\
s^1 & -19 & & \\
s^0 & 2 & &
\end{array}
$$

第一列元素变号两次，有 2 个右根

(b)

$$\begin{array}{llll} s^4 & 10 & 1 & 3 \\ s^3 & 2 & 5 & \\ s^2 & -24 & 3 & \\ s^1 & -\frac{57}{12} & & \\ s^0 & 3 & & \end{array}$$

第一列元素变号两次,有 2 个右根

(c)

$$\begin{array}{llll} s^4 & 1 & -8 & 3 \\ s^3 & 10 & 2 & \\ s^2 & -\frac{41}{5} & 3 & \\ s^1 & \frac{232}{41} & & \\ s^0 & 3 & & \end{array}$$

第一列元素变号两次,有 2 个右根

(d)

$$\begin{array}{llll} s^5 & 1 & 24 & -25 \\ s^4 & 2 & 48 & -50 \\ s^3 & 0(8) & 0(96) & \\ s^2 & 24 & -50 & \\ s^1 & \frac{338}{3} & & \\ s^0 & -50 & & \end{array}$$

第一列元素变号一次,有 1 个右根

7.25　若系统是稳定的,求如下 $H(s)$ 中 K 值的范围。

$$H(s)=\frac{s^2+2s+1}{s^4+s^3+2s^2+s+K}$$

解:

$$\begin{array}{llll} s^4 & 1 & 2 & K \\ s^3 & 1 & 1 & \\ s^2 & 1 & K & \\ s^1 & 1-K & & \\ s^0 & K & & \end{array}$$

若系统稳定,要求 $1-K>0$, $K>0$,所以 $0<K<1$。

7.26　用直接形式模拟以下系统。

(a) $H(s)=\dfrac{2s+3}{s(s+1)^2(s+3)}$;　　(b) $H(s)=\dfrac{2s^2+14s+24}{s^2+3s+2}$。

解: 直接Ⅱ型模拟框图如图 7.12 所示。

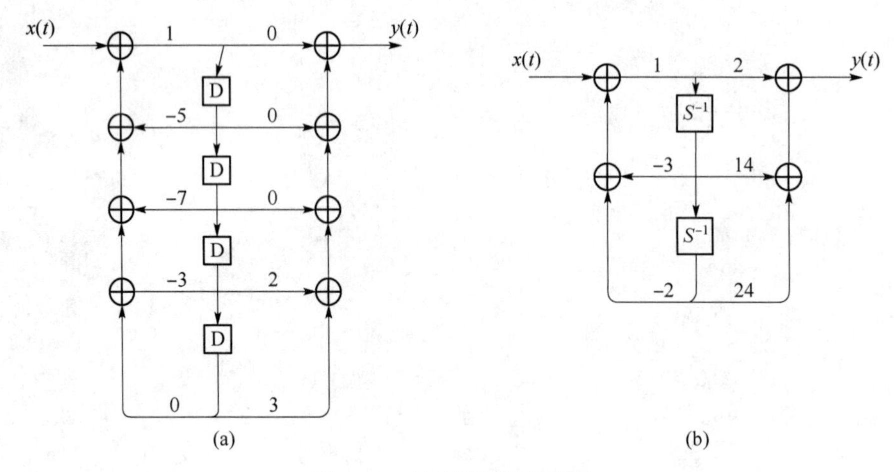

图 7.12　直接Ⅱ型模拟框图

第八章　z 变换 离散时间系统的 z 域分析

一、基本要求

① 掌握 z 变换的定义、收敛域；
② 掌握 z 变换的性质；
③ 掌握 z 反变换；
④ 掌握系统函数 $H(z)$ 及离散时间系统的 z 域分析。

二、知识要点

1. z 变换的定义、收敛域

(1) z 变换的定义

单边 z 变换：

$$X(z)=Z\{x[n]\}=\sum_{n=0}^{\infty}x[n]z^{-n}$$

双边 z 变换：

$$X(z)=Z\{x[n]\}=\sum_{n=-\infty}^{\infty}x[n]z^{-n}$$

其中，z 为复变量，$z=r\mathrm{e}^{\mathrm{j}\Omega}$。

离散时间傅里叶变换是当 $|z|=1$ 时的 z 变换，即单位圆上的 z 变换。

(2) z 变换的收敛域

z 变换的收敛域(RoC)是使 z 变换存在的 z 的取值范围。z 变换的收敛域可归纳为以下几种情况：

(a) $x[n]$ 为有限持续期序列，收敛域为整个 z 平面，但 $z=0$ 和 $z=\infty$ 可能不包含在内。

(b) $x[n]$ 为右边序列，收敛域为以 z 平面原点为中心，以某一值为半径的一个圆的圆外，即 $R_1<|z|<$(或$\leqslant$)∞。

(c) $x[n]$ 为左边序列，收敛域为以 z 平面原点为中心，以某一值为半径的一个圆的圆内，即 $0<$(或$\leqslant$)$|z|<R_2$。

(d) $x[n]$ 为双边序列，收敛域为以原点为中心的圆环，即 $R_1<|z|<R_2$；若 $R_1>R_2$，则 $x[n]$ 的 z 变换不存在。

(e) 收敛域内不包含极点。

2. z 变换的性质(见表 8.1)

表 8.1　z 变换的性质

序号	序列	变换	收敛域
	$x[n]$	$X(z)$	R_z
	$x_1[n]$	$X_1(z)$	R_1
	$x_2[n]$	$X_2(z)$	R_2
1	$a_1x_1[n]+a_2x_2[n]$	$a_1X_1(z)+a_2X_2(z)$	至少为 R_1 和 R_2 的相交部分 R_z(可能增添或去除原点或∞点)
2	$x[n-n_0]$	$z^{-n_0}X(z)$	
3	$e^{j\Omega_0 n}x[n]$	$X(e^{-j\Omega_0}z)$	R_z
4	$z_0^n x[n]$	$X\left(\dfrac{z}{z_0}\right)$	$\lvert z_0 \rvert R_z$
5	$x[-n]$	$X\left(\dfrac{1}{z}\right)$	R_z 的倒置
6	$x_1[n] * x_2[n]$	$X_1(z)X_2(z)$	至少为 R_1 和 R_2 的相交部分
7	$nx[n]$	$-z\dfrac{dX(z)}{dz}$	R_z(可能增删原点)
8	$x[n-m]u[n],m>0$	$z^{-m}X(z)+z^{-m}\sum\limits_{k=-m}^{-1}x[k]z^{-k}$	R_z
9	$x[n+m]u[n],m>0$	$z^{m}X(z)-z^{m}\sum\limits_{k=0}^{m-1}x[k]z^{-k}$	R_z
10	$x[0]=\lim\limits_{z\to\infty}X(z)$		$x[n]$为因果序列
11	$x[\infty]=\lim\limits_{z\to1}(z-1)X(z)$		$x[n]$的因果序列 $n\to\infty$,$x[n]$收敛

3. z 反变换

求 z 反变换的方法有:根据常用 z 变换表及性质直接求 z 反变换,以及采用留数法、长除法和部分分式法,其中部分分式法是常用方法。

(1) 常用 z 变换对(见表 8.2)

表 8.2　常用 z 变换对

序号	序列	变换	收敛域
1	$\delta[n]$	1	全部 z
2	$u[n]$	$\dfrac{1}{1-z^{-1}}=\dfrac{z}{z-1}$	$\lvert z\rvert>1$

续表

序号	序列	变换	收敛域
3	$-u[-n-1]$	$\dfrac{1}{1-z^{-1}}=\dfrac{z}{z-1}$	$\|z\|<1$
4	$nu[n]$	$\dfrac{z^{-1}}{(1-z^{-1})^2}=\dfrac{z}{(z-1)^2}$	$\|z\|>1$
5	$a^n u[n]$	$\dfrac{1}{1-az^{-1}}=\dfrac{z}{z-a}$	$\|z\|>\|a\|$
6	$-a^n u[-n-1]$	$\dfrac{1}{1-az^{-1}}=\dfrac{z}{z-a}$	$\|z\|<\|a\|$
7	$na^n u[n]$	$\dfrac{az^{-1}}{(1-az^{-1})^2}=\dfrac{az}{(z-a)^2}$	$\|z\|>a$
8	$(\cos \Omega_0 n)u[n]$	$\dfrac{1-(\cos \Omega_0)z^{-1}}{1-(2\cos \Omega_0)z^{-1}+z^{-2}}$	$\|z\|>1$
9	$(\sin \Omega_0 n)u[n]$	$\dfrac{(\sin \Omega_0)z^{-1}}{1-(2\cos \Omega_0)z^{-1}+z^{-2}}$	$\|z\|>1$
10	$(r^n\cos \Omega_0 n)u[n]$	$\dfrac{1-(r\cos \Omega_0)z^{-1}}{1-(2r\cos \Omega_0)z^{-1}+r^2z^{-2}}$	$\|z\|>r$
11	$(r^n\sin \Omega_0 n)u[n]$	$\dfrac{(r\sin \Omega_0)z^{-1}}{1-(2r\cos \Omega_0)z^{-1}+r^2z^{-2}}$	$\|z\|>r$

（2）部分分式法

$$X(z)=\frac{b_0+b_1z^{-1}+\cdots+b_Nz^{-N}}{a_0+a_1z^{-1}+\cdots+a_Nz^{-N}}=\frac{b_0z^N+b_1z^{N-1}+\cdots+b_N}{a_0z^N+a_1z^{N-1}+\cdots+a_N}$$

（a）$X(z)$具有互异单根时：

$$\frac{X(z)}{z}=\frac{c_0}{z}+\frac{c_1}{z-z_1}+\cdots+\frac{c_n}{z-z_n}$$

$$c_i=(z-z_i)\frac{X(z)}{z}\bigg|_{z=z_i}$$

或

$$X(z)=\frac{c_1}{1-p_1z^{-1}}+\cdots+\frac{c_N}{1-p_Nz^{-1}}$$

$$c_i=(1-p_iz^{-1})X(z)\big|_{z=p_i}$$

（b）$X(z)$具有 r 重根时，其重根部分分解形式为：

$$\frac{X(z)}{z}=\frac{c_{i1}}{z-z_i}+\frac{c_{i2}}{(z-z_i)^2}+\cdots+\frac{c_{ir}}{(z-z_i)^r}$$

$$c_{ij}=\frac{1}{(r-j)!}\frac{\mathrm{d}^{(r-j)}}{\mathrm{d}z}\left[(z-z_i)^r\cdot\frac{X(z)}{z}\right]\bigg|_{z=z_i}$$

(c) $X(z)$具有共轭复根时：可将此共轭复根视为两个互异单根形式，或保留分母多项式的二阶形式，将其写成相应的余弦和正弦的 z 变换。

(3) 长除法

使用长除法将函数 $X(z)$展开成幂级数形式，级数各项的系数则为序列值 $x[n]$，需要注意的是，右边序列使用 z^{-1}的降幂长除法展开成幂级数；左边序列使用 z^{-1}的升幂长除法展开成幂级数。

4. 系统函数 $H(z)$ 与离散时间系统 z 域分析

(1) 系统函数 $H(z)$

系统函数 $H(z)$有三种定义方式：

(a) 特征函数 z^n 为输入信号时，其输出为 z^n 乘以复系数 $H(z)$（特征值）：

$$z^n\rightarrow H(z)z^n$$

(b) 系统函数 $H(z)$是系统单位抽样响应 $h[n]$的 z 变换：

$$H(z)\leftrightarrow h[n]$$

(c) 系统函数 $H(z)$是系统零状态响应的 z 变换与输入信号的 z 变换之比：

$$H(z)=\frac{Y(z)}{X(z)}$$

(2) 离散时间系统的 z 域分析

(a) z 域求解差分方程的全响应，可用单边 z 变换求解。

(b) 系统的零状态响应可用 $Y(z)=X(z)H(z)$求解。

(3) 系统函数描述系统性质

(a) 因果系统 $H(z)$的收敛域位于 $H(z)$最外侧极点的圆外边。

(b) 稳定系统 $H(z)$的收敛域包含单位圆。

(c) 因果稳定系统 $H(z)$的全部极点位于单位圆内。

(4) 系统函数与频率响应的关系

$H(\mathrm{e}^{\mathrm{j}\Omega})$可利用 $H(z)$的零极点，通过作图法直接求得

$$|H(\mathrm{e}^{\mathrm{j}\Omega})|=\frac{\prod_{i=1}^{M}B_i}{\prod_{k=1}^{N}A_k}\qquad \beta(\Omega)=\sum_{i=1}^{M}\varphi_i-\sum_{k=1}^{N}\varphi_k$$

其中，A_k、B_i 分别为极点向量和零点向量的长度；φ_k、φ_i 分别为极点向量和零点向量与正实轴的夹角。

三、习题解答

8.1　求出下列序列的 z 变换，指出收敛域，并说明该序列傅里叶变换是否存在。

(a) $\delta[n]$；　(b) $\delta[n-1]$；　(c) $\delta[n+1]$；　(d) $\left(\frac{1}{2}\right)^n u[n]$；　(e) $-\left(\frac{1}{2}\right)^n u[-n-1]$；

(f) $\left(\frac{1}{2}\right)^{n}u[-n]$；　(g) $\left[\left(\frac{1}{2}\right)^{n}+\left(\frac{1}{4}\right)^{n}\right]u[n]$；　(h) $\left(\frac{1}{2}\right)^{n-1}u[n-1]$。

解：(a) $X(z)=1$，全 z 平面，$X(e^{j\Omega})$ 存在

(b) $X(z)=z^{-1}$，$|z|>0$，$X(e^{j\Omega})$ 存在

(c) $X(z)=z$，$|z|<\infty$，$X(e^{j\Omega})$ 存在

(d) $X(z)=\frac{z}{z-\frac{1}{2}}$，$|z|>\frac{1}{2}$，$X(e^{j\Omega})$ 存在

(e) $X(z)=\frac{z}{z-\frac{1}{2}}$，$|z|<\frac{1}{2}$，$X(e^{j\Omega})$ 不存在

(f) $x[n]=\left(\frac{1}{2}\right)^{n}u[-n]=\left(\frac{1}{2}\right)^{n}(u[-n-1]+\delta[n])$

$$=\left(\frac{1}{2}\right)^{n}u[-n-1]+\delta[n]$$

$$X(z)=-\frac{z}{z-\frac{1}{2}}+1=\frac{-\frac{1}{2}}{z-\frac{1}{2}},\ |z|<\frac{1}{2},\ X(e^{j\Omega})\text{不存在}$$

(g) $X(z)=\frac{z}{z-\frac{1}{2}}+\frac{z}{z-\frac{1}{4}}=\frac{2z^{2}-\frac{3}{4}z}{\left(z-\frac{1}{2}\right)\left(z-\frac{1}{4}\right)}$，$|z|>\frac{1}{2}$，$X(e^{j\Omega})$ 存在

(h) $X(z)=\frac{z}{z-\frac{1}{2}}\cdot z^{-1}=\frac{1}{z-\frac{1}{2}}$，$|z|>\frac{1}{2}$，$X(e^{j\Omega})$ 存在

8.2　求下面各序列的 z 变换，指出收敛域。

(a) $\left(\frac{1}{2}\right)^{n}(u[n]-u[n-10])$；　(b) $\left(\frac{1}{2}\right)^{|n|}$；

(c) $7\cdot\left(\frac{1}{3}\right)^{n}\cos\left(\frac{2\pi n}{6}+\frac{\pi}{4}\right)u[n]$；　(d) $x[n]=\begin{cases}0, & n<0\\1, & 0\leqslant n\leqslant 9\\0, & n>9\end{cases}$。

解：(a) $X(z)=\sum_{n=0}^{9}\left(\frac{1}{2}\right)^{n}z^{-n}$

$$=\sum_{n=0}^{9}\left(\frac{1}{2}z^{-1}\right)^{n}$$

$$=\frac{1-\left(\frac{1}{2}z^{-1}\right)^{10}}{1-\frac{1}{2}z^{-1}}=\frac{z^{10}-\left(\frac{1}{2}\right)}{z^{9}\left(z-\frac{1}{2}\right)}$$　RoC：除 $z=0$ 的全 z 平面

(b) $\left(\frac{1}{2}\right)^{|n|}=\frac{1}{2}u[n]+\left(\frac{1}{2}\right)^{-n}u[-n]-\delta[n]$

$$X(z)=\frac{z}{z-\frac{1}{2}}+\frac{z^{-1}}{z^{-1}-\frac{1}{2}}-1 \qquad \text{RoC}: \frac{1}{2}<|z|<2$$

(c) $7\cdot\left(\frac{1}{3}\right)^{n}\cos\left(\frac{2\pi n}{6}+\frac{\pi}{4}\right)u[n]=7\cdot\left(\frac{1}{3}\right)^{n}\left(\cos\frac{2\pi n}{6}\cos\frac{\pi}{4}-\sin\frac{2\pi n}{6}\sin\frac{\pi}{4}\right)u[n]$

$$X(z)=7\cdot\frac{\sqrt{2}}{2}\left(\frac{1-\left(\frac{1}{3}\cos\frac{\pi}{3}\right)z^{-1}}{1-2\left(\frac{1}{3}\cos\frac{\pi}{3}\right)z^{-1}+\frac{1}{9}z^{-2}}-\frac{\left(\frac{1}{3}\sin\frac{\pi}{3}\right)z^{-1}}{1-2\left(\frac{1}{3}\cos\frac{\pi}{3}\right)z^{-1}+\frac{1}{9}z^{-2}}\right)$$

$$=7\cdot\frac{\sqrt{2}}{2}\cdot\frac{1-\frac{1}{3}z^{-1}\left(\cos\frac{\pi}{3}+\sin\frac{\pi}{3}\right)}{1-\frac{1}{3}z^{-1}+\frac{1}{9}z^{-2}}$$

$$=7\cdot\frac{\sqrt{2}}{2}\cdot\frac{1-\frac{1}{3}z^{-1}\cdot 2\cos\frac{\pi}{4}\cos\frac{\pi}{12}}{1-\frac{1}{3}z^{-1}+\frac{1}{9}z^{-2}}$$

$$=\frac{7}{2}\cdot\frac{\sqrt{2}-\frac{2}{3}z^{-1}\cos\frac{\pi}{12}}{1-\frac{1}{3}z^{-1}+\frac{1}{9}z^{-2}} \qquad \text{RoC}: |z|>\frac{1}{3}$$

(d) $x[n]=u[n]-u[n-10]$

$$X(z)=\sum_{n=0}^{9}z^{-n}$$

$$=\frac{1-(z^{-1})^{10}}{1-z^{-1}}=\frac{1-z^{-10}}{1-z^{-1}}=\frac{z^{10}-1}{z^{9}(z-1)} \qquad \text{RoC:除 } z=0 \text{ 的全 } z \text{ 平面}$$

8.3 有一 z 变换为 $X(z)=\dfrac{-\frac{5}{3}z}{\left(z-\frac{1}{3}\right)(z-2)}=\dfrac{z}{z-\frac{1}{3}}+\dfrac{-z}{z-2}$。

(a) 确定与 $X(z)$ 有关的收敛域有几种情况，并画出收敛域图。

(b) 每种收敛域各对应什么样的离散时间序列？

(c) 以上序列中哪一种存在离散时间傅里叶变换？

解：

(a) $z_1=\frac{1}{3}, z_2=2$

RoC 1：$|z|<\frac{1}{3}$

RoC 2：$|z|>2$

RoC 3：$\frac{1}{3}<|z|<2$

收敛域如图 8.1 所示。

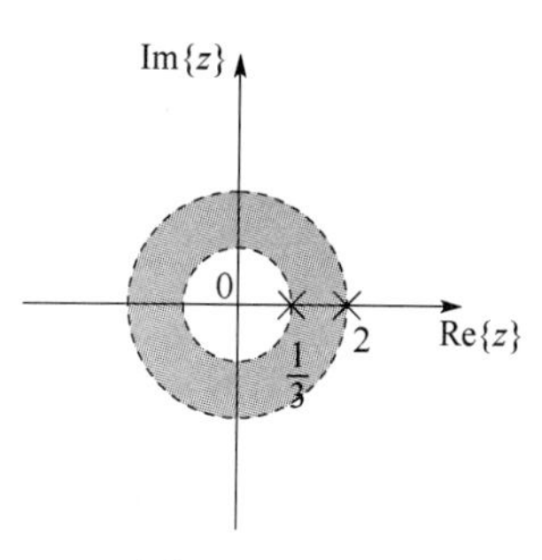

图 8.1　收敛域

（b）RoC 1：左边序列 $x[n]=\left[2^n-\left(\frac{1}{3}\right)^n\right]u[-n-1]$

RoC 2：右边序列 $x[n]=\left[-2^n+\left(\frac{1}{3}\right)^n\right]u[n]$

RoC 3：双边序列 $x[n]=\left(\frac{1}{3}\right)^n u[n]+2^n u[-n-1]$

（c）RoC 3 时存在离散时间傅里叶变换。

8.4　先对 $X(z)$ 微分，再利用 z 变换的适当性质确定下面每个 z 变换式所对应的序列。

（a）$X(z)=\ln(1-2z)$，$|z|<\frac{1}{2}$；　　（b）$X(z)=\ln\left(1-\frac{1}{2}z^{-1}\right)$，$|z|>\frac{1}{2}$

解：（a）$\frac{\mathrm{d}X(z)}{\mathrm{d}z}=-\frac{2}{1-2z}=\frac{1}{z-\frac{1}{2}}$

利用 z 域微分性质 $nx[n]\leftrightarrow -z\frac{\mathrm{d}X(z)}{\mathrm{d}z}=\frac{-z}{z-\frac{1}{2}}$，又 $|z|<\frac{1}{2}$，则原序列为左边序列，即

$$nx[n]=\left(\frac{1}{2}\right)^n u[-n-1]$$

$$x[n]=\frac{1}{n}\left(\frac{1}{2}\right)^n u[-n-1]$$

（b）$\frac{\mathrm{d}X(z)}{\mathrm{d}z}=\frac{\frac{1}{2}z^{-2}}{1-\frac{1}{2}z^{-1}}=\frac{\frac{1}{2}}{z^2-\frac{1}{2}z}$，则

$$nx[n]\leftrightarrow -z\frac{\mathrm{d}X(z)}{\mathrm{d}z}=-z\cdot\frac{\frac{1}{2}}{z^2-\frac{1}{2}z}=\frac{-\frac{1}{2}z\cdot z^{-1}}{z-\frac{1}{2}}$$

$$nx[n]=-\frac{1}{2}\cdot\left(\frac{1}{2}\right)^{n-1}u[n-1]$$

所以，$x[n]=-\frac{1}{n}\cdot\left(\frac{1}{2}\right)^n u[n-1]$

8.5　利用卷积定理求 $y[n]=x[n]*h[n]$，已知

（a）$x[n]=a^n u[n]$，$h[n]=b^n u[-n]$；

（b）$x[n]=a^n u[n]$，$h[n]=\delta[n-2]$；

(c) $x[n]=a^n u[n], h[n]=u[n-1]$。

解:(a) $X(z)=\dfrac{z}{z-a}, h[n]=b^n[u[-n-1]+\delta[n]]=b^n u[-n-1]+b^n\delta[n]$,则

$$H(z)=-\frac{z}{z-b}+1$$

$$Y(z)=X(z)\cdot H(z)=\frac{z}{z-a}\cdot\left(1-\frac{z}{z-b}\right)$$

$$=\frac{z}{z-a}-\frac{z}{z-a}\cdot\frac{z}{z-b}$$

$$=\frac{z}{z-a}-\frac{\frac{a}{a-b}z}{z-a}-\frac{\frac{b}{b-a}z}{z-b}$$

所以,$y[n]=\dfrac{b}{b-a}(a^n u[n]+b^n u[-n-1])$

(b) $X(z)=\dfrac{z}{z-a}, H(z)=z^{-2}$,则

$$Y(z)=X(z)H(z)=\frac{z}{z-a}\cdot z^{-2}$$

$$y[n]=a^{n-2}u[n-2]$$

(c) $X(z)=\dfrac{z}{z-a}, H(z)=\dfrac{z}{z-1}\cdot z^{-1}$,则

$$Y(z)=X(z)H(z)=\frac{z}{z-a}\cdot\frac{1}{z-1}=\frac{\frac{1}{a-1}z}{z-a}+\frac{\frac{1}{1-a}z}{z-1}$$

$$y[n]=\frac{1}{a-1}a^n u[n]-\frac{1}{a-1}u[n]$$

$$=\frac{1-a^n}{1-a}u[n]$$

8.6　已知因果序列 $x[n]$ 的 z 变换为 $X(z)$,试求序列的初值与终值。

(a) $X(z)=\dfrac{1}{(1-0.5z^{-1})(1+0.5z^{-1})}$;　　(b) $X(z)=\dfrac{z^{-1}}{1-1.5z^{-1}+0.5z^{-2}}$;

(c) $X(z)=\dfrac{2-3z^{-1}+z^{-2}}{1-4z^{-1}-5z^{-2}}$。

解:(a) $x[0]=\lim\limits_{z\to\infty}X(z)=\lim\limits_{z\to\infty}\dfrac{1}{(1-0.5z^{-1})(1+0.5z^{-1})}=1$

$$x[\infty]=\lim_{z\to1}(z-1)X(z)$$

$$=\lim_{z\to1}(z-1)\frac{1}{(1-0.5z^{-1})(1+0.5z^{-1})}=0$$

(b) $x[0]=\lim_{z\to\infty}X(z)=\lim_{z\to\infty}\frac{z}{z^2-1.5z+0.5}=0$

$$x[\infty]=\lim_{z\to1}(z-1)X(z)$$

$$=\lim_{z\to1}(z-1)\frac{z}{(z-1)(z-0.5)}=2$$

(c) $x[0]=\lim_{z\to\infty}X(z)=\lim_{z\to\infty}\frac{2z^2-3z+1}{z^2-4z-5}=2$

因为 $X(z)$ 有两个极点 $z_1=5, z_2=-1$，$x[n]$ 在 $n\to\infty$ 时不收敛，所以 $x[\infty]$ 不存在。

8.7 求下列 $X(z)$ 的反变换 $x[n]$。

(a) $X(z)=\frac{10}{(1-0.5z^{-1})(1-0.25z^{-1})}, |z|>0.5$；

(b) $X(z)=\frac{10z^2}{(z-1)(z+1)}, |z|>1$；

(c) $X(z)=\frac{1+z^{-1}}{1-2z^{-1}\cos\omega+z^{-2}}, |z|>1$。

解：(a) $X(z)=\frac{20}{1-0.5z^{-1}}+\frac{-10}{1-0.25z^{-1}}, x[n]=\left[20\left(\frac{1}{2}\right)^n-10\left(\frac{1}{4}\right)^n\right]u[n]$

(b) $\frac{X(z)}{z}=\frac{5}{z-1}+\frac{5}{z+1}$

所以，$X(z)=\frac{5z}{z-1}+\frac{5z}{z+1}$

$$x[n]=5[1+(-1)^n]u[n]$$

(c) $X(z)=\frac{\sin\omega\cdot(1+z^{-1})}{1-2z^{-1}\cos\omega+z^{-2}}\cdot\frac{1}{\sin\omega}$

$$=\frac{\sin\omega\cdot z^{-1}}{1-2z^{-1}\cos\omega+z^{-2}}\cdot\frac{z}{\sin\omega}+\frac{1}{\sin\omega}\cdot\frac{\sin\omega\cdot z^{-1}}{1-2z^{-1}\cos\omega+z^{-2}}$$

$$x[n]=\frac{1}{\sin\omega}\cdot\sin\omega(n+1)\cdot u[n+1]+\frac{1}{\sin\omega}\cdot\sin\omega n\cdot u[n]$$

8.8 用指定方法求下列 z 变换的反变换 $x[n]$。

(a) 部分分式法：$X(z)=\frac{1-2z^{-1}}{1-\frac{5}{2}z^{-1}+z^{-2}}$，且 $x[n]$ 绝对可和。

(b) 长除法：$X(z)=\frac{1-\frac{1}{2}z^{-1}}{1+\frac{1}{2}z^{-1}}$，且 $x[n]$ 为右边序列。

(c) 部分分式法：$X(z)=\frac{3}{z-\frac{1}{4}-\frac{1}{8}z^{-1}}$，且 $x[n]$ 绝对可和。

解：(a) $X(z)=\dfrac{C_1}{1-\dfrac{1}{2}z^{-1}}+\dfrac{C_2}{1-2z^{-1}}$

$$C_1=\left(1-\frac{1}{2}z^{-1}\right)\cdot\left.\frac{1-2z^{-1}}{\left(1-\frac{1}{2}z^{-1}\right)(1-2z^{-1})}\right|_{z^{-1}=2}=1$$

$$C_2=(1-2z^{-1})\cdot\left.\frac{1-2z^{-1}}{\left(1-\frac{1}{2}z^{-1}\right)(1-2z^{-1})}\right|_{z^{-1}=\frac{1}{2}}=0$$

所以

$$X(z)=\frac{1}{1-\frac{1}{2}z^{-1}}$$

$$x[n]=\left(\frac{1}{2}\right)^n u[n]$$

(b)

$$\begin{array}{r l}
 & 1-z^{-1}+\frac{1}{2}z^{-2}-\frac{1}{4}z^{-3}\cdots \\
1+\frac{1}{2}z^{-1} \big) & 1-\frac{1}{2}z^{-1} \\
 & \underline{1+\frac{1}{2}z^{-1}} \\
 & -z^{-1} \\
 & \underline{-z^{-1}-\frac{1}{2}z^{-1}} \\
 & \frac{1}{2}z^{-2} \\
 & \underline{\frac{1}{2}z^{-2}+\frac{1}{4}z^{-3}} \\
 & -\frac{1}{4}z^{-3}
\end{array}$$

所以

$$\begin{aligned}
X(z)&=1-z^{-1}+\frac{1}{2}z^{-2}-\frac{1}{4}z^{-3}+\frac{1}{8}z^{-4}+\cdots \\
&=1-z^{-1}\left(1-\frac{1}{2}z^{-1}+\frac{1}{4}z^{-2}-\frac{1}{8}z^{-3}+\cdots\right) \\
&=1-X_1(z)z^{-1} \\
&=1-\sum_{n=0}^{\infty}\left(-\frac{1}{2}\right)^n z^{-n}\cdot z^{-1}
\end{aligned}$$

$$x[n]=\delta[n]-\left(-\frac{1}{2}\right)^{n-1}u[n-1]$$

(c) $X(z)=\dfrac{3}{z-\dfrac{1}{4}-\dfrac{1}{8}z^{-1}}=\dfrac{3z}{z^2-\dfrac{1}{4}z-\dfrac{1}{8}}$

$$\frac{X(z)}{z}=\frac{3}{\left(z-\dfrac{1}{2}\right)\left(z+\dfrac{1}{4}\right)}=\frac{C_1}{z-\dfrac{1}{2}}+\frac{C_2}{z+\dfrac{1}{4}}$$

$$C_1=\left(z-\frac{1}{2}\right)\cdot\frac{X(z)}{z}=\frac{3}{z+\dfrac{1}{4}}\Bigg|_{z=\frac{1}{2}}=4$$

$$C_2=\left(z+\frac{1}{4}\right)\cdot\frac{X(z)}{z}=\frac{3}{z-\dfrac{1}{2}}\Bigg|_{z=-\frac{1}{4}}=-4$$

所以

$$X(z)=\frac{4z}{z-\dfrac{1}{2}}-\frac{4z}{z+\dfrac{1}{4}}$$

$$x[n]=4\cdot\left(\frac{1}{2}\right)^n u[n]-4\cdot\left(-\frac{1}{4}\right)^n u[n]$$

8.9　求下列 $X(z)$ 的反变换 $x[n]$。

(a) $X(z)=\dfrac{1}{1+0.5z^{-1}},|z|>0.5$;

(b) $X(z)=\dfrac{1-0.5z^{-1}}{1+\dfrac{3}{4}z^{-1}+\dfrac{1}{8}z^{-2}},|z|>\dfrac{1}{2}$;

(c) $X(z)=\dfrac{1-0.5z^{-1}}{1-0.25z^{-2}},|z|>0.5$。

解:(a) $x[n]=(-0.5)^n u[n]$

(b) $X(z)=\dfrac{4}{\left(1+\dfrac{1}{2}z^{-1}\right)}+\dfrac{-3}{\left(1+\dfrac{1}{4}z^{-1}\right)}$

$$x[n]=\left[4\cdot\left(-\frac{1}{2}\right)^n-3\cdot\left(-\frac{1}{4}\right)^n\right]u[n]$$

(c) $X(z)=\dfrac{1-0.5z^{-1}}{(1-0.5z^{-1})(1+0.5z^{-1})}=\dfrac{1}{1+0.5z^{-1}}$

$$x[n]=(-0.5)^n u[n]$$

8.10　一个右边序列的 z 变换为 $X(z)=\dfrac{1}{(1-0.5z^{-1})(1-z^{-1})}$。

(a) 把 $X(z)$ 写成 z 的多项式之比;

(b) 把 $X(z)$ 展开成部分分式,其中每一项都体现出由(a) 得到的一个极点;

(c) 求出 $x[n]$。

解:(a) $X(z)=\dfrac{1}{(1-0.5z^{-1})(1-z^{-1})}=\dfrac{1}{1-1.5z^{-1}+0.5z^{-2}}$

$$=\frac{z^2}{z^2-1.5z+0.5}$$

(b) $X(z)=\dfrac{z^2}{(z-0.5)(z-1)}=\dfrac{-z}{z-0.5}+\dfrac{2z}{z-1}$

(c) $x[n]=2u[n]-(0.5)^n u[n]$

8.11　一个左边序列的 z 变换为 $X(z)=\dfrac{1}{(1-0.5z^{-1})(1-z^{-1})}$。

(a) 把 $X(z)$ 写成 z 的多项式之比;

(b) 把 $X(z)$ 展开成部分分式,其中每一项都体现出由(a) 得到的一个极点;

(c) 求出 $x[n]$。

解:(a) $X(z)=\dfrac{1}{(1-0.5z^{-1})(1-z^{-1})}=\dfrac{z^2}{z^2-1.5z+0.5}$

(b) $X(z)=\dfrac{-1}{1-0.5z^{-1}}+\dfrac{2}{1-z^{-1}}$

(c) $x[n]=\left(\dfrac{1}{2}\right)^n u[-n-1]-2u[-n-1]$

8.12　利用幂级数展开法求 $X(z)=e^z(|z|<\infty)$ 所对应的序列 $x[n]$。

解: $X(z)=e^z=1+\dfrac{z}{1!}+\dfrac{z^2}{2!}+\cdots+\dfrac{z^n}{n!}+\cdots$

$$=\sum_{n=0}^{\infty}\frac{z^n}{n!}=\sum_{n=-\infty}^{0}\frac{z^{-n}}{(-n)!}=\sum_{n=-\infty}^{0}\frac{1}{(-n)!}z^{-n}$$

所以,$x[n]=\dfrac{u[-n]}{(-n)!}$

8.13　如果 $X(z)$ 代表 $x[n]$ 的单边 z 变换,试求下列序列的单边 z 变换。

(a) $x[n-1]$;　　(b) $x[n+2]$;　　(c) $\delta[n-N]$。

解:(a) $X(z)=z^{-1}X(z)+x[-1]$

(b) $X(z)=z^2X(z)-z^2x[0]-zx[1]$

(c) $X(z)=z^{-N}$

8.14　利用单边 z 变换求解下列差分方程。

(a) $y[n]+3y[n-1]=x[n]$,$x[n]=\left(\dfrac{1}{2}\right)^n u[n]$,$y[-1]=1$;

(b) $y[n]-0.5y[n-1]=x[n]-0.5x[n-1]$,$x[n]=u[n]$,$y[-1]=0$;

(c) $y[n]-0.5y[n-1]=x[n]-0.5x[n-1]$,$x[n]=u[n]$,$y[-1]=1$。

解:(a) $Y(z)+3(z^{-1}Y(z)+y[-1])=X(z)$

$$Y(z)=\frac{X(z)}{1+3z^{-1}}+\frac{-3y[-1]}{1+3z^{-1}}$$

$$=\frac{1}{1+3z^{-1}}\cdot\frac{1}{1-0.5z^{-1}}+\frac{-3}{1+3z^{-1}}$$

$$=\frac{\frac{6}{7}}{1+3z^{-1}}+\frac{\frac{1}{7}}{1-0.5z^{-1}}+\frac{-3}{1+3z^{-1}}=\frac{-\frac{15}{7}}{1+3z^{-1}}+\frac{\frac{1}{7}}{1-0.5z^{-1}}$$

所以，$y[n]=\left[\frac{1}{7}(0.5)^n-\frac{15}{7}(-3)^n\right]u[n]$

(b) $Y(z)-0.5(z^{-1}Y(z)+y[-1])=X(z)-0.5z^{-1}X(z)$

$$Y(z)=\frac{(1-0.5z^{-1})}{1-0.5z^{-1}}X(z)+\frac{0.5y[-1]}{1-0.5z^{-1}}$$

$$=X(z)+\frac{0.5\cdot 0}{1-0.5z^{-1}}=X(z)$$

所以，$y[n]=u[n]$

(c) $Y(z)-0.5(z^{-1}Y(z)+y[-1])=X(z)-0.5z^{-1}X(z)$

$$Y(z)=\frac{(1-0.5z^{-1})}{1-0.5z^{-1}}X(z)+\frac{0.5y[-1]}{1-0.5z^{-1}}$$

$$=X(z)+\frac{0.5}{1-0.5z^{-1}}$$

所以，$y[n]=u[n]+0.5(0.5)^nu[n]$

8.15 由下列差分方程画出系统结构图，并求出系统函数 $H(z)$ 及单位抽样响应 $h[n]$。

(a) $3y[n]-6y[n-1]=x[n]$；

(b) $y[n]=x[n]-5x[n-1]+8x[n-3]$；

(c) $y[n]-0.5y[n-1]=x[n]$；

(d) $y[n]-3y[n-1]+3y[n-2]-y[n-3]=x[n]$；

(e) $y[n]-5y[n-1]+6y[n-2]=x[n]-3x[n-2]$。

解：(a) $H(z)=\frac{1}{3-6z^{-1}}=\frac{\frac{1}{3}}{1-2z^{-1}}$

$$h[n]=\frac{1}{3}(2)^nu[n]$$

该系统结构图如图 8.2 所示。

(b) $H(z)=1-5z^{-1}+8z^{-3}$

$$h[n]=\delta[n]-5\delta[n-1]+8\delta[n-3]$$

该系统结构图如图 8.3 所示。

(c) $H(z)=\frac{1}{1-0.5z^{-1}}$

$$h[n]=0.5^nu[n]$$

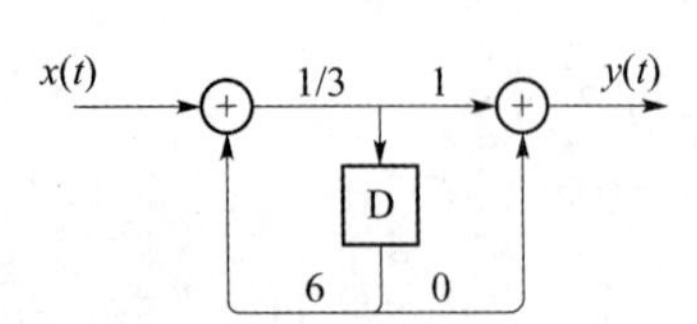

图 8.2　系统结构图

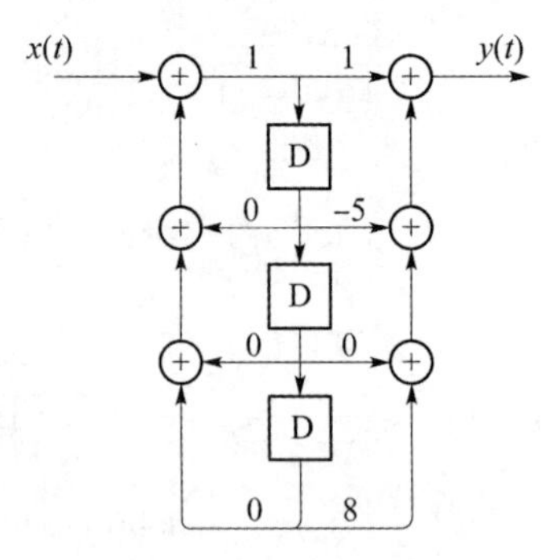

图 8.3　系统结构图

该系统结构图如图 8.4 所示。

(d) $H(z)=\dfrac{1}{1-3z^{-1}+3z^{-2}-z^{-3}}=\dfrac{z^3}{(z-1)^3}$

$$=\frac{z}{z-1}+\frac{2z}{(z-1)^2}+\frac{z}{(z-1)^3}$$

$$h[n]=u[n]+2nu[n]+\frac{n(n-1)}{2}u[n]$$

$$=0.5(n+1)(n+2)u[n]$$

该系统结构图如图 8.5 所示。

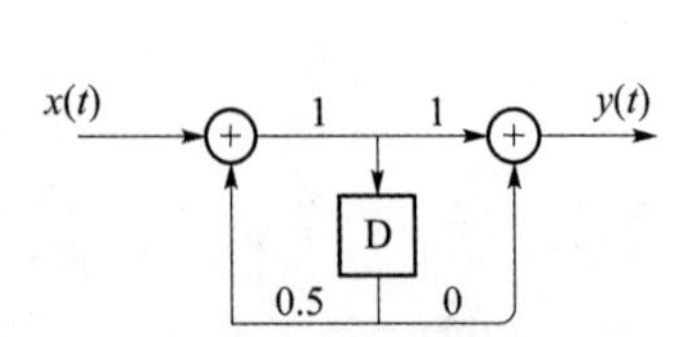

图 8.4　系统结构图

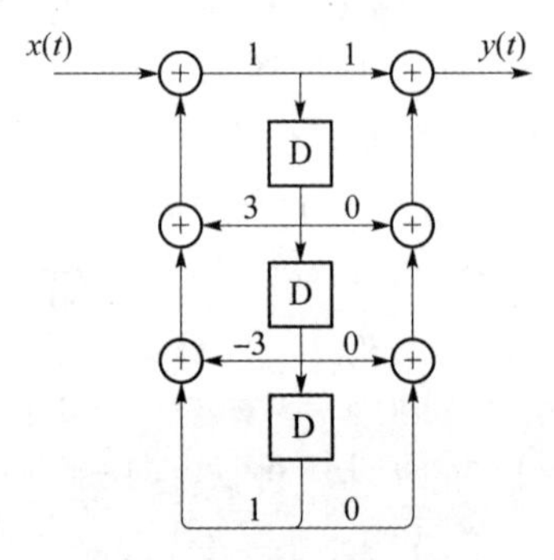

图 8.5　系统结构图

(e) $H(z)=\dfrac{1-3z^{-2}}{1-5z^{-1}+6z^{-2}}=\dfrac{z^2-3}{z^2-5z+6}$

$$=\frac{-0.5z}{z-2}+\frac{2z}{z-3}+\frac{-0.5z}{z}$$

$$h[n]=-0.5\delta[n]-0.5\,(2)^n u[n]+2\,(3)^n u[n]$$

该系统结构图如图 8.6 所示。

8.16　已知一离散时间系统由下列差分方程描述

$$y[n]+y[n-1]=x[n]$$

(a) 求系统函数 $H(z)$ 及单位抽样响应 $h[n]$；

（b）判断系统的稳定性；

（c）若系统的初始状态为零，且 $x[n]=10u[n]$，求系统的响应。

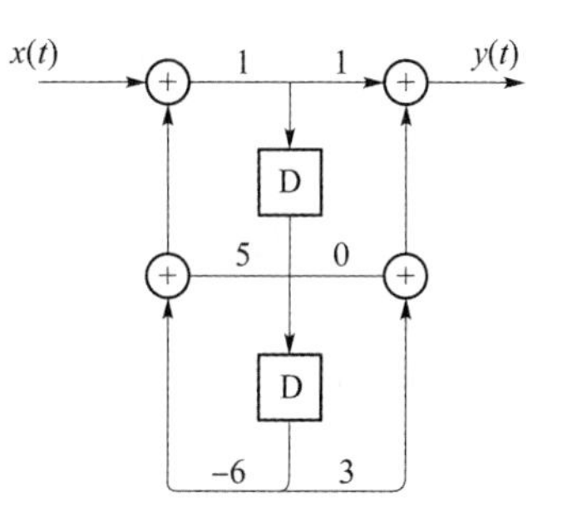

图 8.6　系统结构图

解：（a）系统函数：

$$H(z)=\frac{1}{1+z^{-1}}$$

$$h[n]=(-1)^n u[n]$$

（b）由于系统的极点 $z=-1$，落在了单位圆上，所以系统是临界稳定的。

（c）由时域卷积定理可知，在 z 域中，系统响应为

$$\begin{aligned}Y(z)&=X(z)\cdot H(z)\\&=\frac{10}{1-z^{-1}}\cdot\frac{1}{1+z^{-1}}\\&=\frac{5}{1-z^{-1}}+\frac{5}{1+z^{-1}}\end{aligned}$$

所以，$y[n]=5[1+(-1)^n]u[n]$

8.17　求下列系统函数在 $10<|z|<\infty$ 及 $0.5<|z|<10$ 两种收敛域条件下系统的单位抽样响应，并说明系统的稳定性和因果性。

$$H(z)=\frac{9.5z}{(z-0.5)(10-z)}$$

解：
$$\begin{aligned}\frac{H(z)}{z}&=\frac{-9.5}{z(z-0.5)(z-10)}\\&=\frac{-1.9}{z}+\frac{2}{z-0.5}+\frac{-0.1}{z-10}\end{aligned}$$

所以，$H(z)=-1.9+\dfrac{2z}{z-0.5}+\dfrac{-0.1z}{z-10}$

① $10<|z|<\infty$ 时，$h[n]$ 为右边序列，

$$h[n]=-1.9\delta[n]+2\cdot(0.5)^n u[n]-0.1\,(10)^n u[n]$$

系统是因果不稳定的。

② $0.5<|z|<10$ 时，$h[n]$ 为双边序列，

$$h[n]=-1.9\delta[n]+2\cdot(0.5)^n u[n]+0.1\,(10)^n u[-n-1]$$

系统是非因果稳定的。

8.18　本题研究用“同态滤波”解卷积的算法原理。若要直接把相互卷积的信号 $x_1[n]$ 和 $x_2[n]$ 分开将遇到困难，但对于两个相加的信号，往往容易借助某种线性滤波方法使二者分离。图 8.7 示出了用同态滤波解卷积的原理框图，图中各部分作用如下：

（a）D 运算表示将 $x[n]$ 取 z 变换、取对数和 z 反变换，得到包含 $x_1[n]$ 和 $x_2[n]$ 相加的形式；

(b) L 为线性滤波器,将两个相加项分离,取出所需信号;

(c) D^{-1}相当于 D 的逆运算。

试写出以上各步运算的表达式。

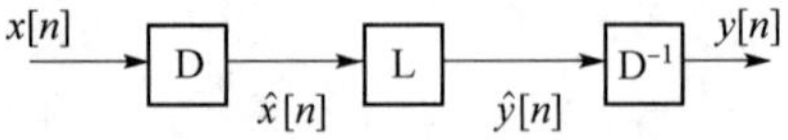

图 8.7 同态滤波解卷积的原理框图

解:$x[n]=x_1[n]*x_2[n]$。

为得到 $x_2[n]$,首先进行 D 运算。

$$X(z)=X_1(z)\cdot X_2(z)$$

$$\ln X(z)=\ln[X_1(z)\cdot X_2(z)]=\ln X_1(z)+\ln X_2(z)$$

可得$\hat{x}[n]=Z^{-1}\{\ln X_1(z)+\ln X_2(z)\}=\hat{x}_1[n]+\hat{x}_2[n]$

接着,进行 L 运算:

当$\hat{x}[n]=\hat{x}_1[n]+\hat{x}_2[n]$时,滤除$\hat{x}_1[n]$,得

$$\hat{y}[n]=\hat{x}_2[n]$$

最后,进行 D^{-1}运算:

$$Z\{\hat{x}_2[n]\}=\hat{X}_2(z)$$

对$\hat{X}_2(z)$取 e 指数运算:

$$\exp[\hat{X}_2(z)]=X_2(z)$$

对 $X_2(z)$取 z 反变换,得:

$$y[n]=Z^{-1}\{X_2(z)\}=x_2[n]$$

8.19 已知离散系统的系统函数 $H(z)=\dfrac{z^2}{(z-3)^2}$,在 $x[n]$激励下的响应为 $y[n]=2(n+1)(3)^n u[n]$,求出 $x[n]$。

解:$y[n]=x[n]*h[n]$,则

$$Y(z)=X(z)\cdot H(z)$$

$$X(z)=\frac{Y(z)}{H(z)}=\frac{\dfrac{2\cdot 3z}{(z-3)^2}+\dfrac{2\cdot z}{z-3}}{\dfrac{z^2}{(z-3)^2}}=2$$

所以

$$x[n]=2\delta[n]$$

8.20 已知某初始状态为零的一阶离散时间系统,在输入 $x[n]=u[n]$时的输出 $y[n]=(2^n+10)u[n]$,试确定描述此系统的差分方程。

解：$X(z)=\dfrac{z}{z-1}$

$$Y(z)=\frac{z}{z-2}+\frac{10z}{z-1}=\frac{11z^2-21z}{(z-1)(z-2)}$$

$$H(z)=\frac{Y(z)}{X(z)}=\frac{11z^2-21z}{z^2-2z}=\frac{11-21z^{-1}}{1-2z^{-1}}$$

所以差分方程为：

$$y[n]-2y[n-1]=11x[n]-21x[n-1]$$

8.21 一个离散时间系统的结构如图 8.8 所示。

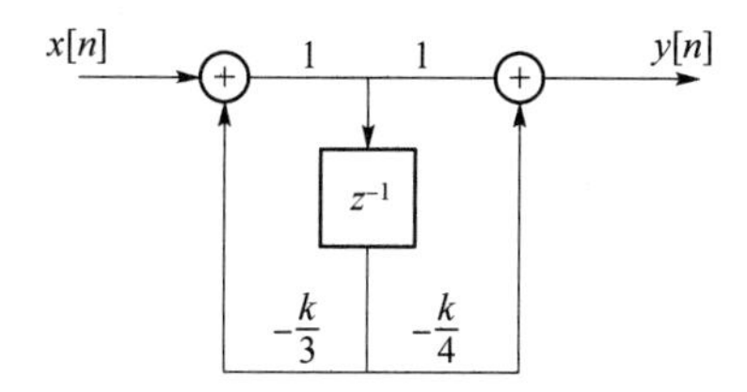

图 8.8 离散时间系统结构图

(a) 求这个因果系统的 $H(z)$，并指出收敛域；

(b) 当 k 为何值时，该系统是稳定的；

(c) 当 $k=1$ 时，求输入为 $x[n]=\left(\dfrac{2}{3}\right)^n$ 的响应 $y[n]$。

解：根据结构图可得差分方程为：

$$y[n]+\frac{k}{3}y[n-1]=x[n]-\frac{k}{4}x[n-1]$$

(a) $H(z)=\dfrac{1-\dfrac{k}{4}z^{-1}}{1+\dfrac{k}{3}z^{-1}}$，RoC：$|z|>\dfrac{k}{3}$

(b) 当极点落在单位圆内时，系统稳定。

$$\left|\frac{k}{3}\right|<1\Rightarrow |k|<3$$

(c) 当 $k=1$ 时，

$$H(z)=\frac{1-\dfrac{1}{4}z^{-1}}{1+\dfrac{1}{3}z^{-1}}$$

$$y[n]=H(z)\Big|_{z=\frac{2}{3}}\cdot\left(\frac{2}{3}\right)^n=\frac{1-\dfrac{1}{4}\left(\dfrac{2}{3}\right)^{-1}}{1+\dfrac{1}{3}\left(\dfrac{2}{3}\right)^{-1}}\cdot\left(\frac{2}{3}\right)^n=\frac{5}{12}\cdot\left(\frac{2}{3}\right)^n$$

8.22　已知系统函数 $H(z)=\dfrac{z}{z-k}$，k 为常数。

(a) 写出相应的差分方程；

(b) 画出系统的结构图；

(c) 求出系统的模特性和相位特性。

解：(a) $y[n]-ky[n-1]=x[n]$

(b) 该系统结构图如图 8.9 所示。

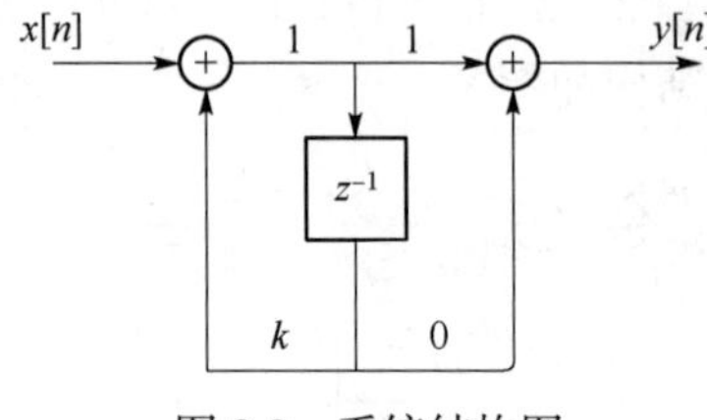

图 8.9　系统结构图

(c) 系统的频率响应：

$$H(\mathrm{e}^{\mathrm{j}\Omega})=\frac{\mathrm{e}^{\mathrm{j}\Omega}}{\mathrm{e}^{\mathrm{j}\Omega}-k}=\frac{\cos\Omega+\mathrm{j}\sin\Omega}{\cos\Omega+\mathrm{j}\sin\Omega-k}$$

模特性：$|H(\mathrm{e}^{\mathrm{j}\Omega})|=\dfrac{1}{\sqrt{(\cos\Omega-k)^2+\sin^2\Omega}}=\dfrac{1}{1-2k\cos\Omega+k^2}$

相位特性：$\angle H(\mathrm{e}^{\mathrm{j}\Omega})=\arctan\dfrac{\sin\Omega}{\cos\Omega}-\arctan\dfrac{\sin\Omega}{\cos\Omega-k}$

$$=\arctan\frac{-k\sin\Omega}{1-k\cos\Omega}=-\arctan\frac{k\sin\Omega}{1-k\cos\Omega}$$

8.23　一个离散系统具有如图 8.10 所示的零极点图，应用几何求值法证明该系统的频率响应的模为与频率无关的常数。正因为如此，称该系统为一阶全通系统。

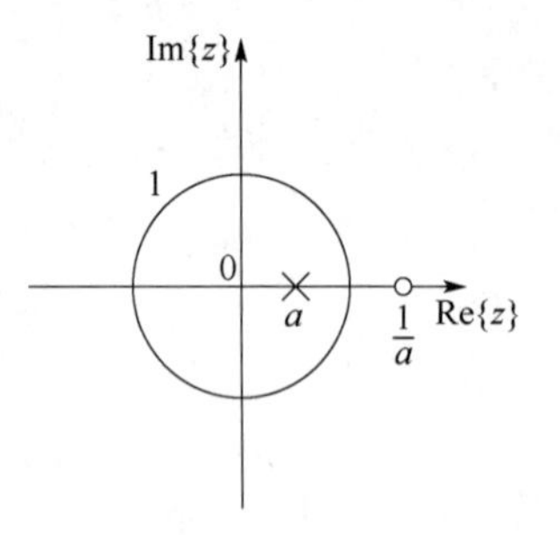

图 8.10　零极点图

证明：$H(z)=\dfrac{z-\dfrac{1}{a}}{z-a}$

$$H(\mathrm{e}^{\mathrm{j}\Omega})=\frac{\mathrm{e}^{\mathrm{j}\Omega}-\dfrac{1}{a}}{\mathrm{e}^{\mathrm{j}\Omega}-a}=\frac{\cos\Omega+\mathrm{j}\sin\Omega-\dfrac{1}{a}}{\cos\Omega+\mathrm{j}\sin\Omega-a}$$

$$|H(\mathrm{e}^{\mathrm{j}\Omega})|^2=\frac{\left(\cos\Omega-\dfrac{1}{a}\right)^2+\sin^2\Omega}{(\cos\Omega-a)^2+\sin^2\Omega}$$

$$=\frac{\cos^2\Omega-\dfrac{2}{a}\cos\Omega+\dfrac{1}{a^2}+\sin^2\Omega}{\cos^2\Omega-2a\cos\Omega+a^2+\sin^2\Omega}=\frac{1-\dfrac{2}{a}\cos\Omega+\dfrac{1}{a^2}}{1-2a\cos\Omega+a^2}$$

$$=\frac{\frac{1}{a^2}\cdot(a^2-2a\cos\Omega+1)}{1-2a\cos\Omega+a^2}=\frac{1}{a^2}$$

所以，$|H(\mathrm{e}^{\mathrm{j}\Omega})|=\frac{1}{a}$，是与频率 Ω 无关的常数。

8.24　已知某数字滤波器的结构如图 8.11 所示，试求滤波器稳定时的 k 值范围。

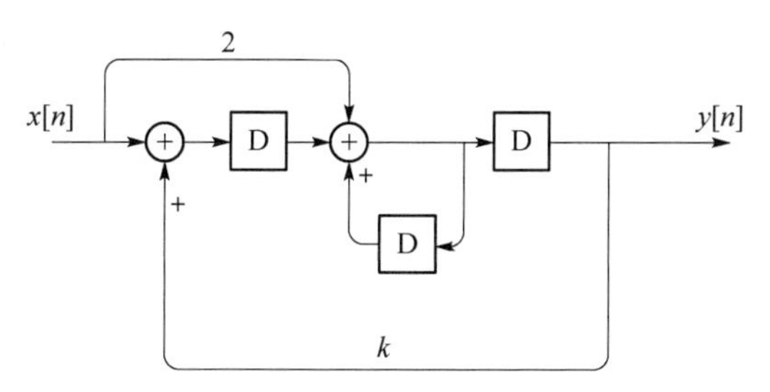

图 8.11　数字滤波器结构图

解：由结构图可求得系统 z 域等价框图如图 8.12 所示，由此可得系统函数为

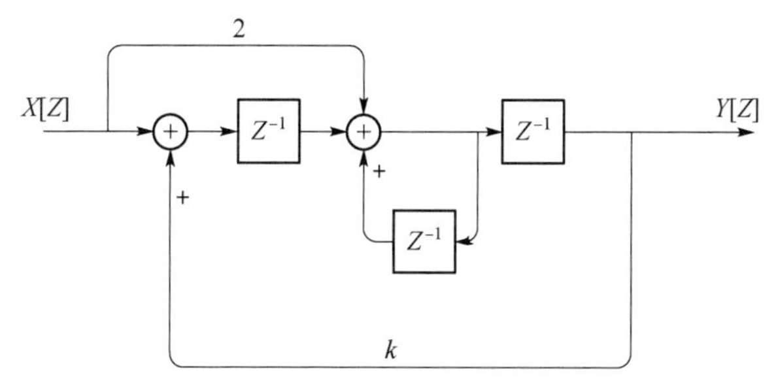

图 8.12　z 域等价框图

$$H(z)=\frac{z^{-2}+2z^{-1}}{1-z^{-1}-kz^{-2}}=\frac{2z+1}{z^2-z-k}$$

$$D(z)=z^2-z-k=0$$

当 $|z|=\left|\frac{1\pm\sqrt{1+4k}}{2}\right|<1$ 时系统稳定，

$$|z|<1\Rightarrow k<0$$

参考文献

[1] 曾禹村,张宝俊,沈庭芝,等.信号与系统[M].第四版.北京:北京理工大学出版社,2018.
[2] 张宝俊,李桢祥,沈庭芝.信号与系统——学习解题指导[M].北京:北京理工大学出版社,1997.
[3] 王晓华,闫雪梅,王群.信号与系统概念、题解与自测[M].北京:北京理工大学出版社,2007.
[4] [美]A. V. Oppenheim, A. S. Willsky, S. H. Nawab.信号与系统[M].第二版.刘树棠,译.北京:电子工业出版社,2011.